U0281736

碳纤维布加固损伤混凝土梁抗弯性能试验与可靠性及造价分析

Experimental Study on the Bending Resistance of
Damaged Steel-Reinforced Concrete Beams
Strengthened with CFRP and Reliability and Cost Analysis

刘 相 著

重庆大学出版社

内容提要

本书采用试验研究与理论分析相结合的研究手段，通过试验，进行了 CFRP 加固损伤钢筋混凝土梁从开始受力到破坏的全过程分析，根据试验现象和结果，分析了 CFRP 加固受损钢筋混凝土梁的锚固方式、抗弯承载力、短期刚度、可靠性以及 CFRP 加固混凝土梁配布(筋)率优化与造价的计算方法。

本书适合从事混凝土结构加固工程领域设计、施工的广大专业技术人员以及科学研究者阅读参考。

图书在版编目(CIP)数据

碳纤维布加固损伤混凝土梁抗弯性能试验与可靠性及造价分析 / 刘相著. -- 重庆 : 重庆大学出版社, 2024.10. -- ISBN 978-7-5689-4884-5

Ⅰ. TU375.1

中国国家版本馆 CIP 数据核字第 20244W0403 号

碳纤维布加固损伤混凝土梁抗弯性能试验与可靠性及造价分析

TANXIANWEIBU JIAGU SUNSHANG HUNNINGTULIANG KANGWAN XINGNENG SHIYAN YU KEKAOXING JI ZAOJIA FENXI

刘 相 著

策划编辑:夏 雪

责任编辑:杨育彪　　版式设计:夏 雪

责任校对:谢 芳　　责任印制:赵 晟

*

重庆大学出版社出版发行

出版人:陈晓阳

社址:重庆市沙坪坝区大学城西路 21 号

邮编:401331

电话:(023) 88617190　88617185(中小学)

传真:(023) 88617186　88617166

网址:http://www.cqup.com.cn

邮箱:fxk@cqup.com.cn (营销中心)

全国新华书店经销

重庆升光电力印务有限公司印刷

*

开本:720mm×1020mm　1/16　印张:16　字数:229 千

2024 年 10 月第 1 版　2024 年 10 月第 1 次印刷

ISBN 978-7-5689-4884-5　定价:88.00 元

前　言

粘贴碳纤维布加固钢筋混凝土构件是近年来新兴的加固技术,具有施工周期短、耐久性良好,对被加固结构构件尺寸影响小、质量轻、抗拉强度高等优点,已经广泛应用于各类钢筋混凝土结构或构件的加固工程中。随着社会经济发展和城市规模的扩大,交通、建筑等行业飞速发展。目前,我国建筑业正处于新建与维修改造并重时期,一方面新的建筑结构在不断建设,另一方面过去建造的低标准建筑物经过数十年的使用后已不能满足社会的需求,需要进行维修加固和现代化改造。我国有大量工业、民用建筑服役几十年,已逐步老龄化。部分建筑结构工作环境恶劣,有的已经发生了某种程度的破坏,严重影响了生产生活,甚至威胁生命安全,对这些已经发生破坏或即将发生破坏的建筑结构不仅要进行可靠性鉴定,还要考虑其经济性。

在过去的十几年时间里,作者进行了辽宁省教育厅科研专项"CFRP 加固混凝土梁配布(筋)率优化与造价分析研究(L2015187)"、辽宁省教育厅基本科研项目"CFRP 加固损伤混凝土梁可靠度分析与应用研究(JYTMS20230693)"与辽宁省科技计划联合计划(应用基础研究项目)"CFRP 加固受损混凝土梁抗弯性能与可靠性研究(2023JH2/101700013)",以及辽东学院青年基金项目"CFRP 加固钢筋混凝土受损构件端部锚固的试验研究"(2013q009)、辽东学院青年基金项目"CFRP 加固损伤钢筋混凝土梁抗弯性能的试验研究"(2015QN031)和辽东学院青年基金项目"混凝土矩形截面梁经济配筋率与造价分析研究"(2016QN003)等项目的研究工作。本书受辽宁省科技计划联合计划(应用基础研究项目)"CFRP 加固受损混凝土梁抗弯性能与可靠性研究(2023JHZ/101700013)"与辽宁省教育厅基本科研项目"CFRP 加固损伤混凝土梁可靠度分析与应用研究(JYTMS20230693)"资助完成。本书是对课题研究中碳纤维布加固受损钢筋混凝土梁锚固方式、抗弯承载力、短期刚度及可靠性的试验与计算分析，以及 CFRP 加固混凝土梁配布（筋）率优化与造价分析研究等科研成果的整理与总结。

本书共 10 章，分别是：绪论、碳纤维布加固受损钢筋混凝土梁锚固方式的试验研究、碳纤维布加固损伤混凝土梁抗弯性能试验研究、CFRP 加固损伤混凝土梁截面短期刚度计算、CFRP 加固损伤钢筋混凝土梁抗弯承载力分析、低受压区高度的双筋混凝土梁抗弯性能试验与可靠度计算、CFRP 加固损伤钢筋混凝土梁可靠性分析、混凝土矩形截面梁经济配筋率与造价探讨分析、CFRP 加固素混凝土梁配布率优化与造价分析研究以及 CFRP 加固混凝土梁配布（筋）率优化与造价分析研究。

由于作者水平有限，书中可能有许多不足甚至纰漏之处，恳请读者批评指正。

刘　相

2024 年 4 月 8 日

目　录

第1章 绪 论

1.1 钢筋混凝土构件加固方法

近几十年来，伴随我国基础设施建设及房地产业的快速发展，新的高楼大厦、铁路、高速公路、桥梁、港口码头及大型水利枢纽工程在大江南北如雨后春笋般地涌现，使我国建筑业获得了长足的发展。随着现代经济的飞速发展和生活水平的不断提高，人们对建筑物的数量、质量和使用功能提出了越来越多的要求。一方面，各种新型结构、新型材料以及新的施工工艺不断出现；另一方面，建筑行业正面临着如何对已有的建筑进行维护和改造的问题。因此，建筑结构的加固越来越成为建筑行业中一个重要的分支。近年来，随着交通事业的迅猛发展，运输量的大幅提高，车辆超载现象日益严重；同时，在自然环境和使用环境的长期作用下，许多桥梁出现严重的劣化现象，承载力过低，甚至成为危桥。我国大部分钢筋混凝土建筑物是在1949年后建造的，大多已经超过50年，我国建筑物的设计基准期为50年，又因为物理老化、社会需求的变化等进一步缩短了建筑物的使用寿命，全部拆除重建既不科学也不经济，因此，找到一种既科学又经济的加固修复方法是十分有必要的。

目前在工程维修加固中采用的加固技术，通常包括加大截面加固法、外包钢加固法、预应力加固法、粘钢加固法、喷射混凝土技术、增设构件加固法、增设支点加固法及FRP加固技术等。

1.1.1 加大截面加固法

加大截面加固法是通过增加原构件的受力钢筋,同时在外侧重新浇筑混凝土以增加构件的截面尺寸,来达到提高承载力的目的。加大截面加固法是一种传统的加固方法,也是一种有效的加固方法。该方法可以用来提高构件的抗弯、抗压、抗剪、抗拉等能力,同时也可以用来修复已经损伤的混凝土截面,增加其耐久性,可以广泛地用于各种构件的加固。这种加固方法对原有构件的截面尺寸有一定程度的增加,使原有的使用空间变小。另外,由于一般采用传统的施工方法,尤其是对钢筋混凝土结构的加固,施工周期长,对周围环境有较严重的影响。

1.1.2 外包钢加固法

外包钢加固法是用乳胶水泥、环氧树脂灌浆或焊接等方法对混凝土构件外包型钢进行加固。该方法主要是通过约束原构件来提高其承载能力和变形能力。外包钢加固法可以大幅度地提高构件的抗压和抗弯性能,且由于采用型钢材料,施工期相对较短、占用空间也不大,故广泛应用于不允许增大截面尺寸,而又需要较大幅度提高承载力的轴心受压构件和小偏心受压构件。外包钢加固也可以用于受弯构件或大偏心受压构件的加固,但宜采用湿外包钢加固。

1.1.3 预应力加固法

预应力加固法是通过预应力钢筋对构件施加预应力,以承担梁、板承受的部分荷载,从而提高构件的承载力。预应力拉杆加固广泛适用于梁桥或板桥中的受弯构件和受拉构件加固,在提高承载力的同时,对提高截面的刚度、减小原有构件的裂缝宽度和挠度、提高加固后构件截面的抗裂能力也是非常有效的。预应力撑杆加固可以应用于轴心或小偏心受压构件的加固。预应力加固法占用空间小、施工周期短,但其施工技术要求较高、预应力拉杆或压杆与被加固构件的连接处理复杂、难度较大,另外,还存在施工时的侧向稳定问题等。

1.1.4　粘钢加固法

粘钢加固法是在钢筋混凝土构件表面用特制的建筑结构胶粘贴钢板以提高结构抗弯抗剪承载力,增强结构的安全度的一种加固方法。该方法始于20世纪60年代,它是一种国际上使用较广的加固方法。粘钢加固法不仅在工业及民用建筑物上使用,而且在道路和桥梁工程中也普遍采用。其基本的工艺流程包括胶黏剂配制、混凝土和钢板的表面处理、涂胶布粘胶剂、粘贴钢板、固定加压、固化、防腐粉刷等。其优点是胶黏剂硬化时间快、周期短、工艺简单、施工速度快、可以不动明火、加固后对原结构外观和原有净空无显著影响、现场湿作业量少、施工时对生产和生活影响较小。粘钢加固法的缺点表现为:它对基体混凝土强度、环境温度、相对湿度的要求较高,加固质量很大程度取决于胶黏材料的质量和工艺水平的高低,特别是粘钢后一旦发生空鼓,补救比较困难,且由于施工工艺控制比较严格,一般由专业队伍施工。

1.1.5　喷射混凝土技术

喷射混凝土技术是借助喷射机械,利用压缩空气或其他动力,将一定比例配合的拌合料,通过管道输送并高速喷射到受喷面上凝结硬化而形成喷射层的一种加固方法。喷射层能保护、参与甚至代替原结构工作,从而达到恢复或提高结构的承载力、刚度和耐久性等加固效果。喷射修补法因喷射层与原结构的黏结力强,特别是与混凝土、砖石、钢材具有很高的黏结强度,可以在结合面上传递拉应力和剪应力,且施工方便,所以在加固工程中应用十分广泛,其缺点是需要专门设备。

1.1.6 增设构件加固法

增设构件加固法是在原有的构件之间增加新的构件，如在原有主梁之间增设新纵梁，新梁与旧梁相连共同受力，减少原主梁的受荷面积，减少荷载效应，达到结构加固的目的。该方法实施时不破坏原有结构，施工易于操作，但是必须注意做好新增主梁与旧梁之间的横向连接，使新增主梁与旧梁之间牢固连接，保证主梁之间的横向连接刚度，有利于荷载的横向分布。

1.1.7 增设支点加固法

增设支点加固法是在梁、板等构件上增设支点，在柱子、屋架之间增设支撑构件，减少结构构件的计算跨度，减少荷载效应，降低计算弯矩，大幅度提高结构构件的承载力，减小挠度，减小裂缝宽度，增加结构的稳定性，达到结构加固的目的。当对增设的支点施加预应力时，效果更佳。增设支点加固法多用于大跨度结构，但采用这种方法会减小使用空间。

对于上述加固方法，国内外的很多科研机构都进行了大量的研究工作，并且大都已经用于实际工程中，这在很多文献中都有记载。然而，这些加固方法都存在一定的缺陷，除带有共性的化学腐蚀问题外，像粘钢加固法，还会增加构件自重、节点不易处理、施工难度大等。为此，FRP 外贴补强加固这种新兴的、技术含量高的技术逐渐成为研究热点。

1.2 FRP 加固技术概述

以纤维增强聚合物(Fiber Reinforced Polymer 或者 Fiber Reinforced Plastic，FRP)为基料的复合材料最初应用在航空航天和防御工业领域，已有多年历史，其优异的性能已经得到了广泛的认同。近年来，FRP 材料的价格大幅下降，它在土木工程中的应用得到迅速发展,目前在民用基础设施建设中发挥了巨大的潜力,不仅可以用来加固已有建筑物,还可用来建造新的基础设施。从 20 世纪 90 年代起,纤维复合材料在土木工程中的应用一直是国内外研究的热点。

FRP 材料是把高性能连续纤维织物,如玻璃纤维、碳纤维、芳纶纤维等,置于环氧树脂等基体上,经胶合凝固后复合而成的。纤维是用单丝织成不同的集合形状,可以是单一方向的,也可以是多方向的,它决定了复合材料的结构特性。树脂作为黏结介质,传递分布纤维间的应力,保证其形成整体均匀受力。

常用的纤维种类包括碳纤维、玻璃纤维和芳纶纤维 3 种。常用的树脂有环氧树脂、聚酯树脂和乙烯酯树脂。根据纤维种类的不同可将 FRP 材料分为 3 类:玻璃纤维增强复合材料(Glass Fiber Reinforced Polymer,GFRP)、碳纤维增强复合材料(Carbon Fiber Reinforced Polymer,CFRP)和芳纶纤维增强复合材料(Aramid Fiber Reinforced Polymer,AFRP)。单向纤维 FRP 材料的有关性能指标见表 1.1。进一步从其材料特性上分类,可分为高弹性和高强度两类。碳纤维具有较高的弹性模量和强度。通常使用的高弹性碳纤维的弹性模量可达到 380 ~ 640 GPa,而高强度碳纤维的弹性模量约为 230 GPa,拉伸强度约为 4 000 MPa。与此相比,芳纶纤维的弹性模量和拉伸强度较低,但拉断应变可达 2% ~4%,高于碳素纤维。图 1.1 表示出各种纤维增强复合材料的应力-应变曲线。

表 1.1 GFRP、CFRP 和 AFRP 的力学性能

纤维复合材料	直径/μm	密度 /($g \cdot cm^{-3}$)	弹性模量/GPa	抗拉强度/MPa
玻璃纤维	8 ~ 12	2.0 ~ 4.8	21 ~ 88	3 000 ~ 4 900
碳纤维	5 ~ 18	1.6 ~ 2.1	37 ~ 637	764 ~ 3 920
芳纶纤维	12	1.39 ~ 1.45	72.5 ~ 73.5	2 744 ~ 3 430

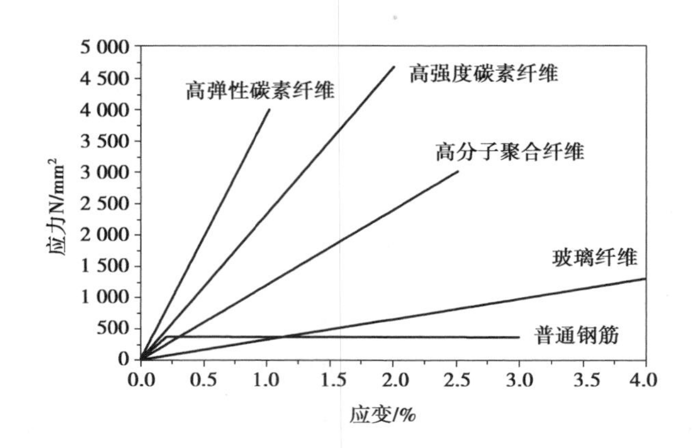

图 1.1　各种纤维复合材料的应力-应变曲线

普通碳纤维是以聚丙烯腈(PAN)和中间相沥青(MMP)纤维为原料经高温碳化制成的,其碳化程度决定着诸如弹性模量、密度与导电等性能。用于混凝土结构补强加固的碳纤维材料按其形式可分为片材(包括布状和板状)、棒材以及格状材等,如图 1.2 所示。此外,还有各种各样的型材,片材一般通过环氧树脂粘贴于混凝土受拉表面;棒材通常作为代替传统钢筋(主筋或箍筋)的材料;而碳纤维格状材则是通过 1 ~ 2 cm 厚的聚合物灰浆将其黏结在既有结构上。另外还有短纤维,不同于上述几种形式,短纤维主要通过与混凝土,共同搅拌形成碳纤维混凝土,用于新建结构。

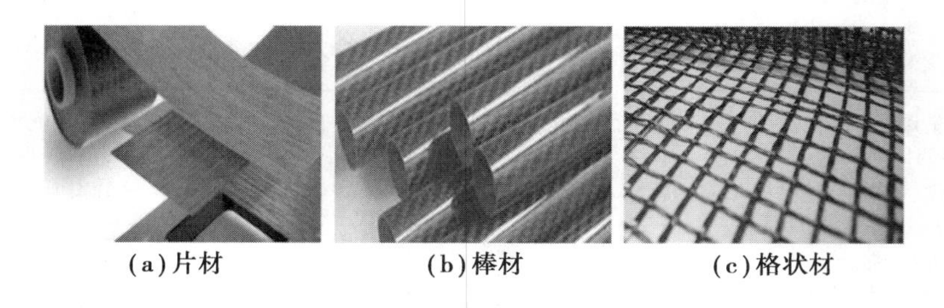

图 1.2　用于结构加固增强的纤维复合材料的各种形式

碳纤维最初是作为航天航空高技术材料发展起来的。随着经济的发展,性能优异的碳纤维在体育休闲用品领域得到了更广泛的应用。20 世纪 80 年代中期,碳纤维在体育用途方面的消耗量超过宇航用途。20 世纪 90 年代以后,碳纤维从传统的航天航空高技术领域和体育休闲用品向更广泛的工业领域发展渗透，土木建筑、桥梁修复、交通运输、汽车工业、能源等行业的碳纤维应用量快速增加，占碳纤维应用总量的比重逐年加大。其中，碳纤维国际市场价格下降是一个重要的推动因素。

由于碳纤维复合材料具有极其优异的物理性能和用于结构加固所显示的和潜在的优越性，近10年来许多国家都投入了大量的人力、物力和财力进行研究开发，实际工程应用也在各方面展开。20世纪90年代末这项加固技术引入我国，随之，其开发研究和工程应用迅猛发展。

纤维复合材料加固技术是一种新型的混凝土结构加固修补技术。它利用浸渍树脂将纤维布粘贴于混凝土表面，共同工作，达到对混凝土结构构件的加固补强的目的。较传统的结构加固方法，纤维复合材料加固技术最明显的优点主要体现在以下几个方面。

①高强高效。FRP材料具有优异的物理力学性能，在加固修补混凝土结构时可以充分利用其高强度、高弹性模量的特点来提高混凝土结构及构件的承载力，改善其受力性能和延性，达到高强高效的目的。它有很高的比强度，即通常所说的质量轻、强度高。FRP的比强度是钢材的2 050倍，因此采用FRP材料将会大大减轻结构的自重。在民用基础设施领域，质量减轻意味着提高了抗震能力，加快了施工速度，明显缩短了大型结构的建造时间；在桥梁建筑中，质量减轻意味着增加桥下净空或降低两岸路堤的标高；而在房屋建筑中，则明显地缩减了底层柱的尺寸，增加了使用面积，在建筑大型剧院和礼堂时，不再受净跨的限制。

②施工便捷，工效高，没有湿作业，不需要大型施工机具，施工占用场地少。FRP材料非常适用于在工厂生产、运送到工地和现场安装的工业化施工过程，有利于保证工程质量、提高劳动效率及加快建筑的工业化。大型复合材料可在场外生产或在工厂内生产，又由于它们质量轻，容易运送施工现场，且可以用轻型仪器进行安装（而不必用专门的重型机械），因此可使现场工作量达到最小，

这样就可以全年进行复合材料结构的装配工作，提高了施工效率。

③具有极佳的耐腐蚀性能。FRP 材料可以在酸碱氯盐和潮湿的环境中抵抗化学腐蚀，这是传统结构材料难以相比的。目前在化工建筑、地下工程和水下特殊工程中，FRP 材料耐腐蚀的优点已经得到了证明。在瑞士、英国、加拿大等国家的寒冷地区以及一些国家的近海地区，已经开始在桥梁、建筑中采用 FRP 结构代替传统结构以抵抗除冰盐和空气中盐分的腐蚀。使用该方法对结构进行处理后，不仅不需要如粘钢板法所需要的定期防锈维护，节省了大笔维修费用，而且其本身可以更好地起到对内部混凝土结构的保护作用，具有双重效果。

④具有良好的可设计性。FRP 材料可以通过使用不同纤维种类、控制纤维的含量和铺陈不同方向的纤维设计出各种强度和弹性模量的 FRP 产品，而且 FRP 产品成形方便，可灵活设计。金属材料及多数建筑材料在本质上都要求在结构设计中把它们看成是各向同性的，也因此就无须考虑有没有必要使所有方向上的性质都相同。碳纤维复合材料具有各向异性，为设计人员提供了较大的设计空间。

⑤适用面广。粘贴 FRP 加固混凝土结构可以广泛应用于各种结构类型（如建筑物、构筑物、桥梁、隧道、涵洞、烟囱等）、各种结构形状（如矩形、圆形、曲面结构等）、各种结构部位（如梁、板、柱、拱、壳、墩等）的加固修补，而且不改变结构形状也不影响结构的外观，这是目前任何一种结构加固方法不可比拟的。尤其对于一些大型土木工程等，采用原有的加固手段几乎无法实施，而采用该项加固技术都能很顺利地解决。

⑥施工质量易保证。由于 FRP 材料是柔性的，即使加固的结构表面不是非常平整，也基本可以达到 100% 的有效粘贴率。即使粘贴后表面局部有气泡，也很容易处理，只要将树脂注入气泡处将空气赶走即可。粘贴钢板则很难实现 100% 的有效粘贴面，相应的验收标准只要达到 70% 就可以。

⑦耐疲劳性能好。大多数复合材料的抗疲劳性都好，在很多结构中它们的

疲劳性能可以忽略不计，从而保证了设计的灵活性。这在航空领域里是碳、树脂复合材料优于金属材料最主要的优势。桥梁结构经常承受往复荷载、移动荷载的作用，对这类结构加固后要考虑结构的抗疲劳性能。研究表明，碳纤维布加固混凝土经过一定次数的疲劳循环荷载，其强度及延性指标并没有显示出有所降低，而普通混凝土试件经过同样的疲劳循环荷载后，其强度和延性指标都会有不同程度的降低。

FRP 产品还有一些其他优势，如透电磁波、绝缘、隔热、热胀系数小等，这使得 FRP 结构和 FRP 组合结构在一些特殊场合能够发挥难以取代的作用。

国外最早对纤维加固混凝土结构技术进行研究的是德国的 IBMB 研究院和瑞士的 EMPA 实验室，它们进行了不同纤维材料加固混凝土梁的弯曲性能试验研究，对混凝土结构受拉区外贴碳纤维布的抗弯能力进行了试验分析。日本、韩国在 20 世纪 80 年代初对碳纤维布加固混凝土结构进行了研究。

我国则从 1997 年才开始对碳纤维复合材料加固混凝土结构进行研究。近年来对采用粘贴碳纤维布材加固钢筋混凝土梁的抗弯受力性能研究方面较为普遍，相应的研究成果较多。

碳纤维材料加固形式是多种多样的，主要可分为抗弯曲、抗剪切、抗压缩、抗震加固及劣化防止等。其加固效果可表现为控制裂缝宽度和提高裂缝分散能力，增强结构刚度、抗拉强度、抗压强度、抗弯强度、抗剪强度、抗疲劳强度，提高结构的延性、耐久能力等。如图 1.3 所示，通过在柱形桥墩表面环绕粘贴碳纤维布，可以提高混凝土桥墩的抗剪能力和延性。混凝土柱受到环绕粘贴的碳纤维箍约束作用，其截面的抗压强度也有一定的提高。在混凝土桥面板上、下表面粘贴碳纤维布，可以降低钢筋应力、增强结构抗疲劳能力以及对已经出现损伤和裂纹的部分进行加固。在一般建筑物结构中，也可用于对混凝土框架结构、楼面板甚至砖墙、剪力墙的抗弯、抗剪加固。另外，在道路和铁路隧道方面，由于地震载荷和非均匀山地土压而产生的集中载荷会造成隧道混凝土内壁的纵向裂纹、变形过大以及局部脱落，从而大大降低了隧道的安全性和缩短了其使用寿命,通过在隧道混凝土内壁粘贴碳纤维布可以增强抗弯性,有效防止已有裂纹的进一步扩展,延长使用寿命。另外,由于碳纤维具有较好的防磁性和导电性,碳纤维不仅被用作高强度结构补强材料,还同时被用于大型结构的安全诊断和寿命预测。碳纤维与玻璃纤维及陶瓷颗粒的复合、碳纤维与碳颗粒的复合、碳纤维与电热丝的复合及其应用,将成为未来大型结构及构件的智能化发展的重要方向。

碳纤维加固的钢筋混凝土梁如图 1.4 所示。

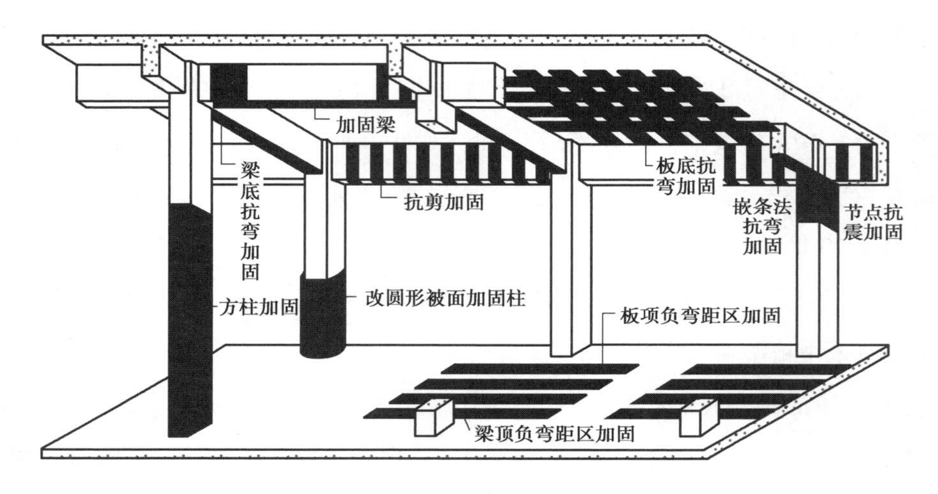

图 1.3　碳纤维加固的常用形式

图 1.4　碳纤维加固的钢筋混凝土梁

1.3 碳纤维布加固钢筋混凝土梁国内外研究现状

1.3.1 碳纤维布加固钢筋混凝土梁研究现状

1996 年,Shahawy 等人对 CFRP 片材加固钢筋混凝土梁进行结构试验,探讨了梁的开裂荷载、裂缝发展、极限承载力及破坏模式。结果发现:增加 CFRP 片材的数量可以提高梁的强度和刚度。

2002 年,Lam 等人通过大量的碳纤维布加固混凝土柱的试验数据与理论分析结果比较,现有应力-应变模型多数是在箍筋约束混凝土柱模型基础上转化而来的,由于箍筋约束作用与碳纤维约束存在差异,箍筋模型不能准确反映碳纤维的约束机理,因此在试验数据的基础上,提出了新的碳纤维布加固混凝土柱的应力-应变模型,经验证,结果较为理想。

2014 年,Wang 等人提出了一种预测 CFRP 加固钢筋混凝土梁短期和长期预应力损失的分析模型,该模型将加固后的钢筋混凝土梁和预应力 CFRP 作为两个子单元,通过黏结层连接,建立长期预应力损失模型。通过与其他研究的试验结果比较,验证了分析模型的可靠性。

2015 年,朱彦鹏等人对 4 个不同持续荷载下的 CFRP 加固梁进行试验研究,其中包括 1 个对比梁、3 个加固梁。试验结果表明:加固破坏时符合平截面假定,裂缝宽度和跨中挠度都有所减小。

2016 年,王春苗基于平截面假定,考虑二次受力,提出了外贴碳纤维加固 RC 梁的正截面承载力实用计算公式,从提高 CFRP 加固 RC 梁的延性出发,推导了其适用条件,用结构分析软件 ANSYS 模拟了 CFRP 加固 RC 梁的荷载-位移曲线,最后计算了正截面抗弯承载力值。

王磊对比分析钢板和碳纤维布两种材料在钢筋混凝土梁抗弯中的加固效

果。试验结果表明:在加固设计中应注重材料之间的黏结剂以及锚固装置的选择和工艺。

肖喜平对两根试验梁进行十次负载张拉,分析张拉力对裂缝、挠度、纵向受拉钢筋应变以及预应力损失的影响,并提出相关简化工作。试验结果表明:在负载情况下对梁进行碳纤维板张拉,能够减小梁裂缝的最大宽度。梁的挠度与碳纤维板张拉力成反比,近似为线性关系。

2017 年,高丹盈等人通过对 11 根不同跨高比下碳纤维布加固钢筋混凝土梁进行受弯试验,研究跨高比、纵筋配筋率及 CFRP 层数对构件极限承载力的影响。试验结果表明:随着跨高比的减小,构件极限承载力显著增加。随着纵筋配筋率和 CFRP 层数增加,构件的极限承载力显著提高。

Al-Saawani 等人将 5 个国家规范中的常规钢筋混凝土构件裂缝宽度预测模型推广到玻璃钢加固梁中,引入适当的修正以考虑玻璃钢复合材料的影响。他们分析了所提模型预测的裂纹宽度,并与试验结果进行了比较。试验结果均表明:由于 FRP 加固,裂缝宽度显著减小。随着配筋量的增加,裂缝宽度的控制效率降低,随玻璃钢板与梁宽比的增大而提高。Khan 等人提出了一种适用于钢筋混凝土梁的计算模型,讨论了碳纤维布模型及其与混凝土的界面作用,通过 ABAQUS 建立了未加碳纤维布和加了碳纤维布 T 形梁的有限元模型并进行有限元分析,提出了碳纤维布与特殊锚具黏结性能的模型参数。

Lee 等人对 8 根预应力 CFRP 加固钢筋混凝土梁进行四点荷载试验,研究了该钢筋混凝土梁的加固性能。试验结果表明:与对比梁相比,预应力 CFRP 加固提高了钢筋混凝土梁的抗弯性能。通过试验结果与有限元分析结果对比,验证了有限元模型的有效性,并以钢筋长度和预应力参数,分析了有限元模型对钢筋加固性能的影响。

2018 年,Chen 等人讨论了对 BFRP 钢筋混凝土梁的加固性能进行三点弯曲试验,分析了未加固和 BFRP 加固钢筋混凝土梁的损伤模式,探讨了不同 BFRP 的缠绕方式、U 形锚固和环氧胶黏剂对混凝土梁抗弯性能的影响。Naeini

等人采用碳纤维布板和玻璃纤维布板对 T 形截面的钢筋混凝土梁进行四点弯曲加固,通过有限元方法分析了使用聚合板加固混凝土梁的受力性能。结果表明:当碳纤维宽度为 5 cm,与梁的轴线呈 30°,横截面形成方式相同时,采用 C50 级混凝土试件对减小混凝土变形最有效。Kabir 等人研究了在配合比中不同粉煤灰、橡皮胶和聚丙烯纤维的混凝土梁进行结构试验,将试验梁加载到极限强度使其严重破坏,用 CFRP 修复,然后对修复后的梁进行四点弯曲试验,研究其破坏模式、强度、刚度和延性等。AIZ 等人通过对 12 根圆梁和矩形梁进行弯曲试验,研究了单向碳纤维布加固钢管混凝土简支梁的受力性能,对不同的设计参数进行了非线性有限元分析。试验结果表明:碳纤维布能够明显提高钢管混凝土梁的抗弯承载力、抗弯刚度和能量吸收能力。仇泽等人对碳纤维布加固大尺寸无缺陷混凝土梁和加固带宽深预制裂缝大尺寸混凝土梁进行弯曲试验,试验结果表明:碳纤维布加固无损混凝土梁极限承载能力可以提高 65% 左右;对于加固带宽深预制裂缝的混凝土梁,其极限承载力可提高 250% 左右。因此,碳纤维布对加固带损伤的混凝土结构具有明显的效果。

2019 年,Salama 等人通过对 9 根不同 CFRP 粘贴方案下的钢筋混凝土梁进行结构试验,经过分析对比,证实了侧粘贴加固方案是钢筋混凝土梁加固黏结方案的有效替代方案。

近几年国内外学者对于钢筋混凝土梁抗弯性能的研究主要集中于一次受力下的试验研究,主要分析了碳纤维布的层数、锚固形式以及配筋率等对钢筋混凝土梁承载力的影响,为研究二次受力下 CFRP 加固钢筋混凝土梁提供了试验基础。

1.3.2　二次受力碳纤维布加固钢筋混凝土梁研究现状

1994 年,Alfarai 等人对 8 根梁进行了试验研究,8 根梁预先加荷到极限承载力的 85%,卸载后再粘贴 CFRP 板进行加固。试验梁采用了螺栓在梁端铺固、CFRP 板在侧面全包铺固、U 形箍在梁端 3 种锚固方式。试验结果表明:加固梁发生了不同的破坏模式,梁的受弯承载力增加,延性与板的厚度成反比。

2000 年,John 等人通过对 7 根钢筋混凝土梁试验研究分析二次受力对加固梁的影响,试验表明:初始受力会降低加固梁的极限承载力,相对于无初始受力的加固梁,极限承载能力降低约 5%。

2004 年,王滋军等人通过改变配筋率、CFRP 粘贴层数以及初始荷载对 17 根 CFRP 加固钢筋混凝土简支梁进行抗弯静力学试验并研究二次受力的影响,实验结果表明:配筋率和 CFRP 的粘贴层数对钢筋混凝土梁的承载力有着显著的影响,初始荷载对加固梁的极限承载力的影响不太明显。

2011 年,彭辉通过对 2 根 7.2 m 长的钢筋混凝土梁试件进行预应力 CFRP 二次受力加固试验研究,发现预应力 CFRP 加固钢筋混凝土梁在抗弯刚度、延性以及材料利用率等方面有较大优势。试验结果表明:当把试件加载至钢筋屈服后进行加固,试件的承载力与没有加载历史的非预应力加固试件相差不大,试件的变形与对比试件相近,说明结构超载后经预应力 CFRP 板加固,可以恢复一定程度的刚度。曹璐等人对预应力碳纤维布加固钢筋混凝土梁进行理论分析,分析了各个阶段以及二次受力下的承载力计算。在计算中考虑了二次受力碳纤维布超前或滞后应变的影响,并推导得出公式,理论分析值与试验结果相吻合。

2015 年,黄楠等人对 6 根碳纤维布加固钢筋混凝土梁的抗弯性能进行试验研究。通过砝码杠杆加载较准确地模拟了碳纤维布加固钢筋混凝土梁的二次受力状况,得到了碳纤维布加固梁在二次受力下的典型荷载-位移曲线。在分析二次受力下碳纤维布加固钢筋混凝土梁截面刚度变化的基础上,通过理论分析并结合试验统计数据,建立了考虑二次受力碳纤维布加固钢筋混凝土矩形截面梁短期刚度的计算方法。在对计算结果与试验数据及其他计算方法进行了对比分析后,结果表明所建公式具有较好的精确度。曹启坤等人为研究 CFRP 加固钢筋混凝土梁在二次受力情况下的破坏形态和抗弯性能,利用 ANSYS 有限元分析软件建立三维有限元模型,通过将模拟结果与文献试验结果进行对比,对比结果表明:当梁的初始荷载小于梁极限荷载的20%时,可不考虑二次受力对梁的影响;在其他条件不变的情况下,梁的极限承载力随着碳纤维布层数的增加而增加,但增加的幅度越来越小,并建议工程中加固为3层可达到最佳效果。

2016年,Zhu等人研究了在疲劳荷载作用下,混凝土强度和疲劳幅度对CFRP混凝土界面黏结性能的影响。试验结果表明:随着混凝土强度的增加,疲劳寿命也增加,但随着疲劳载荷振幅的增大,疲劳寿命反而降低,提出了预测疲劳寿命的公式。杨瑞考虑二次受力、连续梁以及受拉区混凝土的抗拉性能等因素参与受力等情况,通过弹塑性理论计算与ABAQUS模拟对比加固梁与未加固梁的承载力,分析其破坏形式以及对承载力的影响,总结推导出相应的刚度计算公式,并计算连续梁单跨的跨中挠度。罗露以普通钢筋混凝土梁为研究对象,考虑荷载作用下产生的损伤,对CFRP布加固损伤进行研究,通过改变混凝土强度、CFRP布粘贴层数以及CFRP布粘贴宽度对二次受力下梁的内力进行计算,并通过ANSYS有限元软件进行模拟分析。结果表明:卸载程度越大时,加固梁的开裂密度越小,CFRP对钢筋混凝土梁的开裂有抑制作用。

2017年,唐陆健根据推导的理论公式分析承载力的主要影响因素,计算各变量因素对二次受力下的预应力CFRP布加固混凝土连续梁时的截面抗弯承载力影响规律。研究表明:预应力CFRP布对连续梁的承载力有很大的提高,并且能够抵消二次受力的影响。

1.4 本书主要研究内容

在辽宁省教育厅科研专项“CFRP加固混凝土梁配布(筋)率优化与造价分析研究(L2015187)”、辽宁省教育厅基本科研项目“CFRP加固损伤混凝土梁可靠度分析与应用研究(JYTMS20230693)”与辽宁省科技计划联合计划(应用基础研究项目)“CFRP加固受损混凝土梁抗弯性能与可靠性研究(2023JH2/

101700013)”,以及辽东学院青年基金项目“CFRP 加固钢筋混凝土受损构件端部锚固的试验研究”(2013q009)、辽东学院青年基金项目“CFRP 加固损伤钢筋混凝土梁抗弯性能的试验研究”(2015QN031)和辽东学院青年基金项目“混凝土矩形截面梁经济配筋率与造价分析研究”(2016QN003)的资助下,本书完成了碳纤维布加固受损钢筋混凝土梁锚固方式、抗弯承载力、短期刚度以及可靠性的试验与计算分析,并进行了 CFRP 加固混凝土梁配布(筋)率优化与造价分析研究。

本书主要研究内容包括:

①碳纤维布加固受损钢筋混凝土梁锚固方式的试验研究;

②碳纤维布加固损伤混凝土梁抗弯性能试验研究;

③CFRP 加固损伤混凝土梁截面短期刚度计算;

④CFRP 加固损伤钢筋混凝土梁抗弯承载力分析;

⑤低受压区高度的双筋混凝土梁抗弯性能试验与可靠度计算;

⑥CFRP 加固损伤钢筋混凝土梁可靠性分析;

⑦混凝土矩形截面梁经济配筋率与造价探讨分析;

⑧CFRP 加固素混凝土梁配布率优化与造价分析研究;

⑨CFRP 加固混凝土梁配布(筋)率优化与造价分析研究。

第 2 章　碳纤维布加固受损钢筋混凝土梁锚固方式的试验研究

随着我国市场经济水平的发展，钢筋混凝土建筑物的结构设计和施工水平也有很大的提高。现在我国新建房屋的数量和高度都在不断增加，且房屋建筑结构的设计基准期为 50 年，到期或接近使用年限时，全部拆除重建不现实也很不经济，这就需要对建筑结构进行维护和加固，这样不仅可以体现勤俭节约的风尚，又符合土木工程建设可持续发展的战略目标。近年来，我国在建筑结构的加固方面做了大量研究工作，然而对加固锚固的试验研究主要集中在未破坏构件方面，对已损伤的钢筋混凝土构件进行加固的研究开展得很少，特别是对钢筋混凝土梁出现裂缝且其宽度达到 0.2 mm 时进行加固的研究更少。考虑到结构安全及耐久性，在室内正常环境下控制裂缝宽度为 0.2 mm。本试验在前期预先加载至其最大裂缝宽度达 0.2 ~ 0.3 mm 的损伤钢筋混凝土梁采用碳纤维布进行加固，并采取了不同的锚固方式来对其抗弯性能进行试验研究。本节主要研究碳纤维布加固损伤钢筋混凝土梁在不同锚固方式下对加固效果的影响，为工程加固提供了一些参考。

2.1 试验概况

2.1.1 试件设计与试验准备

本次试验共设计了9根钢筋混凝土简支梁,其中1根为对比梁,其余8根为受损梁(加载至其跨中最大裂缝宽度达0.2~0.3 mm后卸载),然后利用碳纤维布采用不同的锚固方式对其进行加固。试验梁尺寸均为100 mm×250 mm×2 600 mm,净跨2 400 mm。梁受拉钢筋均为2Φ12,受压钢筋2Φ6.5,纯弯段箍筋Φ6.5@200,剪弯段为Φ6.5@50,采用C30商品细石混凝土,保护层厚度为15 mm。试验梁详细尺寸与钢筋构造如图2.1所示。碳纤维布采用高性能碳纤维纺织生产的高性能单向布,布厚0.167 mm,与JGN系列碳纤维补强专用黏合剂相匹配。

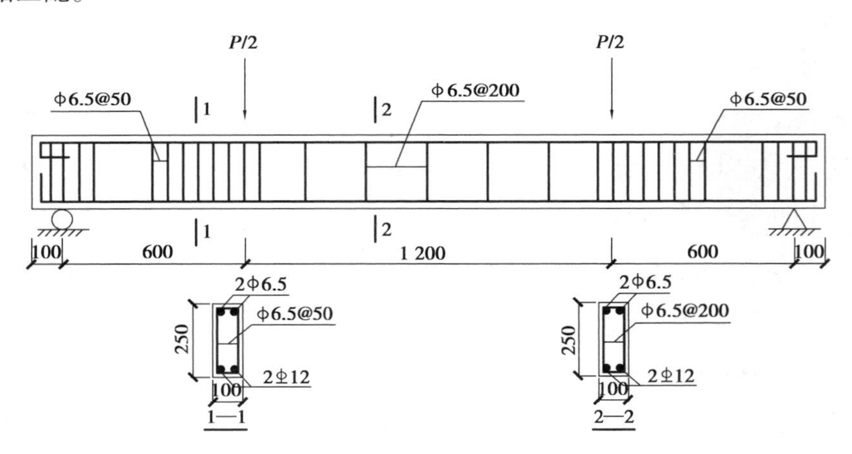

图2.1 RC试验梁配筋图

试件在制作时预留了混凝土试块及钢筋,试验前进行材料性能试验。碳纤维布采用厂家提供的材料性能指标值,见表2.1—表2.3。

表 2.1　钢筋的力学性能

直径/mm	屈服强度/MPa	极限强度/MPa	弹性模量/MPa
Φ6.5	376.9	449.3	2.1×10^5
Φ12	364.6	539.3	2.0×10^5

表 2.2　混凝土的力学性能

混凝土等级	抗压强度/MPa	弹性模量/MPa
C30	53.2	3.0×10^4

表 2.3　碳纤维布的力学性能

抗拉强度标准值/MPa	弹性模量/MPa	伸长率/%	厚度/mm
3 400	2.4×10^5	1.7	0.167

试件采用木模浇筑，自然养护，当混凝土达到龄期后进行试验。分别加载至梁跨中最大裂缝宽度达 0.2 ~0.3 mm 的时候卸载，采用碳纤维布进行加固锚固，未对裂缝进行灌胶处理。具体步骤如下：①将钢筋混凝土梁要粘贴碳纤维布的表面打磨平整。②用洁净自来水去掉混凝土表面浮灰和污渍，混凝土表面应清理干净并保持干燥。③用毛刷将底胶均匀涂抹于混凝土表面，在底胶表面指触干燥后，立即粘贴碳纤维布（碳纤维布 U 形箍条），多层（多道）粘贴重复上述步骤。放置一周后基本完全固化后进行试验。

2.1.2　试件编号与加固锚固措施（数字代表应变片）

对比梁及碳纤维布粘贴加固锚固梁示意图如图 2.2—图 2.10 所示。

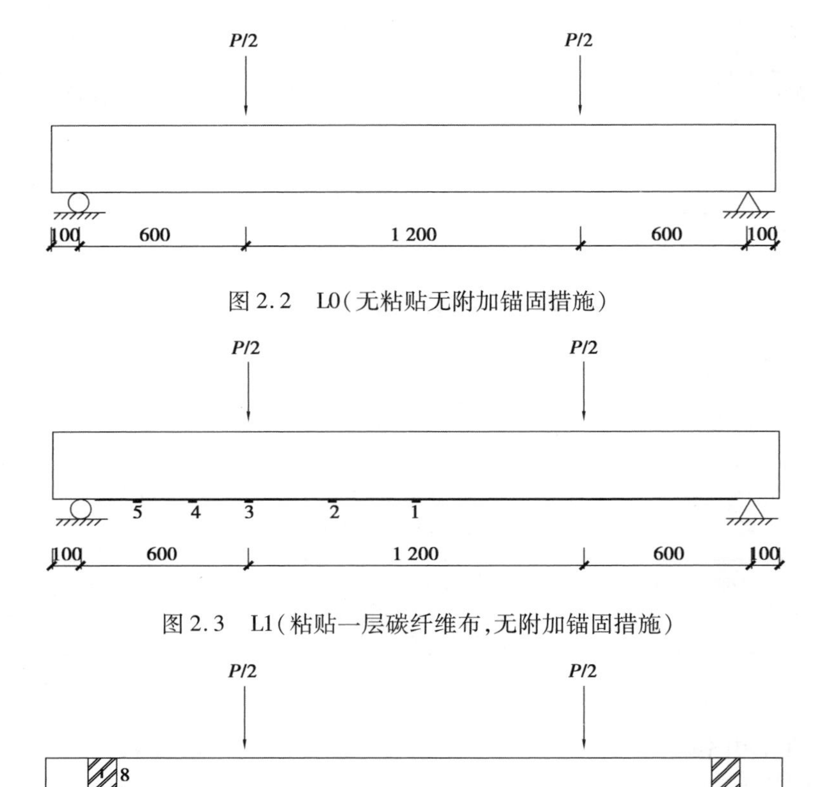

图 2.2　L0(无粘贴无附加锚固措施)

图 2.3　L1(粘贴一层碳纤维布,无附加锚固措施)

图 2.4　L2[粘贴一层碳纤维布,一道(一层)U 形碳纤维箍锚固措施]

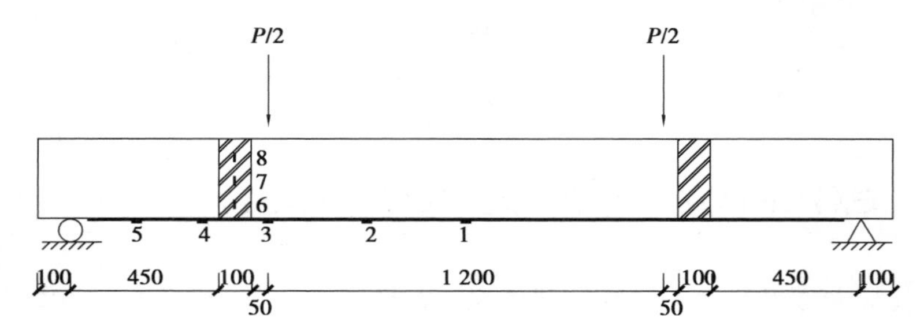

图 2.5　L3[粘贴一层碳纤维布,一道(一层)U 形碳纤维箍锚固措施]

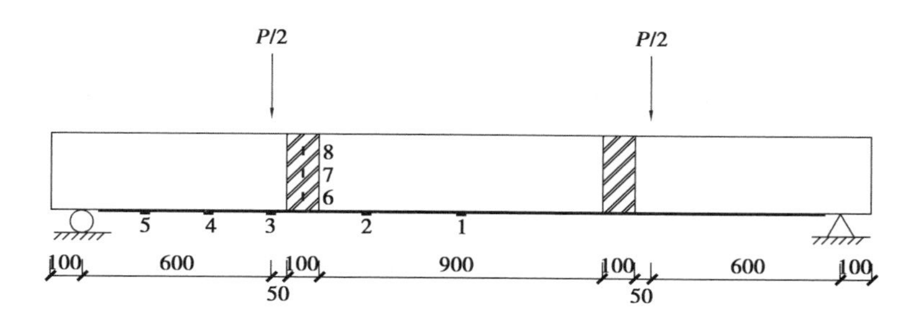

图 2.6　L4[粘贴一层碳纤维布,一道(一层)U 形碳纤维箍锚固措施]

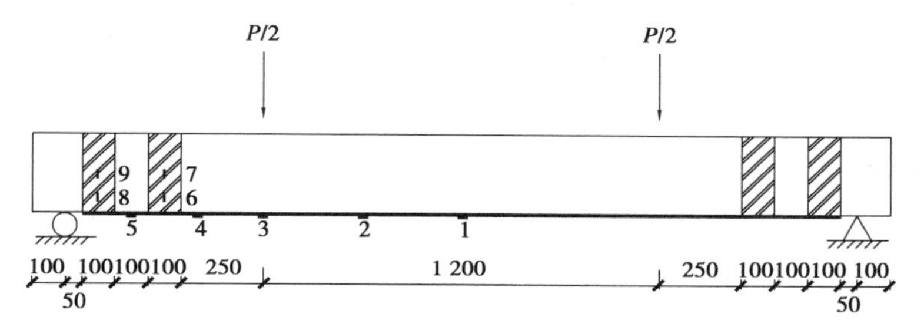

图 2.7　L5[粘贴二层碳纤维布,二道(两层)U 形碳纤维箍锚固措施]

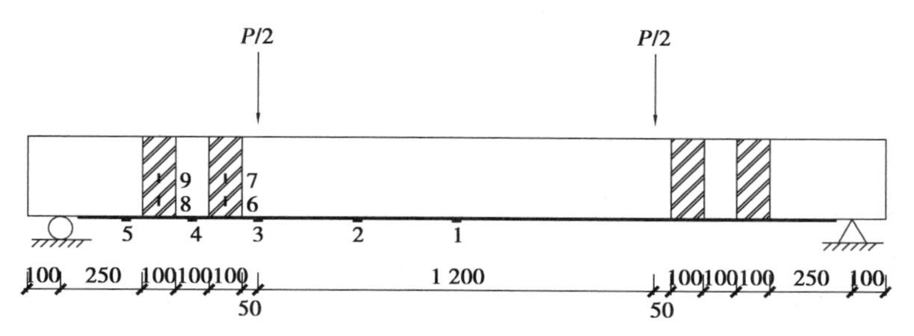

图 2.8　L6[粘贴二层碳纤维布,二道(两层)U 形碳纤维箍锚固措施]

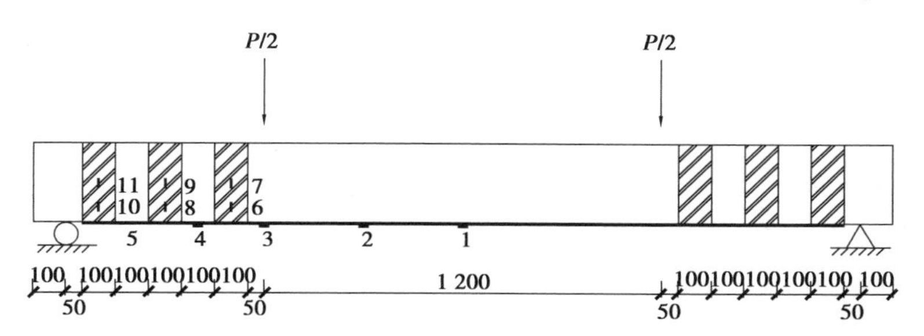

图 2.9　L7[粘贴二层碳纤维布,三道(两层)U 形碳纤维箍锚固措施]

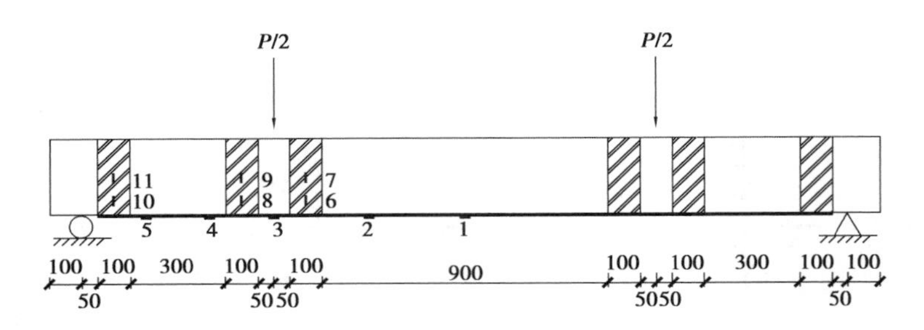

图 2.10 L8[粘贴二层碳纤维布,三道(两层)U 形碳纤维箍锚固措施]

2.1.3 加载方案与量测内容

试验采用四分点两集中力加载,如图 2.1 所示。采用手动千斤顶进行加载,由千斤顶施加压力,分配载荷,压力传感器配合静态电阻应变仪测定荷载值,梁两边支座端部各留出 100 mm。在梁底面的跨中、加载点及支座位置处分别布置百分表测量梁的位移;在梁底纯弯段从跨中位置间隔 300 mm 布置应变片,剪弯段间隔 200 mm 布置应变片;对粘贴一层 U 形箍沿高度平均粘贴 3 个应变片,对粘贴二层 U 形箍沿高度距底面 60 mm、120 mm 分别粘贴 1 个应变片。在试验中主要测量试件跨中挠度、混凝土应变、碳纤维布应变、U 形碳纤维布箍应变、纵向受拉钢筋应变、裂缝宽度等。

试件的前期加载水平及碳纤维布加固锚固的情况见表 2.4。

表 2.4 试件的前期加载水平及碳纤维布加固锚固的情况

构件编号	加载水平	开裂荷载 P_{cr}/kN	裂缝宽度达 0.2 ~ 0.3 mm 荷载 P_d/kN	裂缝宽度达 0.2 ~ 0.3 mm 挠度 f_d/mm	卸载后残余变形/mm
L0	加载至破坏	22.2	55.3	10.45	
L1	加载至裂缝宽度达到 0.2 ~ 0.3 mm	17.7	54.4	9.65	2.81
L2	加载至裂缝宽度达到 0.2 ~ 0.3 mm	23.0	51.7	9.89	2.27

续表

构件编号	加载水平	开裂荷载 P_{cr}/kN	裂缝宽度达 0.2～0.3 mm 荷载 P_d/kN	裂缝宽度达 0.2～0.3 mm 挠度 f_d/mm	卸载后残余变形/mm
L3	加载至裂缝宽度达到 0.2～0.3 mm	29.0	55.5	10.59	3.06
L4	加载至裂缝宽度达到 0.2～0.3 mm	24.1	55.2	9.56	1.66
L5	加载至裂缝宽度达到 0.2～0.3 mm	20.9	55.4	10.17	1.92
L6	加载至裂缝宽度达到 0.2～0.3 mm	17.3	57.0	9.93	1.99
L7	加载至裂缝宽度达到 0.2～0.3 mm	20.5	55.9	9.47	1.64
L8	加载至裂缝宽度达到 0.2～0.3 mm	17.9	55.2	11.69	3.65

2.1.4　试验主要测量结果与破坏形态

受损钢筋混凝土梁加固锚固主要试验结果与破坏形态情况见表 2.5。L1～L8 试件加固锚固梁最终破坏形式分别如图 2.11—图 2.18 所示。

表 2.5　损伤后加固锚固梁主要试验结果与破坏形态

构件编号	损伤程度	极限荷载 P/kN	极限位移 f/mm	提高幅度 /%	破坏形式
L0		65.5	47.64		适筋破坏
L1	裂缝宽度达到 0.2～0.3 mm	72.3	24.15	10.4	碳纤维布从端部向跨中剥离

续表

构件编号	损伤程度	极限荷载 P/kN	极限位移 f/mm	提高幅度 /%	破坏形式
L2	裂缝宽度达到 0.2～0.3 mm	80.6	32.73	23.1	碳纤维布一端被撕开并开始向跨中剥离，U 形箍底部被撕裂
L3	裂缝宽度达到 0.2～0.3 mm	72.3	44.02	10.4	碳纤维布从两端向加载点处剥离，纯弯段碳纤维布也发生剥离，一侧 U 形箍底面被撕开
L4	裂缝宽度达到 0.2～0.3 mm	71.1	47.19	8.5	碳纤维布从两端向加载点处剥离，纯弯段碳纤维布也发生剥离，两侧 U 形箍没有破坏
L5	裂缝宽度达到 0.2～0.3 mm	69.9	14.87	6.7	纯弯段碳纤维布发生剥离，一侧的靠近支座 U 形箍被破坏
L6	裂缝宽度达到 0.2～0.3 mm	72.3	44.22	10.4	碳纤维布从两端向加载点处剥离，纯弯段碳纤维布也发生剥离，一侧距加载点 50 mm 处 U 形箍被撕开
L7	裂缝宽度达到 0.2～0.3 mm	88.2	42.42	34.7	碳纤维布从跨中向两端发生剥离，一侧 3 个 U 形箍均被撕开
L8	裂缝宽度达到 0.2～0.3 mm	98.4	31.56	50.2	纯弯段碳纤维布被拉断，3 个 U 形箍没有破坏

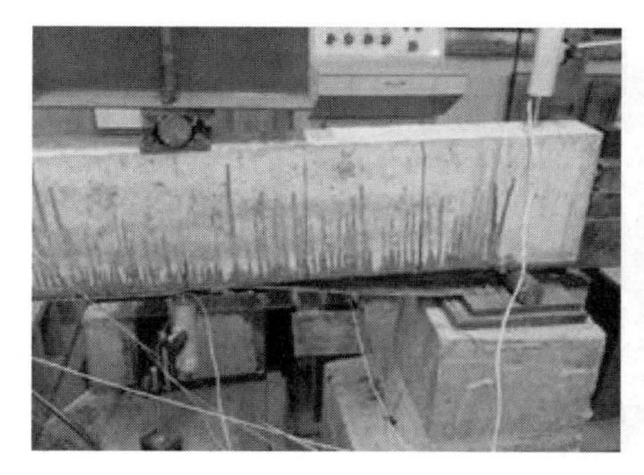

图 2.11　L1 梁破坏图

图 2.12　L2 梁破坏图

图 2.13　L3 梁破坏图

图 2.14　L4 梁破坏图

图 2.15　L5 梁破坏图

图 2.16　L6 梁破坏图

图 2.17　L7 梁破坏图

图 2.18　L8 梁破坏图

2.1.5　碳纤维布与 U 形碳纤维箍的应变

L1 ~ L8 试件加固锚固的损伤钢筋混凝土梁在达到极限承载力前不同级别荷载作用下的碳纤维布应变的分布如图 2.19—图 2.26 所示。

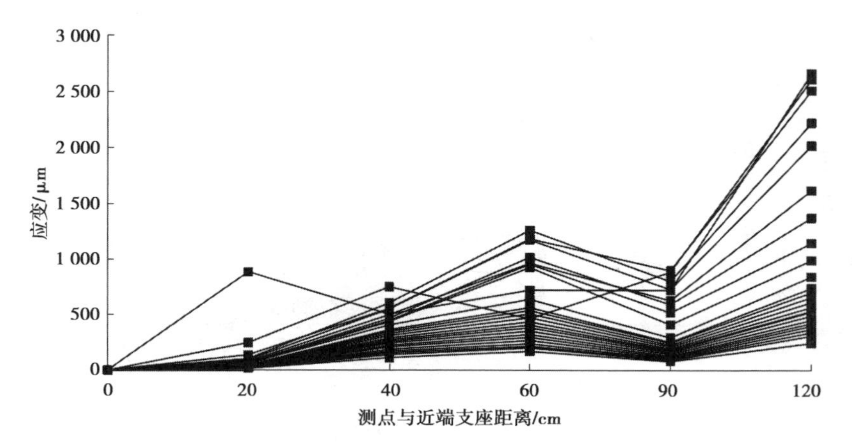

图 2.19　L1 试件

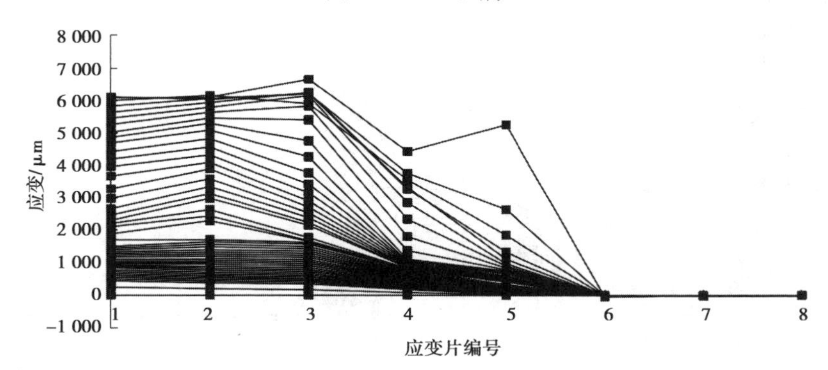

图 2.20　L2 试件

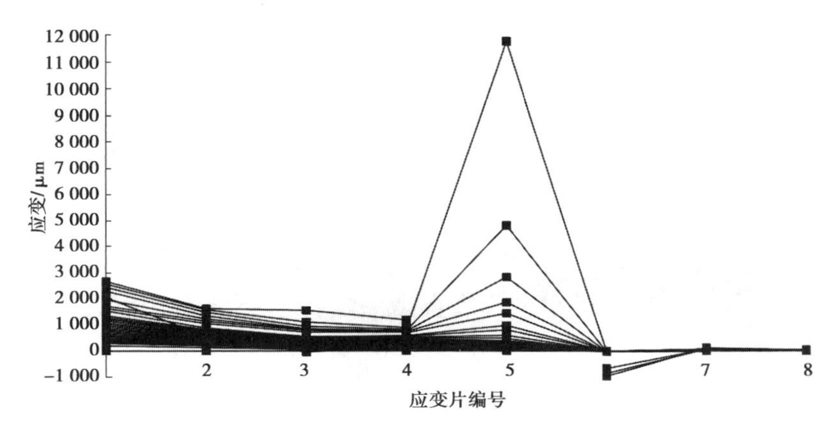

图 2.21　L3 试件

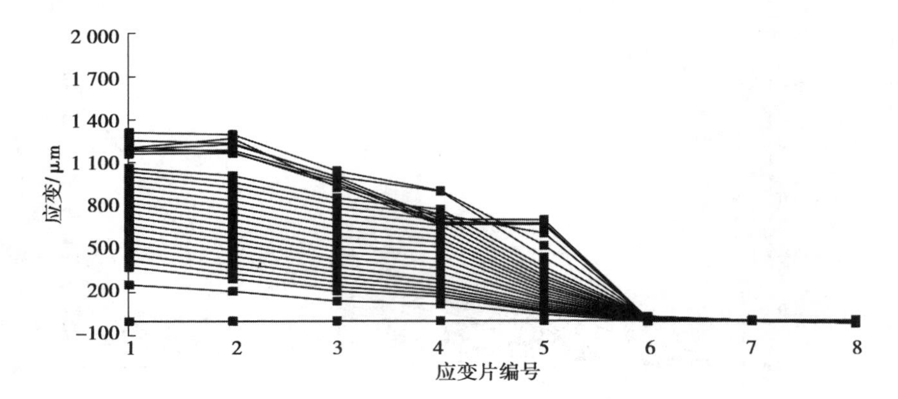

图 2.22　L4 试件

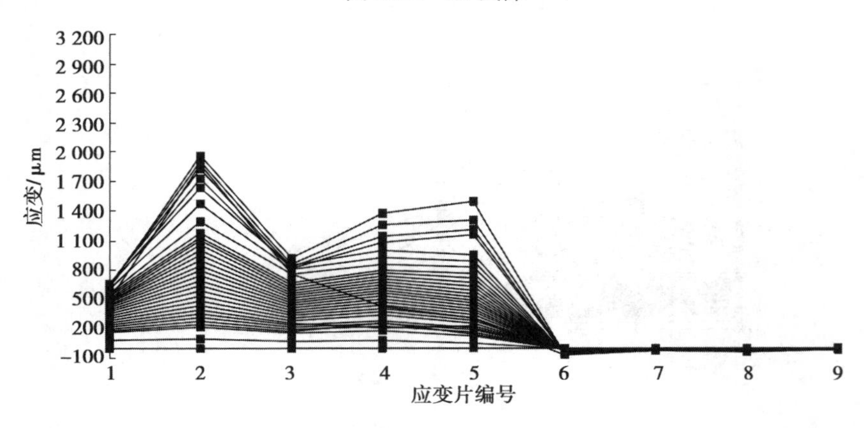

图 2.23　L5 试件

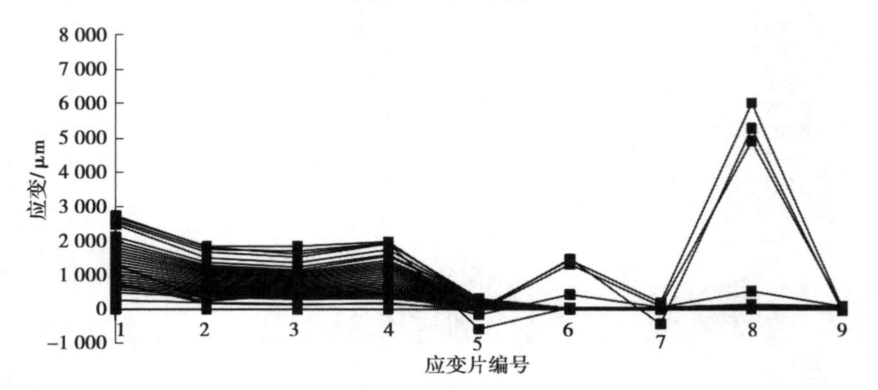

图 2.24　L6 试件

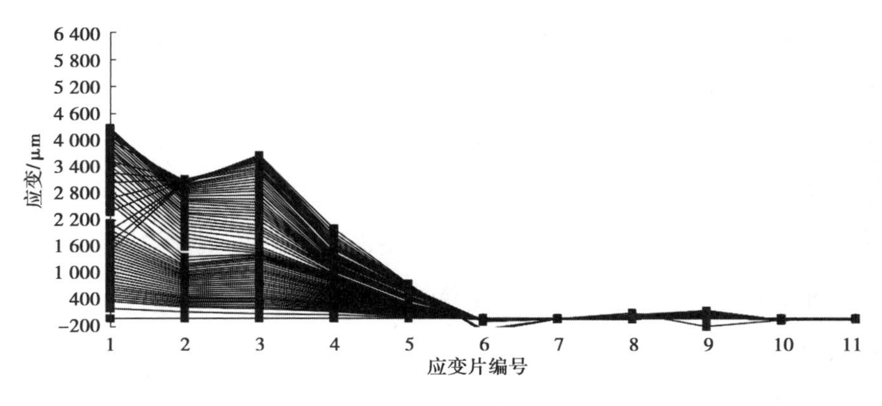

图 2.25　L7 试件

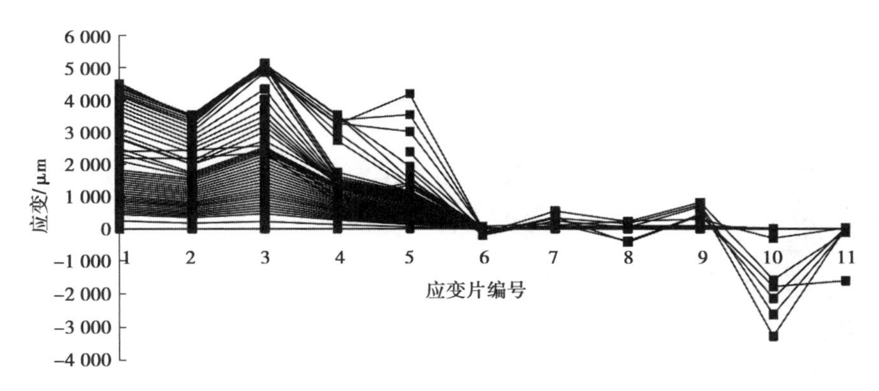

图 2.26　L8 试件

2.2　试验结果分析

通过试验结果可以看出,L1 试件在各级荷载作用下梁跨中碳纤维布的应变最大,由加载点向支座逐渐减小,碳纤维布加固失效主要是剥离破坏造成的。因此,要使碳纤维布充分发挥作用就必须有可靠的锚固措施防止剥离破坏的发生。

L2、L3、L4 试件为相同加固层数、不同位置 U 形箍锚固的条件。在各级荷载作用下,L2 试件纯弯段的碳纤维布的应变最大,L3 比 L4 试件纯弯段的碳纤维布的应变略大。L2 试件由加载点向支座处碳纤维布的应变逐渐减小,靠近梁端的 U 形箍上的应变一直都很小,能相对有效地阻止碳纤维布的剥离破坏。L3 试件由跨中向支座处碳纤维布的应变逐渐减小,但在靠近端部的应变在试件接近极限荷载时突然增大,剪跨段靠近加载点的 U 形箍应变变化相对比较明显,说明其阻止碳纤维布的剥离破坏的效果不是很明显。L4 试件由加载点向支座处碳纤维布的应变没有明显逐渐减小趋势即变化不明显,尤其是在纯弯段靠近加载点的 U 形箍上的应变一直都很小也没破坏,但有裂缝延 U 形箍的两侧向上发展,对防止碳纤维布剥离破坏几乎没有作用。

L5、L6、L7、L8 试件为相同加固层数、不同位置和数量 U 形箍锚固的条件。其中,L5、L6 试件是在相同加固层数、相同数量不同位置 U 形箍锚固的条件。L7、L8 试件是在相同加固层数、相同数量、不同位置 U 形箍锚固的条件。在各级荷载作用下,L6 比 L5 试件纯弯段的碳纤维布的应变略大。L5 试件由跨中向支座处碳纤维布的应变没有出现明显逐渐减小的趋势。两道 U 形箍上的应变一直都很小,但是跨中碳纤维布首先发生剥离破坏导致碳纤维布的抗拉性能没有发挥出来。L6 试件由跨中向支座处碳纤维布的应变没有明显减小的趋势,只有靠近支座处的应变减小明显。两道 U 形箍上的应变变化相对比较明显,但是梁端部和纯弯段碳纤维布发生剥离破坏,导致碳纤维布的抗拉性能没有发挥出来。L7、L8 试件都比 L5、L6 试件纯弯段的碳纤维布的应变大, L8 试件剪跨段的碳纤维布应变逐渐减小的趋势更为明显。L7 试件相对 L8 试件三道 U 形箍上的应变变化比较明显,破坏时 3 个 U 形箍均被撕开;而 L8 试件三道 U 形箍上的应变变化不明显,3 个 U 形箍没有破坏。说明 L8 试件的 U 形箍锚固效果更好,能充分发挥碳纤维布的抗拉性能。

2.3 结论

本章通过对 1 根对比梁和 8 根损伤梁加固锚固的试验研究分析,初步得出以下结论：

①碳纤维布加固的损伤钢筋混凝土梁，从其加固锚固效果来看，对一层碳纤维布加固损伤梁采用U形箍锚固位置在梁端时效果相对最好。对两层碳纤维布加固损伤梁采用2道U形箍锚固措施的来说，分别在端部没有U形箍和在弯剪区的弯矩较大位置没有加强锚固措施（只有1道U形箍）的情况下导致其加固效果不理想。采用3道U形箍锚固措施（即在端部1道U形箍和在加载点两侧各1道U形箍锚固措施），其效果相对较好。

②对碳纤维布加固的损伤梁来说，U形箍在相同数量不同位置锚固措施的情况下对其抗弯承载力的影响较大。试验表明，梁端部必须有锚固措施防止端部碳纤维布发生剥离破坏，在弯剪区的弯矩较大位置也要采取可靠的锚固措施以充分发挥加固碳纤维布的抗拉性能。

第3章　碳纤维布加固损伤混凝土梁抗弯性能试验研究

目前,碳纤维布加固混凝土结构已经广泛应用于实际工程,并取得良好效果。国内外对碳纤维加强钢筋混凝土梁抗弯性能的研究成果比较丰硕,大部分成果都集中于完好钢筋混凝土梁的抗弯性能研究,而针对已经损伤钢筋混凝土梁的研究较少。考虑到在实际工程中,混凝土结构在加固之前可能会受到不同程度的损伤,换句话说,实际工程中只有当钢筋混凝土梁的承载能力不足或发生一定程度损伤时才会进行加固,加固后混凝土构件或结构将继续承受荷载,此种受力状况对钢筋混凝土构件或结构的抗弯性能会产生较大影响。

本章将基于已有研究成果,运用试验研究与理论分析对 CFRP 加固损伤混凝土梁的加固性能进行深入研究,分析钢筋混凝土梁出现裂缝并且其宽度达到0.2 ~0.3 mm 的损伤程度时,采用碳纤维布进行加固对其抗弯性能的影响。研究成果既可以为实际加固工程提供参考,又可以促进钢筋混凝土加固修复研究进一步深入。

3.1　试验概况

3.1.1　试件设计与试验准备

本次试验共设计了 5 根 RC 简支梁,其中 1 根为对比梁,其余 4 根为受损

RC梁(加载至其跨中最大裂缝宽度达0.2～0.3 mm后卸载),然后利用碳纤维布对其进行加固。试验梁尺寸均为100 mm×250 mm×2 600 mm,净跨2 400 mm。梁受拉钢筋均为2Φ12,受压钢筋2Φ6.5,纯弯段箍筋Φ6.5@200,剪弯段为Φ6.5@50,采用C30商品细石混凝土,保护层厚度为15 mm。试验梁详细尺寸与钢筋构造如图3.1所示。碳纤维布采用高性能碳纤维纺织生产的高性能单向布,布厚0.167 mm,与JGN系列碳纤维补强专用黏合剂相匹配。

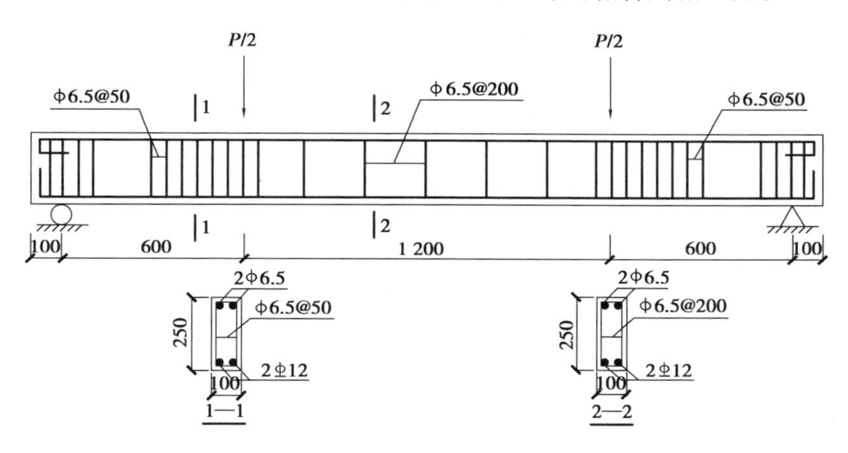

图3.1　RC试验梁配筋图

试件在制作时预留了混凝土试块及钢筋,试验前进行材料性能试验。碳纤维布采用厂家提供的材料性能指标值,见表3.1—表3.3。

表3.1　钢筋的力学性能

直径/mm	屈服强度/MPa	极限强度/MPa	弹性模量/MPa
Φ6.5	376.9	449.3	2.1×10^5
Φ12	364.6	539.3	2.0×10^5

表3.2　混凝土的力学性能

混凝土等级	抗压强度/MPa	弹性模量/MPa
C30	53.2	3.0×10^4

表 3.3　碳纤维布的力学性能

抗拉强度标准值/MPa	弹性模量/MPa	伸长率/%	厚度/mm
3 400	2.4×10^5	1.7	0.167

试件采用木模浇筑,自然养护,当混凝土达到龄期后进行试验。分别加载至梁跨中最大裂缝宽度达 0.2 ~0.3 mm 时卸载,采用碳纤维布进行加固,未对裂缝进行灌胶处理。具体步骤如下:①将 RC 梁要粘贴碳纤维布的表面打磨平整。②用洁净自来水去掉混凝土表面浮灰和污渍,混凝土表面应清理干净并保持干燥。③用毛刷将底胶均匀涂抹于混凝土表面,在底胶表面指触干燥后,立即粘贴碳纤维布,多层(多道)粘贴重复上述步骤。放置一周后基本完全固化后进行试验。

3.1.2　试件编号与加固措施

本试验的试件编号与加固锚固措施如图 3.2—图 3.6 所示。

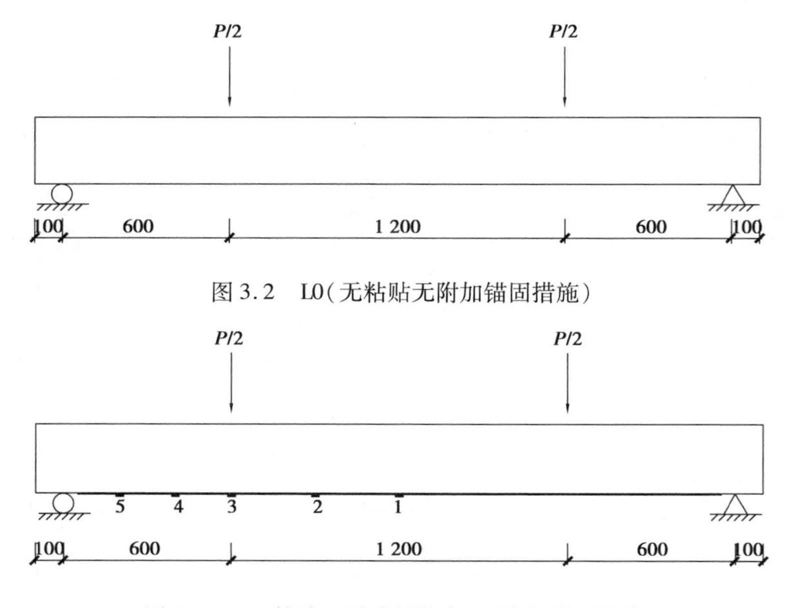

图 3.2　L0(无粘贴无附加锚固措施)

图 3.3　L1(粘贴一层碳纤维布,无附加锚固措施)

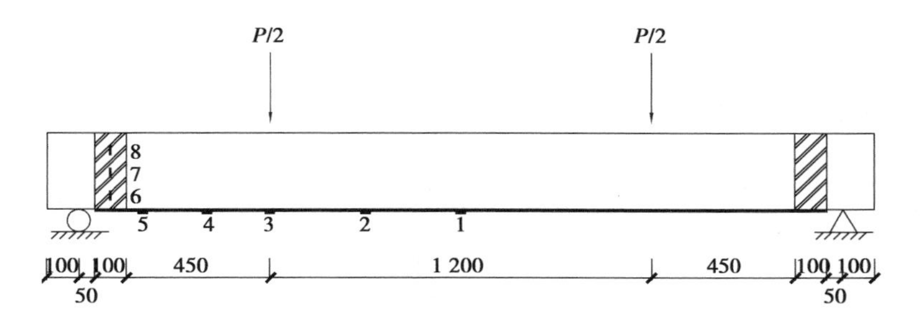

图 3.4　L2(粘贴一层碳纤维布,一道(一层)U 形碳纤维箍锚固措施)

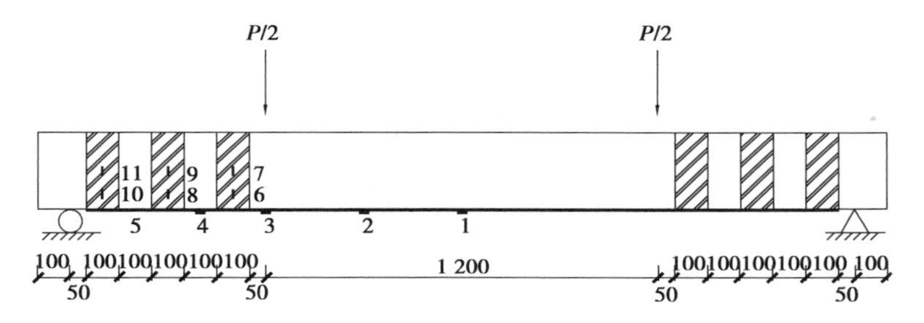

图 3.5　L3(粘贴二层碳纤维布,三道(两层)U 形碳纤维箍锚固措施)

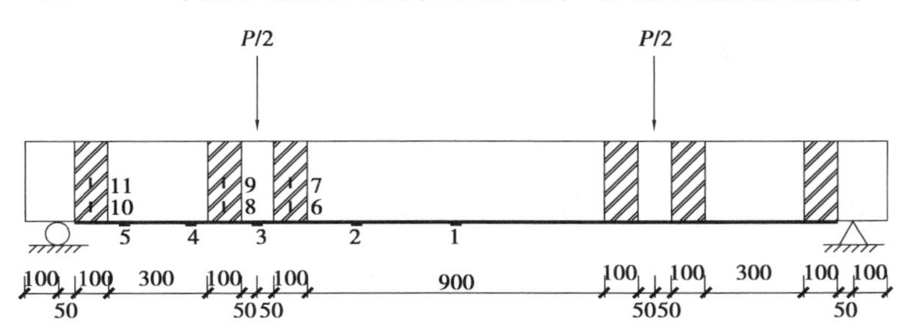

图 3.6　L4(粘贴二层碳纤维布,三道(两层)U 形碳纤维箍锚固措施)

3.1.3　加载方案与量测内容

试验采用在四分点两对称力加载方式,如图 3.1 所示。采用手动千斤顶进行加载,由千斤顶施加压力,分配载荷,压力传感器配合静态电阻应变仪测定荷载值,梁两边支座端部各留出 100 mm。在梁底面的跨中、加载点及支座位置处分别布置百分表测量梁的位移;在梁底纯弯段跨中位置布置应变片。在试验中主要测量试件跨中挠度、混凝土应变、碳纤维布应变、纵向受拉钢筋应变、裂缝宽度等。试件的前期加载情况见表3.4。

表3.4 试件的前期加载情况表

构件编号	加载水平	开裂荷载 P_{cr}/kN	裂缝宽度达 0.2 ~0.3 mm 荷载 P_d/kN	裂缝宽度达 0.2 ~0.3 mm 挠度 f_d/mm	卸载后残余变形/mm
L0	加载至破坏	22.2	55.3	10.45	
L1	加载至裂缝宽度达到 0.2 ~0.3 mm	17.7	54.4	9.65	2.81
L2	加载至裂缝宽度达到 0.2 ~0.3 mm	23.0	51.7	9.89	2.27
L3	加载至裂缝宽度达到 0.2 ~0.3 mm	20.5	55.9	9.47	1.64
L4	加载至裂缝宽度达到 0.2 ~0.3 mm	17.9	55.2	11.69	3.65

3.2 试验结果及分析

3.2.1 试验主要测量结果与破坏形态

加固损伤RC梁主要试验结果与破坏形态情况见表3.5。对比梁L0、加固损伤梁L1 ~ L4、考虑卸载残余变形的加固损伤梁L1+ ~ L4+,其试验荷载-位移曲线比较图分别如图3.7—图3.12所示。L1 ~ L4试件的加固梁最终破坏形式分别如图3.13—图3.16所示。

表 3.5　加固损伤梁主要试验结果与破坏形态

构件编号	损伤程度	极限荷载 P/kN	极限位移 f/mm	提高幅度 /%	破坏形式
L0		65.5	47.64		适筋破坏
L1	裂缝宽度达到 0.2 ~ 0.3 mm	72.3	24.15	10.4	碳纤维布从端部向跨中剥离
L2	裂缝宽度达到 0.2 ~ 0.3 mm	80.6	32.73	23.1	碳纤维布一端被撕开并开始向跨中剥离，U 形箍底部被撕裂
L3	裂缝宽度达到 0.2 ~ 0.3 mm	88.2	42.42	34.7	碳纤维布从跨中向两端发生剥离，一侧 3 个 U 形箍均被撕开
L4	裂缝宽度达到 0.2 ~ 0.3 mm	98.4	31.56	50.2	纯弯段碳纤维布被拉断，3 个 U 形箍没有破坏

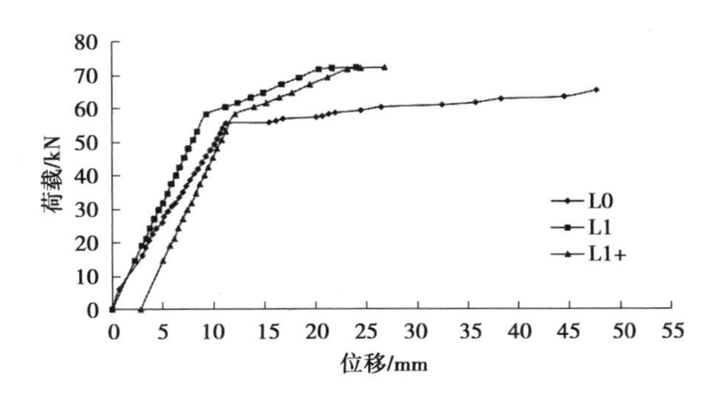

图 3.7　L1 梁与 L0 梁荷载-位移曲线

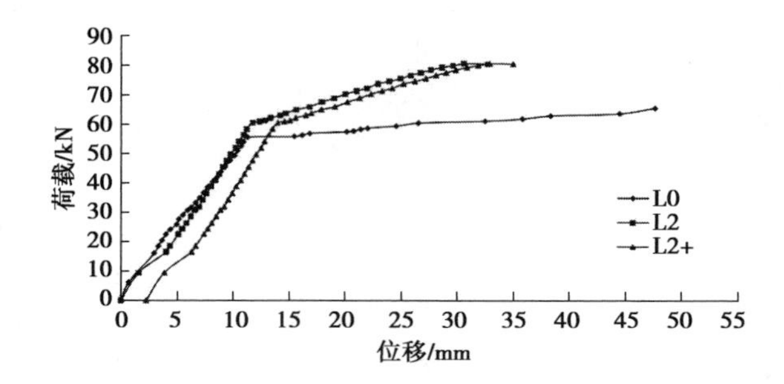

图 3.8　L2 梁与 L0 梁荷载-位移曲线

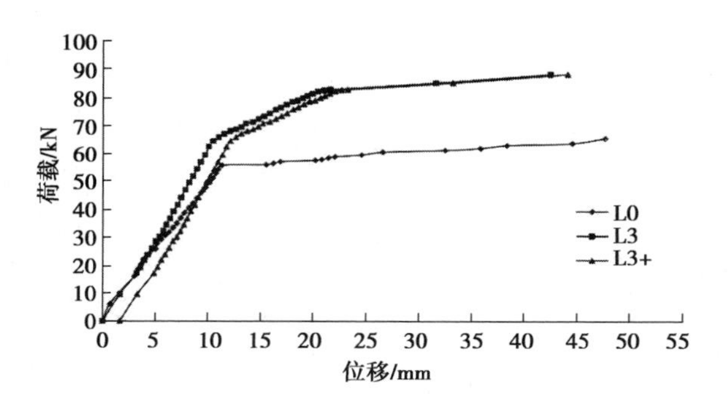

图 3.9　L3 梁与 L0 梁荷载-位移曲线

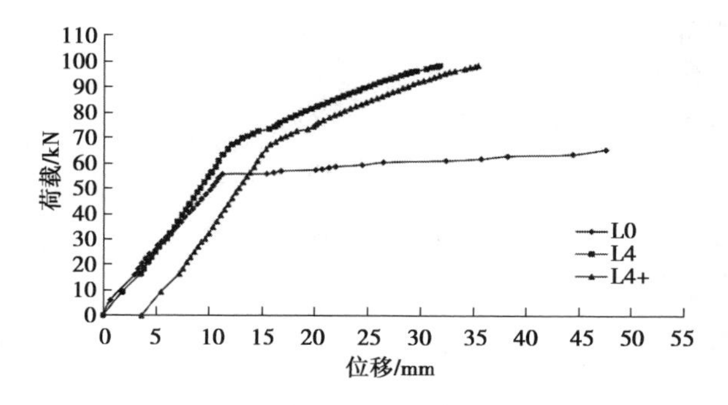

图 3.10　L4 梁与 L0 梁荷载-位移曲线

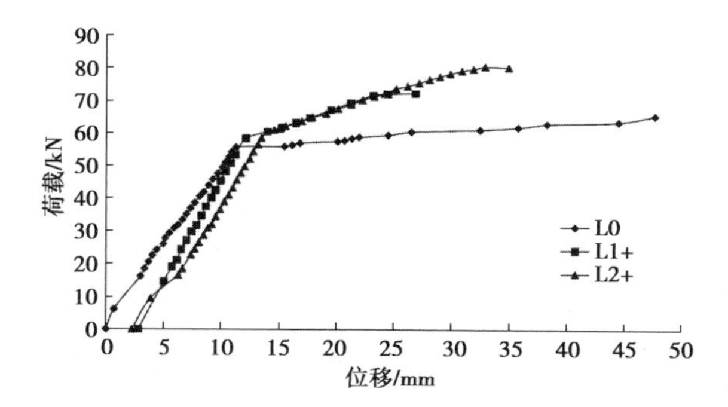

图 3.11　L0、L1、L2 梁荷载-位移曲线

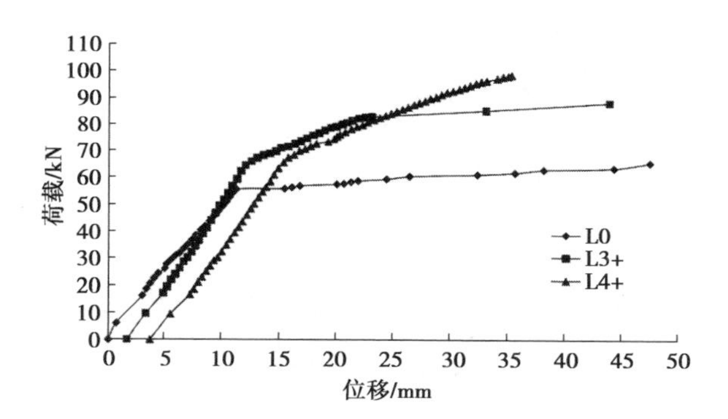

图 3.12　L0、L3、L4 梁荷载-位移曲线

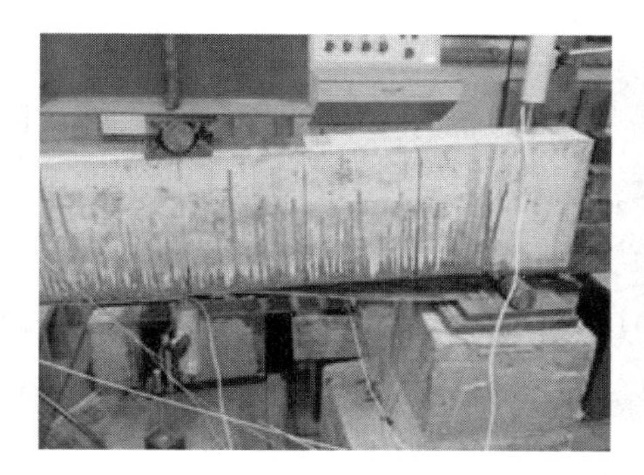

图 3.13　L1 梁破坏图

图 3.14 L2 梁破坏图

图 3.15 L3 梁破坏图

图 3.16 L4 梁破坏图

3.2.2 荷载位移曲线与试验梁破坏形式分析

试验结果表明,损伤程度相同的梁采用碳纤维布加固后的破坏形态随锚固方式的不同而不同,但它们的荷载-位移曲线相似。图 3.7—图 3.10 为各试验梁荷载-位移曲线的对比,由表 3.5 可知,对跨中最大裂缝宽度达 0.2 ~ 0.3 mm 的损伤梁卸载再进行加固,其极限承载力都有不同程度的提高。其中,在加固层数相同时,有锚固措施的比无锚固措施的极限承载力大;不同锚固方式对极限承载力有不同影响。采用粘贴一层碳纤维布加固且无锚固措施时,其极限承载力提高幅度为 10.4%。采用粘贴一层碳纤维布加固且端部有锚固措施,其极限承载力提高幅度为 23.1%,由于端部有 U 形箍延缓加固碳纤维布剥离破坏的发生，其极限承载力较大幅度地提高。采用粘贴两层碳纤维布加固且有可靠的锚固措施（如 L3、L4 的锚固措施）情况下，其极限承载力提高幅度最大为 50.2%（采用 L4 锚固措施），其破坏形式是碳纤维布被拉断而 U 形箍没有破坏，充分发挥了碳纤维布的抗拉性能。采用 L3 梁的锚固方式由于破坏时 U 形箍均被撕开，虽然其极限承载力提高幅度为 34.7%，但不及采用 L4 梁的锚固方式的极限承载力提高幅度，原因是锚固的 U 形箍破坏导致加固碳纤维布的抗拉性能没有充分发挥出来。

从加固损伤梁的荷载-位移曲线可以看出，加固层数相同的损伤梁在加载初期至钢筋屈服，曲线斜率基本相同，由于加固碳纤维布发挥作用使加固损伤梁的刚度提高，其荷载-位移曲线的斜率较对比梁略大。钢筋屈服后，此时加固层数相同的损伤梁荷载-位移曲线较对比梁大，说明其刚度比对比梁要大。

3.3　加固损伤梁正截面抗弯承载力分析

3.3.1　基本假定

①加固损伤梁符合平截面假定。

②不考虑受拉区混凝土的作用。

③混凝土的应力-应变关系、钢筋的应力-应变关系按《混凝土结构设计规范》（GB 50010—2010）取用。

④碳纤维布的应力-应变关系为线弹性关系。

3.3.2　损伤梁正截面抗弯承载力的计算

当加固损伤梁的破坏状态为 CFRP 拉断，受压区混凝土尚未达到其极限抗压强度时，根据静力平衡条件可得，

$$\alpha_1 f_c bx = f_y A_s - f'_y A'_s + \kappa_{mf} \varphi_{cf} E_{cf} [\varepsilon_{cf}] A_{cf} \tag{3.1}$$

当混凝土受压区高度 $x<2a'$时,损伤梁抗弯承载力采用下式计算:

$$M_u = f_y A_s(h_0+a') + \kappa_{mf}\varphi_{cf}E_{cf}[\varepsilon_{cf}]A_{cf}(h-a') \tag{3.2}$$

式中 M_u——CFRP 加固损伤混凝土梁抗弯承载力;

κ_{mf}——CFRP 厚度折减系数,$\kappa_{mf}=1.16-n_f E_f t_f/308\ 000$,当 $\kappa_{mf}>1$ 时,取 $\kappa_{mf}=1$;

φ_{cf}——CFRP 加固损伤混凝土梁抗弯承载力折减系数,当 $M_0<M_y$ 时,近似取 $\varphi_{cf}=1$,当 $M_y\leqslant M_0<M_u$ 时,近似取 $\varphi_{cf}=M_y/M_u(P_y/P_u)$;

f_y、f'_y——受拉、受压钢筋屈服强度;

ε_{cf}——碳纤维布的允许拉应变,取 0.01;

加固损伤梁截面抵抗弯矩求出后,可由式(3.3)求出加固损伤梁的承载力:

$$P_u = \frac{2M_u}{s} \tag{3.3}$$

式中 s——混凝土试验梁上集中荷载作用点至支座的距离。

表 3.6 承载力理论计算值与试验值对比

梁编号	理论计算值 P/kN	试验值 P/kN	理论计算值/试验值
L1	—	72.3	—
L2	79.6	80.6	0.988
L3	—	88.2	—
L4	99.8	98.4	1.014

因为构件加载水平为裂缝宽度达到 0.2 ~0.3 mm,损伤程度接近屈服,则

$$\varphi_{cf} \approx M_y/M_u = \frac{55.3}{65.5} = 0.84$$

$$f_{ck} = 53.2\times(1-1.645\delta_{cu,k}) = 53.2\times(1-1.645\times0.172) = 38.15(\text{N/mm}^2)$$

$$h_0 = 250-(15+6.5+6) = 222.5(\text{mm})$$

$$a' = 15+6.5+\frac{6.5}{2} = 24.75(\text{mm})$$

对于构件 L2:

$\kappa_{mf}=1.16-n_f E_f t_f/308\ 000=1.16-1\times2.4\times10^5\times0.167/308\ 000=1.03>1$，取 $\kappa_{mf}=1$

由式(3.1)可得，

$$x=\frac{f_y A_s-f'_y A'_s+\kappa_{mf}\varphi_{cf}E_{cf}[\varepsilon_{cf}]A_{cf}}{\alpha_1 f_c b}$$

$$=\frac{364.6\times226-376.9\times66+0.84\times2.4\times10^5\times0.01\times100\times0.167\times1}{1\times38.15\times100}=23.9\ \text{mm}<2a'$$

由式(3.2)、式(3.3)可得，

$$P_u=\frac{2M_u}{s}=\frac{2\times[364.6\times226\times(222.5-24.75)+0.84\times2.4\times10^5\times0.01\times100\times0.167\times1\times(250-24.75)]}{600}$$

$$=79.6(\text{kN})$$

对于构件L4：

$\kappa_{mf}=1.16-n_f E_f t_f/308\ 000=1.16-2\times2.4\times10^5\times0.167/308\ 000=0.90$

由式(3.1)可得，

$$x=\frac{f_y A_s-f'_y A'_s+\kappa_{mf}\varphi_{cf}E_{cf}[\varepsilon_{cf}]A_{cf}}{\alpha_1 f_c b}$$

$$=\frac{364.6\times226-376.9\times66+0.9\times0.84\times2.4\times10^5\times0.01\times100\times0.167\times2}{1\times38.15\times100}$$

$$=30.96\ \text{mm}<2a'$$

由式(3.2)、式(3.3)可得，

$$P_u=\frac{2M_u}{s}=\frac{2\times[364.6\times226\times(222.5-24.75)+0.9\times0.84\times2.4\times10^5\times0.01\times100\times0.167\times2\times(250-24.75)]}{600}$$

$$=99.8(\text{kN})$$

3.4　加固损伤梁挠度分析

不考虑残余变形时得到各级荷载作用下梁的挠度计算值与试验值的对比见表3.7。由表3.7可以看出，在屈服弯矩之前，采用式(3.4)计算结果与试验值比较接近,有较高精度,可用于屈服时损伤混凝土梁加固的正常使用阶段挠度计算。

$$f=s\frac{Ml_0^2}{B_s}\quad(s=5.5/48)\tag{3.4}$$

表 3.7 挠度计算值与试验值对比

L2 试验梁				L4 试验梁			
荷载/kN	试验值/mm	计算值/mm	误差=试验值-计算值/mm	荷载/kN	试验值/mm	计算值/mm	误差=试验值-计算值/mm
0	0	0	0	0	0	0	0
9.4	1.61	1.76	-0.15	9.4	1.84	1.65	0.19
16.5	4.03	3.08	0.95	16.5	3.56	2.89	0.67
22.6	5.12	4.22	0.90	22.9	4.61	4.01	0.60
26.4	5.81	4.93	0.88	28.9	5.63	5.06	0.57
30.8	6.58	5.75	0.83	32.3	6.34	5.66	0.68
34.3	7.26	6.41	0.85	37.0	7.07	6.48	0.59
38.9	7.99	7.27	0.72	41.6	7.82	7.29	0.53
45.5	9.08	8.50	0.58	46.1	8.53	8.08	0.45
49.7	9.75	9.28	0.47	52.5	9.55	9.20	0.35
52.0	10.20	9.71	0.49	58.4	10.58	10.23	0.35
56.4	10.90	10.54	0.36	63.3	11.29	11.09	0.20
60.5	11.70	11.30	0.40	65.5	11.74	11.48	0.26

3.4.1 短期刚度确定

根据变形条件、本构关系与平衡条件推导得出:

$$B_s=\frac{M}{1/\rho}=\frac{(\eta h-a)hk_1kE_s\varphi_{cs}A_s+\eta h^2E_{cf}A_{cf}}{\dfrac{k_1ka_E\varphi_{cs}\rho_s+n_2a_{cf}\rho_{cf}}{\omega\lambda(x_0/h_0)}+k\varphi_{cf}}$$

其中 $n_2=h/h_0$，$k=(\varepsilon_{cfm}+\varepsilon_i)/\varepsilon_{cfm}$，$k_1=\varepsilon_{sm}/\varepsilon_{cfm}$。

大量试验结果表明，对于碳纤维布加固的损伤混凝土梁，由于碳纤维布的约束作用，系数 η 在使用阶段一般变化不大，通常近似取 $\eta=0.87$。同时，裂缝处的碳纤维布约束钢筋的变形，使得裂缝处的碳纤维布与钢筋的变形不均匀程度基本相当，为了使计算简化，可取 $\varphi_{cf}/\varphi_s\approx1$ 即 $\varphi_{cs}\approx1$，可近似取 $\rho_{cf}=A_{cf}/bh_0$，则

$$B_s=\frac{M}{1/\rho}=\frac{(\eta h-a)hk_1kE_sA_s+\eta h^2E_{cf}A_{cf}}{\dfrac{k_1ka_E\rho_s+a_{cf}\rho_{cf}}{\omega\lambda(x_0/h_0)}+k\varphi_{cf}}$$

若 $M_i\approx M_y$ 且卸载加固，简化近似取 $\eta h-a\approx\eta^2h_0$，$k_1h\approx\eta h_0$，$\eta h^2\approx h_0^2$；不考虑残余变形近似取 $k\approx1$，$k_1\approx1$，得：

$$B_s=\frac{M}{1/\rho}=\frac{1}{K}(\eta^2h_0^2E_sA_s+h_0^2E_{cf}A_{cf})$$

其中 K 为对其他参数的综合考虑，记为

$$K=\frac{k_1a_E\rho_s+a_{cf}\rho_{cf}}{\eta\omega\lambda(x_0/h_0)}+\frac{\varphi_{cf}}{\eta}$$

K 称为碳纤维布加固损伤混凝土梁截面刚度的综合变化系数，其中设系数 $\xi=\eta\omega\lambda(x_0/h_0)$，则

$$K=\frac{k_1a_E\rho_s}{\xi}+\frac{a_{cf}\rho_{cf}}{\xi}+\frac{\varphi_{cf}}{\eta}$$

根据《混凝土结构设计规范》(GB 50010—2010)中钢筋混凝土梁刚度的计算公式形式，$\dfrac{a_E\rho_s}{\xi}=0.2+\dfrac{6a_E\rho_s}{1+3.5\gamma_f}$，其中 $\gamma_f=0$，则可取

$$\frac{k_1a_E\rho_s}{\xi}+\frac{a_{cf}\rho_{cf}}{\xi}=6(k_1a_E\rho_s+a_{cf}\rho_{cf})+0.2(k_1+1)$$

$$K=6(k_1a_E\rho_s+a_{cf}\rho_{cf})+0.2(k_1+1)+1.15\varphi_{cf}$$

即 $K=6(a_E\rho_s+a_{cf}\rho_{cf})+0.4+1.15\varphi_{cf}$

$$\varphi_{cf}=1.1-0.65\frac{f_{tk}}{\sigma_{ss}\rho_{te}}$$

其中，$\rho_{te}=\dfrac{A_{cf}}{0.5bh}$，$\sigma_{ss}=\dfrac{M_s}{A_{cf}\eta h}$

式中 σ_{ss}——短期荷载作用下 CFRP 中的拉应力；

ε_{cfm}、ε_{sm}——拉区钢筋和碳纤维布的平均拉应变；

ε_{si}、ε_i——加固前初始弯矩 M_i 作用下受拉钢筋的应变，受拉边缘的拉应变。

表 3.7 的计算过程如下：

①L2 加载至裂缝宽度达到 0.2～0.3 mm 后卸载，采用一层碳纤维布进行加固，则

$$\varphi_s=1.1-0.65\frac{f_{tk}}{\sigma_{si}\rho_{te}}=1.1-0.65\times\frac{2.22}{\dfrac{0.5\times51.7\times10^3\times600}{226\times0.87\times222.5}\times\dfrac{226}{0.5\times100\times250}}=0.875$$

$$\varphi_{cf}=1.1-0.65\frac{f_{tk}}{\sigma_{ss}\rho_{te}}=1.1-0.65\times\frac{2.22}{\dfrac{0.5\times80.6\times10^3\times600}{100\times0.167\times0.87\times250}\times\dfrac{100\times0.167}{0.5\times100\times250}}=0.938$$

因为 $0\leqslant M_i\leqslant M_y$，由本书简化公式 $k_1h\approx\eta h_0$，所以 $k_1\approx\eta h_0/h\approx0.87\times222.5\div250\approx0.7743$。由于卸载加固，尚没有达到屈服，不考虑其残余变形。此时 $M_i=0$，则 $k=1$。

$$\begin{aligned}K&=6(k_1a_E\rho_s+a_{cf}\rho_{cf}/k)+0.2(k_1+1/k)+1.15\varphi_{cf}\\&=6\times\left(0.7743\times\frac{2.0\times10^5}{3.0\times10^4}\times\frac{226}{100\times222.5}+\frac{2.4\times10^5}{3.0\times10^4}\times\frac{0.167\times1\times100}{100\times250}\times\frac{1}{1}\right)+\\&\quad0.2\times\left(0.7743+\frac{1}{1}\right)+1.15\times0.938\\&=1.780\end{aligned}$$

$$B_s=\frac{M}{1/\rho}=\frac{1}{K}(\eta^2h_0^2E_sA_s+h_0^2E_{cf}A_{cf})$$

$$=\frac{0.87^2\times222.5^2\times2.0\times10^5\times226+222.5^2\times2.4\times10^5\times100\times1\times0.167}{1.780}$$

$$=1.06\times10^{12}(\text{MPa})$$

因为 $f=\frac{5.5}{48}\times\frac{0.5Pbl_0^2}{B_s}$

所以 $f_{P=9.4\ \text{kN}}=\frac{5.5}{48}\times\frac{0.5\times9.4\times10^3\times600\times2\ 400^2}{1.06\times10^{12}}=1.76(\text{mm})$

②L4 加载至裂缝宽度达到 0.2 ~ 0.3 mm 后卸载，采用两层碳纤维布进行加固，则

$$\varphi_s=1.1-0.65\frac{f_{tk}}{\sigma_{si}\rho_{te}}=1.1-0.65\times\frac{2.22}{\frac{0.5\times55.2\times10^3\times600}{226\times0.87\times222.5}\times\frac{226}{0.5\times100\times250}}=0.889$$

$$\varphi_{cf}=1.1-0.65\frac{f_{tk}}{\sigma_{ss}\rho_{te}}=1.1-0.65\times\frac{2.22}{\frac{0.5\times98.4\times10^3\times600}{2\times100\times0.167\times0.87\times250}\times\frac{2\times100\times0.167}{0.5\times100\times250}}=0.967$$

因为 $0\leqslant M_i\leqslant M_y$，由本书简化公式 $k_1h\approx\eta h_0$，所以 $k_1\approx\eta h_0/h\approx0.87\times222.5\div250\approx0.774\ 3$。由于卸载加固，尚没有达到屈服，不考虑其残余变形。此时 $M_i=0$，则 $k=1$。

$$K=6(k_1a_E\rho_s+a_{cf}\rho_{cf}/k)+0.2(k_1+1/k)+1.15\varphi_{cf}$$

$$=6\times\left(0.774\ 3\times\frac{2.0\times10^5}{3.0\times10^4}\times\frac{226}{100\times222.5}+\frac{2.4\times10^5}{3.0\times10^4}\times\frac{0.167\times2\times100}{100\times250}\times\frac{1}{1}\right)+$$

$$0.2\times\left(0.774\ 3+\frac{1}{1}\right)+1.15\times0.967$$

$$=1.846$$

$$B_s=\frac{M}{1/\rho}=\frac{1}{K}(\eta^2h_0^2E_sA_s+h_0^2E_{cf}A_{cf})$$

$$=\frac{0.87^2\times222.5^2\times2.0\times10^5\times226+222.5^2\times2.4\times10^5\times100\times2\times0.167}{1.846}$$

$$=1.13\times10^{12}(\text{MPa})$$

因为$f=\frac{5.5}{48}\times\frac{0.5Pbl_0^2}{B_s}$

所以$f_{(P=9.4\ \mathrm{kN})}=\frac{5.5}{48}\times\frac{0.5\times9.4\times10^3\times600\times2\ 400^2}{1.13\times10^{12}}=1.65(\mathrm{mm})$，同理可得其余，此处省略。

3.5 结论

①对于跨中最大裂缝宽度达0.2～0.3 mm的钢筋混凝土损伤梁，可以采用碳纤维布进行加固，加固后其极限承载力都有不同程度的提高。从试验结果可以看出，U形箍锚固措施是有必要的，其中端部采用U形箍锚固措施比无U形箍锚固措施的损伤梁极限承载力大；U形箍分别在端部和弯剪区中弯矩较大部位两侧进行可靠锚固，其极限承载力提高幅度最大。

②本试验采用的损伤混凝土梁抗弯承载力与其挠度计算公式的计算结果与试验结果吻合较好并具有较高精度，能较好地反映碳纤维布加固损伤梁的抗弯性能，但其中所引入的加固损伤混凝土梁抗弯承载力折减系数的方法还有待进一步研究。

第4章　CFRP 加固损伤混凝土梁截面短期刚度计算

有关 CFRP 加固混凝土受弯构件的研究,国内外已经进行了大量试验研究和理论分析的工作,主要集中在其承载能力极限和非损伤构件抗弯刚度方面。但对如何确定加固后特别是损伤混凝土构件正常使用极限状态的问题研究尚少,尤其是其截面抗弯刚度方面的研究迄今还没有得到很好的解决,因此有必要对加固损伤混凝土梁短期刚度问题进行研究。通常 CFRP 加固混凝土梁等受弯构件在使用阶段应具有足够的刚度,以免变形过大影响结构的正常使用。钢筋混凝土结构在其服役期间会受到不同程度的损伤,有时在加固的过程中是不卸载或部分卸载的,使得其在加固前都不同程度地存在着变形和裂缝,其中的纵向受拉钢筋都基本存在初始应变。此时用碳纤维布粘贴在损伤混凝土梁底面上开始并不受力,只有在新增荷载作用下才会受力。基于这种情况,本章在考虑混凝土梁在不同损伤即纵向受拉钢筋存在初始应变的条件下,结合现有试验资料,运用解析分析对相关试验数据进行拟合,给出 CFRP 加固损伤混凝土梁截面短期刚度的简化公式,并通过相关试验资料进行验证。

4.1　基本假定

①碳纤维布加固损伤钢筋混凝土梁截面平均应变符合平截面假定。

②不考虑混凝土的抗拉强度,全部拉力由纵向受拉钢筋和碳纤维布共同

承担。

③在达到受弯承载能力极限状态前,加固材料与混凝土之间不致出现黏结剥离破坏。

④钢筋的应力应变关系可简化为双直线模型的形式。混凝土应力应变关系采用理想化的应力应变曲线,当混凝土压应变 $\varepsilon_c \leqslant 0.002$ 时,应力应变关系为抛物线;当混凝土压应变 $\varepsilon_c > 0.002$ 时,应力应变关系为水平线;计算时混凝土的极限压应变 $\varepsilon_{cu} = 0.0033$。CFRP 的应力应变关系为线弹性关系。

⑤钢筋混凝土梁在加固前受压区混凝土没有被压坏,符合适筋梁的破坏状态。

4.2 碳纤维布加固梁截面短期刚度计算

4.2.1 变形条件

截面应变分布示意图如图 4.1 所示。

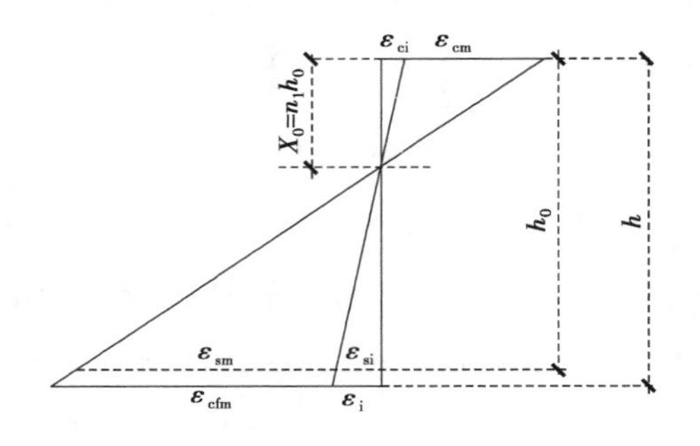

图 4.1 截面应变分布示意图

混凝土梁在初始弯矩 M_i 作用下存在不同程度的损伤,即受拉钢筋存在初始应变 ε_{si};考虑二次受力影响,即碳纤维布存在滞后应变 ε_i,在加固后正常使用阶段,开裂截面上受拉边缘总应变为

$\varepsilon_{t}=\varepsilon_{cfm}+\varepsilon_{i}=k\varepsilon_{cfm}$；$\varepsilon_{st}=\varepsilon_{sm}+\varepsilon_{si}=k\varepsilon_{sm}$，设 $h=n_2h_0$，$\dfrac{\varepsilon_{st}}{\varepsilon_{cfm}}=\dfrac{\varepsilon_{sm}+\varepsilon_{si}}{\varepsilon_{cfm}}=\dfrac{k\varepsilon_{sm}}{\varepsilon_{cfm}}=k\dfrac{h_0-n_1h_0}{n_2h_0-n_1h_0}=k\dfrac{1-n_1}{n_2-n_1}$，

设 $k_1=\dfrac{1-n_1}{n_2-n_1}$，其中矩形截面相对受压区高度系数 $n_1=\dfrac{x_0}{h_0}=\sqrt{(a_E\rho)^2+2a_E\rho}-a_E\rho$，平均曲率$\dfrac{1}{\rho}$为

$$\frac{1}{\rho}=\frac{\varepsilon_{cm}+k\varepsilon_{cfm}}{h} \tag{4.1}$$

4.2.2　本构关系

$$\sigma_c=\varepsilon_cE_c=\varepsilon_{cm}\lambda E_c \tag{4.2}$$

$$\sigma_{cf}=\varepsilon_{cf}E_{cf}=\varepsilon_{cfm}E_{cf}/\varphi_{cf} \tag{4.3}$$

$$\sigma_s=\varepsilon_sE_s=\varepsilon_{sm}E_s/\varphi_s \tag{4.4}$$

$$\frac{\sigma_s}{\sigma_{cf}}=\frac{\varepsilon_{st}E_s\varphi_{cf}}{\varepsilon_{cfm}E_{cf}\varphi_s}=k\frac{1-n_1}{n_2-n_1}\frac{E_s\varphi_{cf}}{E_{cf}\varphi_s}=kk_1\frac{E_s\varphi_{cf}}{E_{cf}\varphi_s}$$

$$即\ \sigma_s=kk_1\frac{E_s\varphi_{cf}}{E_{cf}\varphi_s}\sigma_{cf} \tag{4.5}$$

式中　λ——混凝土受压变形塑性系数；

φ_s、φ_{cf}——裂缝间钢筋、碳纤维布的应变不均匀系数；

ε_c、ε_{cm}——裂缝截面处受压区混凝土的应变及平均压应变；

ε_{cf}、ε_{cfm}、ε_s、ε_{sm}——受拉区碳纤维布和钢筋的拉应变及平均拉应变；

ε_{ci}、ε_{si}、ε_i——加固前初始弯矩 M_i 作用下受压边缘的压应变、受拉钢筋的应变、受拉边缘的拉应变；

E_c——混凝土的弹性模量，$\times10^4$ N/mm^2；

E_{cf}——碳纤维布的弹性模量，$\times10^5$ N/mm^2；

E_s——钢筋的弹性模量，$\times10^5$ N/mm^2。

4.3 平衡条件

截面应力分布示意图如图4.2所示。

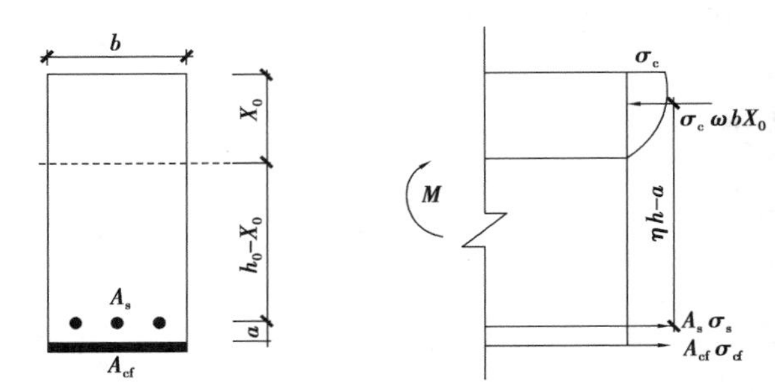

图4.2 截面应力分布示意图

$$M=\sigma_c\omega bx_0(\eta h-a)+\sigma_{cf}A_{cf}a \tag{4.6}$$

$$M=(\eta h-a)\sigma_s A_s+\eta h\sigma_{cf}A_{cf} \tag{4.7}$$

式中 ω——压区混凝土应力图形的完整系数；

η——裂缝截面上最大的力臂系数。

把式(4.5)代入式(4.7)得，

$$M=(\eta h-a)k_1k\frac{E_s\varphi_{cf}}{E_{cf}\varphi_s}\sigma_{cf}A_s+\eta h\sigma_{cf}A_{cf}$$

$$\sigma_{cf}=\frac{M}{(\eta h-a)k_1k\frac{E_s\varphi_{cf}}{E_{cf}\varphi_s}A_s+\eta hA_{cf}} \tag{4.8}$$

由式(4.6)、式(4.8)整理得，

$$\sigma_c=\frac{(\eta h-a)\sigma_sA_s+(\eta h-a)\sigma_{cf}A_{cf}}{(\eta h-a)\omega bx_0} \tag{4.9}$$

把式(4.5)、式(4.8)代入式(4.9)整理得，

$$\sigma_c=\frac{M\cdot\left[(\eta h-a)k_1k\frac{E_s\varphi_{cf}}{E_{cf}\varphi_s}A_s+(\eta h-a)A_{cf}\right]}{\left[(\eta h-a)k_1k\frac{E_s\varphi_{cf}}{E_{cf}\varphi_s}A_s+\eta hA_{cf}\right](\eta h-a)\omega bx_0} \tag{4.10}$$

将式(4.2)、式(4.3)、式(4.8)与式(4.10)代入式(4.1)整理得,

$$令\ \rho_s=\frac{A_s}{bh_0},\rho_{cf}=\frac{A_{cf}}{bh},a_E=\frac{E_s}{E_c},a_{cf}=\frac{E_{cf}}{E_c},\varphi_{cs}=\frac{\varphi_{cf}}{\varphi_s}$$

$$平均曲率\frac{1}{\rho}=\frac{\varepsilon_{cm}+k\varepsilon_{cfm}}{h}$$

$$=\frac{M\left[\dfrac{k_1ka_E\varphi_{cs}\rho_s+n_2a_{cf}\rho_{cf}}{\omega\lambda(x_0/h_0)}+k\varphi_{cf}\right]}{(\eta h-a)hk_1kE_s\varphi_{cs}A_s+\eta h^2E_{cf}A_{cf}}$$

则截面平均割线刚度为

$$B_s=\frac{M}{1/\rho}=\frac{(\eta h-a)hk_1kE_s\varphi_{cs}A_s+\eta h^2E_{cf}A_{cf}}{\dfrac{k_1ka_E\varphi_{cs}\rho_s+n_2a_{cf}\rho_{cf}}{\omega\lambda(x_0/h_0)}+k\varphi_{cf}} \tag{4.11}$$

大量试验结果表明,对于碳纤维布加固的混凝土梁,由于碳纤维布的约束作用,式(4.11)中的系数 η 在使用阶段一般变化不大,$\eta=0.83\sim0.93$,通常取 $\eta=0.87$。同时,裂缝处的碳纤维布约束钢筋的变形,使得裂缝处的碳纤维布与钢筋的变形不均匀程度基本相当,为了使计算简化,可取 $\varphi_{cf}/\varphi_s\approx1$ 即 $\varphi_{cs}\approx1$,可近似取 $\rho_{cf}=\dfrac{A_{cf}}{bh_0}$,则

$$B_s=\frac{M}{1/\rho}=\frac{(\eta h-a)hk_1kE_sA_s+\eta h^2E_{cf}A_{cf}}{\dfrac{k_1ka_E\rho_s+a_{cf}\rho_{cf}}{\omega\lambda(x_0/h_0)}+k\varphi_{cf}} \tag{4.12}$$

4.4　B_s 值的讨论

考虑适筋梁截面受拉钢筋开始屈服及屈服之前和达到截面最大承载力时受压区高度的变化,得出简化损伤钢筋混凝土梁的刚度计算公式如下:

若 $0\leqslant M_i\leqslant M_y$,为了简化,近似取 $\eta h-a\approx\eta^2h_0$,$k_1h\approx\eta h_0$,$\eta h^2\approx h_0^2$,$\eta k\approx1$。则由式(4.12)得,

$$B_s=\frac{M}{1/\rho}=\frac{1}{K}(\eta^2 h_0^2 E_s A_s+h_0^2 E_{cf} A_{cf}) \tag{4.13}$$

若 $M_y<M_i\leqslant M_u$，为了简化，近似取 $\eta h-a\approx h_0$，$k_1 h\approx\eta h_0$，$\eta h^2\approx h_0^2$，$\eta k\approx 1$。则由式(4.12)得，

$$B_s=\frac{M}{1/\rho}=\frac{1}{K}(h_0^2 E_s A_s+h_0^2 E_{cf} A_{cf}) \tag{4.14}$$

其中 K 为对其他参数的综合考虑，记为

$$K=\frac{k_1 k a_E \rho_s+a_{cf}\rho_{cf}}{\eta k\omega\lambda(x_0/h_0)}+\frac{\varphi_{cf}}{\eta}$$

K 称为碳纤维布加固损伤混凝土梁截面刚度的综合变化系数，其中系数 $\xi=\eta\omega\lambda(x_0/h_0)$。根据分析，$K$ 随着 $kk_1 a_E\rho_s+a_{cf}\rho_{cf}$ 的增大而逐渐增大，即 K 的数学表达式如下：

$$K=\frac{k_1 a_E\rho_s}{\xi}+\frac{a_{cf}\rho_{cf}}{k\xi}+\frac{\varphi_{cf}}{\eta}$$

4.5 系数的确定

4.5.1 钢筋初始应变的影响系数 k

钢筋应力-应变曲线的数学模型如图 4.3 所示。

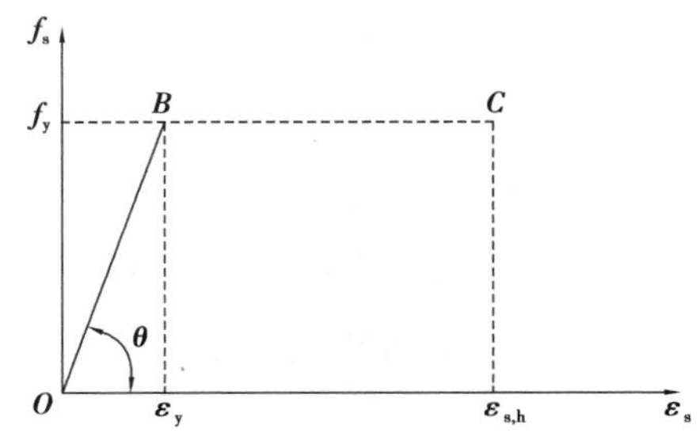

图 4.3 钢筋应力-应变曲线的数学模型

1)若 $0 \leqslant M_{\mathrm{i}} \leqslant M_{\mathrm{y}}$

由平衡条件式(4.7)得,

$$M=(\eta h-a)E_{\mathrm{s}}A_{\mathrm{s}}\left(k_1\varepsilon_{\mathrm{cfm}}+\frac{\varphi_{\mathrm{s0}}M_{\mathrm{i}}}{\eta E_{\mathrm{s}}A_{\mathrm{s}}h_0}\right)+\eta hE_{\mathrm{cf}}\frac{\varepsilon_{\mathrm{cfm}}}{\varphi_{\mathrm{cf}}}A_{\mathrm{cf}}$$

$$=\varepsilon_{\mathrm{cfm}}\left[(\eta h-a)k_1E_{\mathrm{s}}A_{\mathrm{s}}+\eta h\frac{E_{\mathrm{cf}}}{\varphi_{\mathrm{cf}}}A_{\mathrm{cf}}\right]+(\eta h-a)\frac{\varphi_{\mathrm{s0}}M_{\mathrm{i}}}{\eta h_0}$$

则

$$\varepsilon_{\mathrm{cfm}}=\frac{M-(\eta h-a)\dfrac{\varphi_{\mathrm{s0}}M_{\mathrm{i}}}{\eta h_0}}{(\eta h-a)k_1E_{\mathrm{s}}A_{\mathrm{s}}+\eta h\dfrac{E_{\mathrm{cf}}}{\varphi_{\mathrm{cf}}}A_{\mathrm{cf}}}$$

又因

$$k=\frac{\varepsilon_{\mathrm{cfm}}+\varepsilon_{\mathrm{i}}}{\varepsilon_{\mathrm{cfm}}}=1+\frac{\varepsilon_i}{\varepsilon_{\mathrm{cfm}}}=1+\frac{1}{k_1}\frac{\varepsilon_{\mathrm{si}}}{\varepsilon_{\mathrm{cfm}}}$$

所以

$$k=1+\frac{1}{k_1}\cdot\frac{\varphi_{\mathrm{s0}}M_{\mathrm{i}}}{\eta E_{\mathrm{s}}A_{\mathrm{s}}h_0}\cdot\frac{(\eta h-a)k_1E_{\mathrm{s}}A_{\mathrm{s}}+\eta h\dfrac{E_{\mathrm{cf}}}{\varphi_{\mathrm{cf}}}A_{\mathrm{cf}}}{M-(\eta h-a)\dfrac{\varphi_{\mathrm{s0}}M_{\mathrm{i}}}{\eta h_0}}$$

经整理得,

$$k=\frac{1+\dfrac{\varphi_{\mathrm{s0}}}{\varphi_{\mathrm{cf}}}\dfrac{M_{\mathrm{i}}}{M}\dfrac{E_{\mathrm{cf}}A_{\mathrm{cf}}}{E_{\mathrm{s}}A_{\mathrm{s}}}\dfrac{h}{k_1h_0}}{1-\dfrac{(\eta h-a)}{\eta h_0}\dfrac{\varphi_{\mathrm{s0}}M_{\mathrm{i}}}{M}}$$

(1)当不卸载加固时

$$k=\frac{1+\dfrac{\varphi_{\mathrm{s0}}}{\varphi_{\mathrm{cf}}}\dfrac{M_{\mathrm{i}}}{M}\dfrac{E_{\mathrm{cf}}A_{\mathrm{cf}}}{E_{\mathrm{s}}A_{\mathrm{s}}}\dfrac{h}{k_1h_0}}{1-\dfrac{(\eta h-a)}{\eta h_0}\dfrac{\varphi_{\mathrm{s0}}M_{\mathrm{i}}}{M}}$$

(2)当卸载加固时

由于钢筋没有达到屈服,尚不考虑其残余变形。此时 $M_i=0$,则 $k=1$。

2)若 $M_y< M_i\leqslant M_u$

此时钢筋已进入屈服阶段,受压区混凝土没有被压碎。

(1)当不卸载加固时

由平衡条件(4.7)得,

$$M=(\eta h-a)\sigma_y A_s+\eta h E_{cf}\frac{\varepsilon_{cfm}}{\varphi_{cf}}A_{cf}$$

所以

$$\varepsilon_{cfm}=\frac{M-(\eta h-a)\sigma_y A_s}{\eta h\dfrac{E_{cf}}{\varphi_{cf}}A_{cf}}$$

因

$$k=\frac{\varepsilon_{cfm}+\varepsilon_i}{\varepsilon_{cfm}}=1+\frac{\varepsilon_i}{\varepsilon_{cfm}}=1+\frac{n_1}{1-n_1}k_1\frac{\varepsilon_{ci}}{\varepsilon_{cfm}}$$

所以

$$k=1+\frac{n_1}{1-n_1}\cdot k_1\cdot\frac{\dfrac{M_i}{\xi E_c bh_0^2}\eta h\dfrac{E_{cf}}{\varphi_{cf}}A_{cf}}{M-(\eta h-a)\sigma_y A_s}$$

经整理得,

$$k=\frac{1-\dfrac{(\eta h-a)\sigma_y A_s}{M}+\dfrac{n_1}{1-n_1}k_1\dfrac{\eta h}{\xi\varphi_{cf}h_0}\dfrac{M_i E_{cf}A_{cf}}{M E_c bh_0}}{1-\dfrac{(\eta h-a)\sigma_y A_s}{M}}$$

(2)当卸载加固时

由于此时钢筋已经屈服,要考虑卸载时钢筋的残余变形。假设钢筋屈服后卸载其屈服前的弹性变形仍能够恢复,受压区混凝土没有被压坏,此时残余变形 $\Delta\varepsilon=\left(\dfrac{1-n_1}{n_1}\dfrac{M_i}{\xi E_c bh_0^2}-\dfrac{\varphi_s M_y}{\eta E_s A_s h_0}\right)$。

①若 $\Delta\varepsilon \leqslant \dfrac{\varphi_s M_y}{\eta E_s A_s h_0}$，有：

$$M=(\eta h-a)E_s A_s(k_1\varepsilon_{cfm}+\Delta\varepsilon)+\eta h E_{cf}\frac{\varepsilon_{cfm}}{\varphi_{cf}}A_{cf}$$

所以

$$\varepsilon_{cfm}=\frac{M-(\eta h-a)\left(\dfrac{1-n_1}{n_1}\dfrac{M_i E_s A_s}{\xi E_c b h_0^2}-\dfrac{\varphi_s M_y}{\eta h_0}\right)}{(\eta h-a)k_1 E_s A_s+\eta h\dfrac{E_{cf}}{\varphi_{cf}}A_{cf}}$$

$$k=\frac{\varepsilon_{cfm}+\varepsilon_i}{\varepsilon_{cfm}}=1+\frac{\varepsilon_i}{\varepsilon_{cfm}}=1+\frac{1}{k_1}\frac{\Delta\varepsilon}{\varepsilon_{cfm}}$$

经整理得，

$$k=\frac{1+\eta h\dfrac{E_{cf}A_{cf}}{k_1\varphi_{cf}}\left(\dfrac{1-n_1}{n_1}\dfrac{M_i}{\xi E_c b h_0^2 M}-\dfrac{\varphi_s M_y}{\eta E_s A_s h_0 M}\right)}{1-(\eta h-a)E_s A_s\left(\dfrac{1-n_1}{n_1}\dfrac{M_i}{\xi E_c b h_0^2 M}-\dfrac{\varphi_s M_y}{\eta E_s A_s h_0 M}\right)}$$

②若 $\Delta\varepsilon > \dfrac{\varphi_s M_y}{\eta E_s A_s h_0}$，有：

$$M=(\eta h-a)\sigma_y A_s+\eta h E_{cf}\frac{\varepsilon_{cfm}}{\varphi_{cf}}A_{cf}$$

所以

$$\varepsilon_{cfm}=\frac{M-(\eta h-a)\sigma_y A_s}{\eta h\dfrac{E_{cf}}{\varphi_{cf}}A_{cf}}$$

$$k=\frac{\varepsilon_{cfm}+\varepsilon_i}{\varepsilon_{cfm}}=1+\frac{\varepsilon_i}{\varepsilon_{cfm}}=1+\frac{1}{k_1}\frac{\Delta\varepsilon}{\varepsilon_{cfm}}$$

经整理得，

$$k=\frac{1-\dfrac{(\eta h-a)\sigma_y A_s}{M}+\eta h\dfrac{E_{cf}A_{cf}}{k_1\varphi_{cf}}\left(\dfrac{1-n_1}{n_1}\dfrac{M_i}{\xi E_c b h_0^2 M}-\dfrac{\varphi_s M_y}{\eta E_s A_s h_0 M}\right)}{1-\dfrac{(\eta h-a)\sigma_y A_s}{M}}$$

式中　ξ——受压区边缘混凝土平均应变综合系数。

4.5.2 系数 ξ

根据《混凝土结构设计规范》(GB 50010—2010)中钢筋混凝土梁刚度的计算公式形式,$\frac{a_E\rho_s}{\xi}=0.2+\frac{6a_E\rho_s}{1+3.5\gamma_f}$,其中 $\gamma_f=0$,$\frac{a_E\rho_s}{\xi}=0.2+6a_E\rho_s$。由于加固混凝土梁外贴的碳纤维布起着与受拉钢筋相类似的作用,近似把碳纤维布作为配筋的一部分。可参考钢筋混凝土梁短期刚度基本公式中 $a_E\rho_s/\xi$ 系数的表达形式来写出 CFRP 加固钢筋混凝土梁短期刚度公式中$(k_1a_E\rho_s+\frac{a_{cf}\rho_{cf}}{k})/\xi$ 系数的表达形式为$\frac{k_1a_E\rho_s+a_{cf}\rho_{cf}/k}{\xi}=6(k_1a_E\rho_s+a_{cf}\rho_{cf}/k)+0.2(k_1+1/k)$。

4.5.3 钢筋、碳纤维布应变不均匀系数 φ_s、φ_{cf}

$$\varphi_s=1.1-0.65\ \frac{f_{tk}}{\sigma_{si}\rho_{te}}$$

其中,$\rho_{te}=\frac{A_s}{0.5bh}$,$\sigma_{si}=\frac{M_i}{A_s\eta h_0}$。

$$\varphi_{cf}=1.1-0.65\ \frac{f_{tk}}{\sigma_{ss}\rho_{te}}$$

其中,$\rho_{te}=\frac{A_{cf}}{0.5bh}$,$\sigma_{ss}=\frac{M_u}{A_{cf}\eta h}$。

式中 当 $\varphi_s<0.2$ 时取 $\varphi_s=0.2$,当 φ_s、$\varphi_{cf}>1.0$ 时取 φ_s、$\varphi_{cf}=1.0$;

σ_{si}、σ_{ss}——短期荷载作用下钢筋、CFRP 中的拉应力;

M_u—CFRP 加固损伤混凝土梁极限承载力。

4.5.4 碳纤维布加固损伤混凝土梁截面刚度的综合变化系数 K

$$K=6(k_1a_E\rho_s+a_{cf}\rho_{cf}/k)+0.2(k_1+1/k)+1.15\varphi_{cf}$$

(1)引用卜良桃等人在《建筑结构学报》上发表的《碳纤维板加固钢筋混凝

土梁抗弯试验和理论研究》论文对试验结果的验证

设计制作钢筋混凝土矩形截面梁试件4根，其中 RCFP-1 为未加固的对比试件，RCFP-2、RCFP-3、RCFP-4 为碳纤维板加固试件。RCFP-1 ~ RCFP-4 的配筋情况相同(配筋率为0.54%)，受拉钢筋均为2 Φ22，箍筋Φ6。梁的截面尺寸均为250 mm×600 mm，长7 200 mm，跨度7 000 mm。试验的材料性能与主要试验结果分别见表4.1与表4.2，则 $h_0=760\div(250\times0.005\ 4)=563$ mm。

加固梁截面尺寸及加载点示意图如图4.4所示。

表4.1　材料性能

材料		屈服强度/MPa	极限强度/MPa	弹性模量/MPa
钢筋	Φ6	295.4	434.1	2.1×10^5
	Φ22	345.0	521.0	2.0×10^5
混凝土	C25	—	23.4	3.15×10^4
1 mm 厚碳纤维板		—	2 800	1.65×10^5

表4.2　主要试验结果

试件编号	M_{cr}^t/(kN·m)	M_y^t/(kN·m)	M_u^t/(kN·m)
RCFP-1	63.25	164.27	170.05
RCFP-2	69.95	180.09	214.69
RCFP-3	63.25	189.79	229.24
RCFP-4	63.25	219.04	248.02

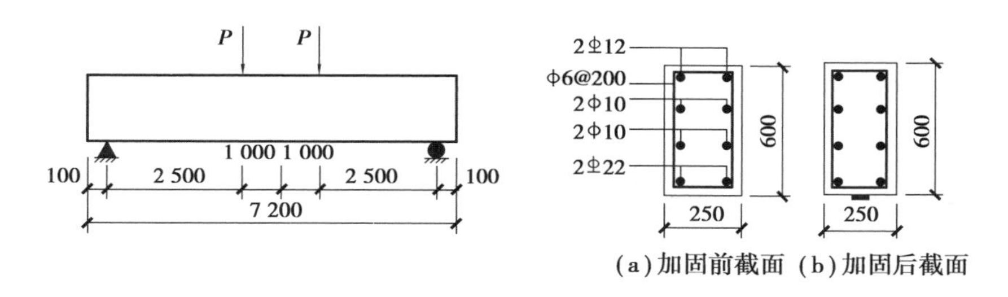

图4.4　加固梁截面尺寸及加载点示意图

①其中 RCFP-1 为未加固的对比试件，此处不做分析。

②RCFP-2 为不卸载加固的二次受力试件，在加固前首先对钢筋混凝土梁进行加载，当荷载加载至试件临近开裂但还未开裂时，然后保持荷载不变，用碳纤维板进行加固，则

$$\varphi_s=1.1-0.65\frac{f_{tk}}{\sigma_{si}\rho_{te}}=1.1-0.65\times\frac{1.78}{\dfrac{69.95\times10^6}{760\times0.87\times563}\times\dfrac{760}{0.5\times250\times600}}$$

$$=1.1-0.65\times\frac{1.78}{1.904}=0.492$$

$$\varphi_{cf}=1.1-0.65\frac{f_{tk}}{\sigma_{ss}\rho_{te}}=1.1-0.65\times\frac{1.78}{\dfrac{214.69\times10^6}{250\times1\times0.87\times600}\times\dfrac{250\times1}{0.5\times250\times600}}=0.89$$

因为 $0\leqslant M_i\leqslant M_y$，由本书简化公式 $k_1h\approx\eta h_0$，所以 $k_1\approx\eta h_0/h\approx0.87\times563\div600\approx0.816$，则钢筋初始应变影响系数 k 为

$$k=\frac{1+\dfrac{\varphi_{s0}}{\varphi_{cf}}\times\dfrac{M_i}{M}\times\dfrac{E_{cf}A_{cf}}{E_sA_s}\times\dfrac{h}{k_1h_0}}{1-\dfrac{(\eta h-a)}{\eta h_0}\dfrac{\varphi_{s0}M_i}{M}}$$

$$=\frac{1+\dfrac{0.492}{0.89}\times\dfrac{69.95\times10^6}{214.69\times10^6}\times\dfrac{1.65\times10^5}{2.0\times10^5}\times\dfrac{250\times1}{760}\times\dfrac{600}{0.816\times563}}{1-\dfrac{(0.87\times600-37)}{0.87\times563}\times\dfrac{0.492\times69.95\times10^6}{214.69\times10^6}}=1.265$$

碳纤维布加固损伤混凝土梁截面短期刚度的综合变化系数 K 为

$$K=6(k_1a_E\rho_s+a_{cf}\rho_{cf}/k)+0.2(k_1+1/k)+1.15\varphi_{cf}$$

$$=6\times\left(0.816\times\frac{2.0\times10^5}{3.15\times10^4}\times0.0054+\frac{1.65\times10^5}{3.15\times10^4}\times\frac{250\times1}{250\times600}\times\frac{1}{1.265}\right)+$$

$$0.2\times\left(0.816+\frac{1}{1.265}\right)+1.15\times0.89$$

$$=1.554$$

③RCFP-3 为不卸载加固的二次受力试件，在加固前首先对钢筋混凝土梁

进行加载，当荷载加载至试件最大裂缝宽度为 0.1 mm 时，此时文献中对应的 M_i 为 117kN · m，然后保持荷载不变，用碳纤维板进行加固，则

$$\varphi_s = 1.1 - 0.65\frac{f_{tk}}{\sigma_{si}\rho_{te}} = 1.1 - 0.65 \times \frac{1.78}{\dfrac{117\times10^6}{760\times0.87\times563}\times\dfrac{760}{0.5\times250\times600}} = 0.737$$

$$\varphi_{cf} = 1.1 - 0.65\frac{f_{tk}}{\sigma_{ss}\rho_{te}} = 1.1 - 0.65 \times \frac{1.78}{\dfrac{229.24\times10^6}{250\times1\times0.87\times600}\times\dfrac{250\times1}{0.5\times250\times600}} = 0.902$$

因为 $0 \leqslant M_i \leqslant M_y$，由本书简化公式 $k_1 h \approx \eta h_0$，所以 $k_1 \approx \eta h_0 / h \approx 0.87\times563\div600 \approx 0.816$，则钢筋初始应变影响系数 k 为

$$k = \frac{1+\dfrac{\varphi_{s0}}{\varphi_{cf}}\times\dfrac{M_i}{M}\times\dfrac{E_{cf}A_{cf}}{E_sA_s}\times\dfrac{h}{k_1h_0}}{1-\dfrac{(\eta h-a)}{\eta h_0}\dfrac{\varphi_{s0}M_i}{M}}$$

$$= \frac{1+\dfrac{0.737}{0.902}\times\dfrac{117\times10^6}{229.24\times10^6}\times\dfrac{1.65\times10^5}{2.0\times10^5}\times\dfrac{250\times1}{760}\times\dfrac{600}{0.816\times563}}{1-\dfrac{(0.87\times600-37)}{0.87\times563}\times\dfrac{0.737\times117\times10^6}{229.24\times10^6}} = 1.829$$

碳纤维布加固损伤混凝土梁截面短期刚度的综合变化系数 K 为

$$K = 6(k_1 a_E\rho_s + a_{cf}\rho_{cf}/k) + 0.2(k_1 + 1/k) + 1.15\varphi_{cf}$$

$$= 6\times\left(0.816\times\frac{2.0\times10^5}{3.15\times10^4}\times0.0054+\frac{1.65\times10^5}{3.15\times10^4}\times\frac{250\times1}{250\times600}\times\frac{1}{1.829}\right)+$$

$$0.2\times\left(0.816+\frac{1}{1.829}\right)+1.15\times0.902$$

$$= 1.506$$

④RCFP-4 为不卸载加固的二次受力试件，在加固前首先对钢筋混凝土梁进行加载，当荷载加载至试件最大裂缝宽度大于 0.3 mm，此时文献中对应的 M_i 可参照未加固的对比试件 RCFP-1，可近似取 $M_i \approx M_y^t$，然后保持荷载不变，用碳纤维板进行加固，则

$$\varphi_s = 1.1 - 0.65\frac{f_{tk}}{\sigma_{si}\rho_{te}} = 1.1 - 0.65 \times \frac{1.78}{\dfrac{164.27\times10^6}{760\times0.87\times563}\times\dfrac{760}{0.5\times250\times600}} = 0.841$$

$$\varphi_{cf} = 1.1 - 0.65\frac{f_{tk}}{\sigma_{ss}\rho_{te}} = 1.1 - 0.65 \times \frac{1.78}{\dfrac{248.02\times10^6}{250\times1\times0.87\times600}\times\dfrac{250\times1}{0.5\times250\times600}} = 0.92$$

因为$0 \leqslant M_i \leqslant M_y$，由本书简化公式$k_1 h \approx \eta h_0$，所以$k_1 \approx \eta h_0/h \approx 0.87\times563\div600\approx0.816$，则钢筋初始应变影响系数$k$为

$$k = \frac{1+\dfrac{\varphi_{s0}}{\varphi_{cf}}\times\dfrac{M_i}{M}\times\dfrac{E_{cf}A_{cf}}{E_s A_s}\times\dfrac{h}{k_1 h_0}}{1-\dfrac{(\eta h - a)}{\eta h_0}\times\dfrac{\varphi_{s0}M_i}{M}}$$

$$= \frac{1+\dfrac{0.841}{0.92}\times\dfrac{164.27\times10^6}{248.02\times10^6}\times\dfrac{1.65\times10^5}{2.0\times10^5}\times\dfrac{250\times1}{760}\times\dfrac{600}{0.816\times563}}{1-\dfrac{(0.87\times600-37)}{0.87\times563}\times\dfrac{0.841\times164.27\times10^6}{248.02\times10^6}} = 2.708$$

碳纤维布加固损伤混凝土梁截面短期刚度的综合变化系数K为

$$K = 6(k_1 a_E \rho_s + a_{cf}\rho_{cf}/k) + 0.2(k_1 + 1/k) + 1.15\varphi_{cf}$$

$$= 6\times\left(0.816\times\frac{2.0\times10^5}{3.15\times10^4}\times0.0054+\frac{1.65\times10^5}{3.15\times10^4}\times\frac{250\times1}{250\times600}\times\frac{1}{2.708}\right)+$$

$$0.2\times\left(0.816+\frac{1}{2.708}\right)+1.15\times0.92$$

$$= 1.482$$

(2)引用王逢朝等人在《土木工程学报》上发表的《钢筋屈服后钢筋混凝土梁加固性能试验研究》论文对试验结果的验证

本次试验共设计了6根钢筋混凝土简支梁，其中1根为对比梁(L0)，其余5根梁(L1～L5)分别加载至1～3倍的屈服位移后卸载，然后再利用碳纤维布加固。试验梁截面尺寸为150 mm×250 mm，跨度2 200 mm(净跨2 000 mm)，梁底纵筋采用2根直径16 mm的HRB335级钢筋，纯弯段箍筋为Φ6@250，剪弯区为

Φ6@100，采用 C30 商品混凝土，保护层厚度为 25 mm，则 $h_0=250-25-6-8=211$ mm。钢筋、混凝土、碳纤维布的力学性能见表 4.3—表 4.5。

RC 试验梁配筋图如图 4.5 所示。

表 4.3　钢筋的力学性能

直径 D/mm	屈服强度/MPa	极限强度/MPa	弹性模量/GPa
16	374	586	201
8	248	445	195

表 4.4　混凝土的力学性能

混凝土等级	抗压强度/MPa	弹性模量/GPa	抗拉强度/MPa
C30	51.4	31.4	3.6

表 4.5　碳纤维布的力学性能

抗拉强度/MPa	弹性模量/MPa	伸长率/%	厚度/mm
3 828	2.38×10^5	1.60%	0.167

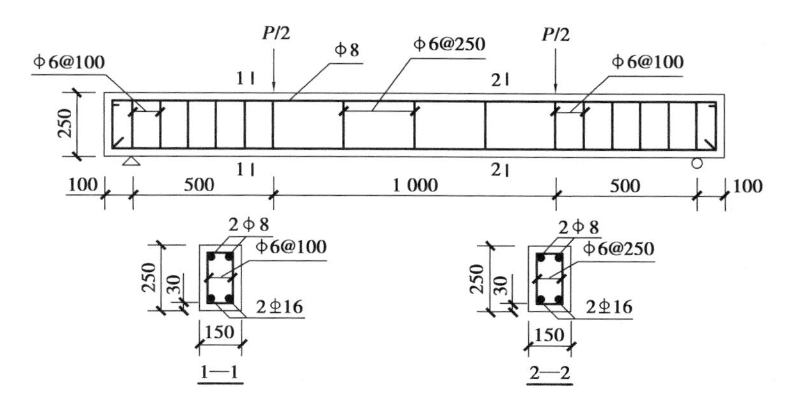

图 4.5　RC 试验梁配筋图

试件前期加载水平、碳纤维布加固情况与损伤后加固梁极限荷载见表4.6。

表4.6 试件前期加载水平、碳纤维布加固情况与损伤后加固梁极限荷载

试件前期加载水平及碳纤维布加固情况			损伤后加固梁主要试验结果	
试件编号	加载水平	加固前最大荷载 P_u/kN	卸载加固方式	极限荷载 P/kN
L0	加载至破坏	147.8		147.8
L1	加载至屈服	123.2	两层碳纤维布	223.3
L2	加载至两倍屈服位移	129.2	一层碳纤维布	197.3
L3	加载至两倍屈服位移	128.9	两层碳纤维布	233.7
L4	加载至两倍屈服位移	126.1	三层碳纤维布	221.3
L5	加载至三倍屈服位移	133.4	两层碳纤维布	228.8

①L0为对比梁,此处不做分析。

②L1加载至屈服后卸载,采用两层碳纤维布进行加固,则

$$\varphi_s = 1.1 - 0.65\frac{f_{tk}}{\sigma_{si}\rho_{te}} = 1.1 - 0.65 \times \frac{3.6}{\dfrac{0.5\times123.2\times10^3\times500}{402\times0.87\times211}\times\dfrac{402}{0.5\times150\times250}} = 0.839$$

$$\varphi_{cf} = 1.1 - 0.65\frac{f_{tk}}{\sigma_{ss}\rho_{te}} = 1.1 - 0.65 \times \frac{3.6}{\dfrac{0.5\times223.3\times10^3\times500}{2\times150\times0.167\times0.87\times250}\times\dfrac{150\times0.167\times2}{0.5\times150\times250}} = 0.929$$

因为 $M_y < M_i \leqslant M_u$ 时,由本书简化公式 $k_1 h \approx \eta h_0$,所以 $k_1 \approx \eta h_0/h \approx 0.87\times 211\div250 \approx 0.734$。

又因为 $a_E\rho_s = \dfrac{2.01\times10^5}{3.14\times10^4}\times\dfrac{402}{150\times211} = 0.081$,所以

$$n_1 = \frac{x_0}{h_0} = \sqrt{(a_E\rho)^2 + 2a_E\rho} - a_E\rho = \sqrt{0.081^2 + 2\times0.081} - 0.081 = 0.330$$

$$\xi = \frac{a_E\rho_s}{0.2 + 6a_E\rho_s} = 0.118$$

经计算，残余变形 $\Delta\varepsilon=\left(\dfrac{1-n_1}{n_1}\times\dfrac{M_i}{\xi E_c bh_0^2}-\dfrac{\varphi_s M_y}{\eta E_s A_s h_0}\right)<\dfrac{\varphi_s M_y}{\eta E_s A_s h_0}$，则钢筋初始应变影响系数 k 为

$$k=\frac{1+\eta h\dfrac{E_{cf}A_{cf}}{k_1\varphi_{cf}}\left(\dfrac{1-n_1}{n_1}\times\dfrac{M_i}{\xi E_c bh_0^2 M}-\dfrac{\varphi_s M_y}{\eta E_s A_s h_0 M}\right)}{1-(\eta h-a)E_s A_s\left(\dfrac{1-n_1}{n_1}\times\dfrac{M_i}{\xi E_c bh_0^2 M}-\dfrac{\varphi_s M_y}{\eta E_s A_s h_0 M}\right)}$$

$$=\frac{1+0.87\times250\times\dfrac{2.38\times10^5\times0.167\times2\times150}{0.734\times0.929}\times\left(\dfrac{1-0.33}{0.33}\times\dfrac{123.2}{0.118\times3.14\times10^4\times150\times211^2\times223.3}-\dfrac{0.839\times122.6}{0.87\times2.01\times10^5\times402\times211\times223.3}\right)}{1-(0.87\times250-39)\times2.01\times10^5\times402\times\left(\dfrac{1-0.33}{0.33}\times\dfrac{123.2}{0.118\times3.14\times10^4\times150\times211^2\times223.3}-\dfrac{0.839\times122.6}{0.87\times2.01\times10^5\times402\times211\times223.3}\right)}$$

$$=1.326$$

碳纤维布加固损伤混凝土梁截面短期刚度的综合变化系数 K 为

$$K=6(k_1 a_E\rho_s+a_{cf}\rho_{cf}/k)+0.2(k_1+1/k)+1.15\varphi_{cf}$$

$$=6\times\left(0.734\times\frac{2.01\times10^5}{3.14\times10^4}\times\frac{402}{150\times211}+\frac{2.38\times10^5}{3.14\times10^4}\times\frac{0.167\times2\times150}{150\times250}\times\frac{1}{1.326}\right)+$$

$$0.2\times\left(0.734+\frac{1}{1.326}\right)+1.15\times0.929$$

$$=1.770$$

③L2加载至两倍屈服位移后卸载，采用一层碳纤维布进行加固，则

$$\varphi_s=1.1-0.65\frac{f_{tk}}{\sigma_{si}\rho_{te}}=1.1-0.65\times\frac{3.6}{\dfrac{0.5\times129.2\times10^3\times500}{402\times0.87\times211}\times\dfrac{402}{0.5\times150\times250}}=0.851$$

$$\varphi_{cf}=1.1-0.65\frac{f_{tk}}{\sigma_{ss}\rho_{te}}=1.1-0.65\times\frac{3.6}{\dfrac{0.5\times197.3\times10^3\times500}{150\times0.167\times0.87\times250}\times\dfrac{150\times0.167}{0.5\times150\times250}}=0.907$$

因为 $M_y<M_i\leqslant M_u$ 时，由本书简化公式 $k_1h\approx\eta h_0$，所以 $k_1\approx\eta h_0/h\approx0.87\times211\div250\approx0.734$。

又因为 $a_E\rho_s=\dfrac{2.01\times10^5}{3.14\times10^4}\times\dfrac{402}{150\times211}=0.081$，所以

$$n_1=\frac{x_0}{h_0}=\sqrt{(a_E\rho)^2+2a_E\rho}-a_E\rho=\sqrt{0.081^2+2\times0.081}-0.081=0.330$$

$$\xi=\frac{a_{E}\rho_{s}}{0.2+6a_{E}\rho_{s}}=0.118$$

经计算，残余变形 $\Delta\varepsilon=\left(\frac{1-n_{1}}{n_{1}}\frac{M_{i}}{\xi E_{c}bh_{0}^{2}}-\frac{\varphi_{s}M_{y}}{\eta E_{s}A_{s}h_{0}}\right)<\frac{\varphi_{s}M_{y}}{\eta E_{s}A_{s}h_{0}}$，则钢筋初始应变影响系数 k 为

$$k=\frac{1+\eta h\frac{E_{cf}A_{cf}}{k_{1}\varphi_{cf}}\left(\frac{1-n_{1}}{n_{1}}\times\frac{M_{i}}{\xi E_{c}bh_{0}^{2}M}-\frac{\varphi_{s}M_{y}}{\eta E_{s}A_{s}h_{0}M}\right)}{1-(\eta h-a)E_{s}A_{s}\left(\frac{1-n_{1}}{n_{1}}\times\frac{M_{i}}{\xi E_{c}bh_{0}^{2}M}-\frac{\varphi_{s}M_{y}}{\eta E_{s}A_{s}h_{0}M}\right)}$$

$$=\frac{1+0.87\times250\times\frac{2.38\times10^{5}\times0.167\times1\times150}{0.734\times0.907}\times\left(\frac{1-0.33}{0.33}\times\frac{129.2}{0.118\times3.14\times10^{4}\times150\times211^{2}\times197.3}-\frac{0.851\times125}{0.87\times2.01\times10^{5}\times402\times211\times197.3}\right)}{1-(0.87\times250-39)\times2.01\times10^{5}\times402\times\left(\frac{1-0.33}{0.33}\times\frac{129.2}{0.118\times3.14\times10^{4}\times150\times211^{2}\times197.3}-\frac{0.851\times125}{0.87\times2.01\times10^{5}\times402\times211\times197.3}\right)}$$

$$=1.380$$

碳纤维布加固损伤混凝土梁截面短期刚度的综合变化系数 K 为

$$K=6(k_{1}a_{E}\rho_{s}+a_{cf}\rho_{cf}/k)+0.2(k_{1}+1/k)+1.15\varphi_{cf}$$

$$=6\times\left(0.734\times\frac{2.01\times10^{5}}{3.14\times10^{4}}\times\frac{402}{150\times211}+\frac{2.38\times10^{5}}{3.14\times10^{4}}\times\frac{0.167\times1\times150}{150\times250}\times\frac{1}{1.380}\right)+$$

$$0.2\times\left(0.734+\frac{1}{1.380}\right)+1.15\times0.907$$

$$=1.715$$

④L3 加载至两倍屈服位移后卸载，采用两层碳纤维布进行加固，则

$$\varphi_{s}=1.1-0.65\frac{f_{tk}}{\sigma_{si}\rho_{te}}=1.1-0.65\times\frac{3.6}{\frac{0.5\times128.9\times10^{3}\times500}{402\times0.87\times211}\times\frac{402}{0.5\times150\times250}}=0.850$$

$$\varphi_{cf}=1.1-0.65\frac{f_{tk}}{\sigma_{ss}\rho_{te}}=1.1-0.65\times\frac{3.6}{\frac{0.5\times233.7\times10^{3}\times500}{2\times150\times0.167\times0.87\times250}\times\frac{150\times0.167\times2}{0.5\times150\times250}}=0.937$$

因为 $M_{y}<M_{i}\leqslant M_{u}$ 时，由本书简化公式 $k_{1}h\approx\eta h_{0}$，所以 $k_{1}\approx\eta h_{0}/h\approx0.87\times211\div250\approx0.734$。

又因为 $a_{E}\rho_{s}=\frac{2.01\times10^{5}}{3.14\times10^{4}}\times\frac{402}{150\times211}=0.081$，所以

$$n_1=\frac{x_0}{h_0}=\sqrt{(a_E\rho)^2+2a_E\rho}-a_E\rho=\sqrt{0.081^2+2\times0.081}-0.081=0.330$$

$$\xi=\frac{a_E\rho_s}{0.2+6a_E\rho_s}=0.118$$

经计算,残余变形 $\Delta\varepsilon=\left(\frac{1-n_1}{n_1}\frac{M_i}{\xi E_c bh_0^2}-\frac{\varphi_s M_y}{\eta E_s A_s h_0}\right)<\frac{\varphi_s M_y}{\eta E_s A_s h_0}$,则钢筋初始应变影响系数 k 为

$$k=\frac{1+\eta h\frac{E_{cf}A_{cf}}{k_1\varphi_{cf}}\left(\frac{1-n_1}{n_1}\times\frac{M_i}{\xi E_c bh_0^2 M}-\frac{\varphi_s M_y}{\eta E_s A_s h_0 M}\right)}{1-(\eta h-a)E_s A_s\left(\frac{1-n_1}{n_1}\times\frac{M_i}{\xi E_c bh_0^2 M}-\frac{\varphi_s M_y}{\eta E_s A_s h_0 M}\right)}$$

$$=\frac{1+0.87\times250\times\frac{2.38\times10^5\times0.167\times2\times150}{0.734\times0.937}\times\left(\frac{1-0.33}{0.33}\times\frac{128.9}{0.118\times3.14\times10^4\times150\times211^2\times233.7}-\frac{0.850\times123.1}{0.87\times2.01\times10^5\times402\times211\times233.7}\right)}{1-(0.87\times250-39)\times2.01\times10^5\times402\times\left(\frac{1-0.33}{0.33}\times\frac{128.9}{0.118\times3.14\times10^4\times150\times211^2\times233.7}-\frac{0.850\times123.1}{0.87\times2.01\times10^5\times402\times211\times233.7}\right)}$$

$$=1.350$$

碳纤维布加固损伤混凝土梁截面短期刚度的综合变化系数 K 为

$$K=6(k_1 a_E\rho_s+a_{cf}\rho_{cf}/k)+0.2(k_1+1/k)+1.15\varphi_{cf}$$

$$=6\times\left(0.734\times\frac{2.01\times10^5}{3.14\times10^4}\times\frac{402}{150\times211}+\frac{2.38\times10^5}{3.14\times10^4}\times\frac{0.167\times2\times150}{150\times250}\times\frac{1}{1.350}\right)+$$

$$0.2\times\left(0.734+\frac{1}{1.350}\right)+1.15\times0.937$$

$$=1.776$$

⑤L4 加载至两倍屈服位移后卸载,采用三层碳纤维布进行加固,则

$$\varphi_s=1.1-0.65\frac{f_{tk}}{\sigma_{si}\rho_{te}}=1.1-0.65\times\frac{3.6}{\frac{0.5\times126.1\times10^3\times500}{402\times0.87\times211}\times\frac{402}{0.5\times150\times250}}=0.845$$

$$\varphi_{cf}=1.1-0.65\frac{f_{tk}}{\sigma_{ss}\rho_{te}}=1.1-0.65\times\frac{3.6}{\frac{0.5\times221.3\times10^3\times500}{3\times150\times0.167\times0.87\times250}\times\frac{150\times0.167\times3}{0.5\times150\times250}}=0.928$$

因为 $M_y<M_i\leqslant M_u$ 时,由本书简化公式 $k_1 h\approx\eta h_0$,所以 $k_1\approx\eta h_0/h\approx0.87\times211\div250\approx0.734$。

又因为 $a_{E}\rho_{s}=\dfrac{2.01\times10^{5}}{3.14\times10^{4}}\times\dfrac{402}{150\times211}=0.081$

所以 $n_{1}=\dfrac{x_{0}}{h_{0}}=\sqrt{(a_{E}\rho)^{2}+2a_{E}\rho}-a_{E}\rho=\sqrt{0.081^{2}+2\times0.081}-0.081=0.330$

$$\xi=\frac{a_{E}\rho_{s}}{0.2+6a_{E}\rho_{s}}=0.118$$

经计算,残余变形 $\Delta\varepsilon=\left(\dfrac{1-n_{1}}{n_{1}}\dfrac{M_{i}}{\xi E_{c}bh_{0}^{2}}-\dfrac{\varphi_{s}M_{y}}{\eta E_{s}A_{s}h_{0}}\right)<\dfrac{\varphi_{s}M_{y}}{\eta E_{s}A_{s}h_{0}}$,则

钢筋初始应变影响系数 k,

$$k=\frac{1+\eta h\dfrac{E_{cf}A_{cf}}{k_{1}\varphi_{cf}}\left(\dfrac{1-n_{1}}{n_{1}}\times\dfrac{M_{i}}{\xi E_{c}bh_{0}^{2}M}-\dfrac{\varphi_{s}M_{y}}{\eta E_{s}A_{s}h_{0}M}\right)}{1-(\eta h-a)E_{s}A_{s}\left(\dfrac{1-n_{1}}{n_{1}}\times\dfrac{M_{i}}{\xi E_{c}bh_{0}^{2}M}-\dfrac{\varphi_{s}M_{y}}{\eta E_{s}A_{s}h_{0}M}\right)}$$

$$=\frac{1+0.87\times250\times\dfrac{2.38\times10^{5}\times0.167\times3\times150}{0.734\times0.928}\times\left(\dfrac{1-0.33}{0.33}\times\dfrac{126.1}{0.118\times3.14\times10^{4}\times150\times211^{2}\times221.3}-\dfrac{0.845\times122.3}{0.87\times2.01\times10^{5}\times402\times211\times221.3}\right)}{1-(0.87\times250-39)\times2.01\times10^{5}\times402\times\left(\dfrac{1-0.33}{0.33}\times\dfrac{126.1}{0.118\times3.14\times10^{4}\times150\times211^{2}\times221.3}-\dfrac{0.845\times122.3}{0.87\times2.01\times10^{5}\times402\times211\times221.3}\right)}$$

$$=1.394$$

碳纤维布加固损伤混凝土梁截面短期刚度的综合变化系数 K

$$K=6(k_{1}a_{E}\rho_{s}+a_{cf}\rho_{cf}/k)+0.2(k_{1}+1/k)+1.15\varphi_{cf}$$

$$=6\times\left(0.734\times\frac{2.01\times10^{5}}{3.14\times10^{4}}\times\frac{402}{150\times211}+\frac{2.38\times10^{5}}{3.14\times10^{4}}\times\frac{0.167\times3\times150}{150\times250}\times\frac{1}{1.394}\right)+$$

$$0.2\times\left(0.734+\frac{1}{1.394}\right)+1.15\times0.928$$

$$=1.781$$

⑥L3 加载至 3 倍屈服位移后卸载,采用两层碳纤维布进行加固,则

$$\varphi_{s}=1.1-0.65\frac{f_{tk}}{\sigma_{si}\rho_{te}}=1.1-0.65\times\frac{3.6}{\dfrac{0.5\times133.4\times10^{3}\times500}{402\times0.87\times211}\times\dfrac{402}{0.5\times150\times250}}=0.858$$

$$\varphi_{cf}=1.1-0.65\frac{f_{tk}}{\sigma_{ss}\rho_{te}}=1.1-0.65\times\frac{3.6}{\dfrac{0.5\times228.8\times10^{3}\times500}{2\times150\times0.167\times0.87\times250}\times\dfrac{150\times0.167\times2}{0.5\times150\times250}}=0.933$$

因为 $M_y < M_i \leqslant M_u$ 时，由本书简化公式 $k_1 h \approx \eta h_0$，所以 $k_1 \approx \eta h_0 / h \approx 0.87 \times 211 \div 250 \approx 0.734$，

又因为 $a_E \rho_s = \frac{2.01 \times 10^5}{3.14 \times 10^4} \times \frac{402}{150 \times 211} = 0.081$

所以，$n_1 = \frac{x_0}{h_0} = \sqrt{(a_E \rho)^2 + 2 a_E \rho} - a_E \rho = \sqrt{0.081^2 + 2 \times 0.081} - 0.081 = 0.330$

$\xi = \frac{a_E \rho_s}{0.2 + 6 a_E \rho_s} = 0.118$

经计算，残余变形 $\Delta\varepsilon = \left(\frac{1-n_1}{n_1} \frac{M_i}{\xi E_c b h_0^2} - \frac{\varphi_s M_y}{\eta E_s A_s h_0} \right) < \frac{\varphi_s M_y}{\eta E_s A_s h_0}$，则钢筋初始应变影响系数 k 为

$$k = \frac{1 + \eta h \frac{E_{cf} A_{cf}}{k_1 \varphi_{cf}} \left(\frac{1-n_1}{n_1} \times \frac{M_i}{\xi E_c b h_0^2 M} - \frac{\varphi_s M_y}{\eta E_s A_s h_0 M} \right)}{1 - (\eta h - a) E_s A_s \left(\frac{1-n_1}{n_1} \times \frac{M_i}{\xi E_c b h_0^2 M} - \frac{\varphi_s M_y}{\eta E_s A_s h_0 M} \right)}$$

$$= \frac{1 + 0.87 \times 250 \times \frac{2.38 \times 10^5 \times 0.167 \times 2 \times 150}{0.734 \times 0.933} \times \left(\frac{1-0.33}{0.33} \times \frac{133.4}{0.118 \times 3.14 \times 10^4 \times 150 \times 211^2 \times 228.8} - \frac{0.858 \times 124}{0.87 \times 2.01 \times 10^5 \times 402 \times 211 \times 228.8} \right)}{1 - (0.87 \times 250 - 39) \times 2.01 \times 10^5 \times 402 \times \left(\frac{1-0.33}{0.33} \times \frac{133.4}{0.118 \times 3.14 \times 10^4 \times 150 \times 211^2 \times 228.8} - \frac{0.858 \times 124}{0.87 \times 2.01 \times 10^5 \times 402 \times 211 \times 228.8} \right)}$$

$$= 1.394$$

碳纤维布加固损伤混凝土梁截面短期刚度的综合变化系数 K 为

$$K = 6(k_1 a_E \rho_s + a_{cf} \rho_{cf} / k) + 0.2(k_1 + 1/k) + 1.15 \varphi_{cf}$$

$$= 6 \times \left(0.734 \times \frac{2.01 \times 10^5}{3.14 \times 10^4} \times \frac{402}{150 \times 211} + \frac{2.38 \times 10^5}{3.14 \times 10^4} \times \frac{0.167 \times 2 \times 150}{150 \times 250} \times \frac{1}{1.394} \right) + 0.2 \times \left(0.734 + \frac{1}{1.394} \right) + 1.15 \times 0.933$$

$$= 1.765$$

（3）引用刘相在《工程抗震与加固改造》上发表的《碳纤维布加固损伤混凝土梁抗弯性能试验研究》论文对试验结果的验证

本次试验共设计了 5 根钢筋混凝土简支梁，其中 1 根为对比梁，其余 4 根为受损钢筋混凝土简支梁（加载至其跨中最大裂缝宽度达 0.2～0.3 mm 后卸载），然后利用碳纤维布对其进行加固。试验梁尺寸均为 100 mm×250 mm×2 600 mm，

净跨 2 400 mm。梁受拉钢筋均为 2 Φ12，受压钢筋 2 Φ6.5，纯弯段箍筋Φ6.5@200，剪弯段为Φ6.5@50，采用 C30 商品细石混凝土，保护层厚度为 15 mm，则 $h_0=250-15-6.5-6=222.5$ mm。

钢筋、混凝土、碳纤维布的力学性能见表 4.7—表 4.9。试件前期加载水平、碳纤维布加固情况与损伤后加固梁极限荷载见表 4.10。RC 试验梁配筋图如图 4.6 所示。

表 4.7　钢筋的力学性能

直径/mm	屈服强度/MPa	极限强度/MPa	弹性模量/MPa
6.5	376.9	449.3	2.1×10^5
12	364.6	539.3	2.0×10^5

表 4.8　混凝土的力学性能

混凝土等级	抗压强度/MPa	弹性模量/MPa	抗拉强度/MPa
C30	53.2	3.0×10^4	2.22

表 4.9　碳纤维布的力学性能

抗拉强度标准值/MPa	弹性模量/MPa	伸长率/%	厚度/mm
3 400	2.4×10^5	1.7	0.167

表 4.10　试件前期加载水平、碳纤维布加固情况与损伤后加固梁极限荷载

试件前期加载水平及碳纤维布加固情况				损伤后加固梁主要试验结果
试件编号	加载水平	裂缝宽度达 0.2~0.3 mm 荷载 P_d/kN	卸载加固方式	极限荷载 P/kN
L0	加载至破坏	55.3		65.5

续表

试件编号	加载水平	裂缝宽度达 0.2～0.3 mm 荷载 P_d/kN	卸载加固方式	极限荷载 P/kN
L1	加载至裂缝宽度达到 0.2～0.3 mm	54.4	一层碳纤维布	72.3
L2	加载至裂缝宽度达到 0.2～0.3 mm	51.7	一层碳纤维布	80.6
L3	加载至裂缝宽度达到 0.2～0.3 mm	55.9	两层碳纤维布	88.2
L4	加载至裂缝宽度达到 0.2～0.3 mm	55.2	两层碳纤维布	98.4

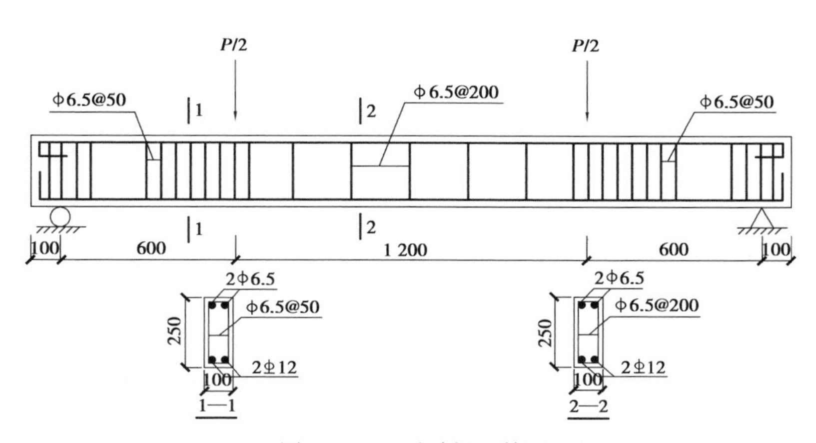

图 4.6　RC 试验梁配筋图

①L0 为对比梁，此处不做分析。

②L1 加载至裂缝宽度达到 0.2～0.3 mm 后卸载，采用一层碳纤维布进行加固，则

$$\varphi_s = 1.1 - 0.65\frac{f_{tk}}{\sigma_{si}\rho_{te}} = 1.1 - 0.65 \times \frac{2.22}{\dfrac{0.5 \times 54.4 \times 10^3 \times 600}{226 \times 0.87 \times 222.5} \times \dfrac{226}{0.5 \times 100 \times 250}} = 0.886$$

$$\varphi_{cf}=1.1-0.65\frac{f_{tk}}{\sigma_{ss}\rho_{te}}=1.1-0.65\times\frac{2.22}{\frac{0.5\times72.3\times10^3\times600}{100\times0.167\times0.87\times250}\times\frac{100\times0.167}{0.5\times100\times250}}=0.919$$

因为 $0\leqslant M_i\leqslant M_y$，由本书简化公式 $k_1h\approx\eta h_0$，所以 $k_1\approx\eta h_0/h\approx0.87\times222.5\div250\approx0.7743$。由于卸载加固，尚没有达到屈服，不考虑其残余变形。此时 $M_i=0$，则 $k=1$。

$$\begin{aligned}K&=6(k_1a_E\rho_s+a_{cf}\rho_{cf}/k)+0.2(k_1+1/k)+1.15\varphi_{cf}\\&=6\times\left(0.7743\times\frac{2.0\times10^5}{3.0\times10^4}\times\frac{226}{100\times222.5}+\frac{2.4\times10^5}{3.0\times10^4}\times\frac{0.167\times1\times100}{100\times250}\times\frac{1}{1}\right)+\\&\quad0.2\times\left(0.7743+\frac{1}{1}\right)+1.15\times0.919\\&=1.758\end{aligned}$$

③L2 加载至裂缝宽度达到 0.2～0.3 mm 后卸载，采用一层碳纤维布进行加固，则

$$\varphi_s=1.1-0.65\frac{f_{tk}}{\sigma_{si}\rho_{te}}=1.1-0.65\times\frac{2.22}{\frac{0.5\times51.7\times10^3\times600}{226\times0.87\times222.5}\times\frac{226}{0.5\times100\times250}}=0.875$$

$$\varphi_{cf}=1.1-0.65\frac{f_{tk}}{\sigma_{ss}\rho_{te}}=1.1-0.65\times\frac{2.22}{\frac{0.5\times80.6\times10^3\times600}{100\times0.167\times0.87\times250}\times\frac{100\times0.167}{0.5\times100\times250}}=0.938$$

因为 $0\leqslant M_i\leqslant M_y$，由本书简化公式 $k_1h\approx\eta h_0$，所以 $k_1\approx\eta h_0/h\approx0.87\times222.5\div250\approx0.7743$。由于卸载加固，尚没有达到屈服，不考虑其残余变形。此时 $M_i=0$，则 $k=1$。

$$\begin{aligned}K&=6(k_1a_E\rho_s+a_{cf}\rho_{cf}/k)+0.2(k_1+1/k)+1.15\varphi_{cf}\\&=6\times\left(0.7743\times\frac{2.0\times10^5}{3.0\times10^4}\times\frac{226}{100\times222.5}+\frac{2.4\times10^5}{3.0\times10^4}\times\frac{0.167\times1\times100}{100\times250}\times\frac{1}{1}\right)+\\&\quad0.2\times\left(0.7743+\frac{1}{1}\right)+1.15\times0.938\\&=1.780\end{aligned}$$

④L3 加载至裂缝宽度达到 0.2～0.3 mm 后卸载，采用两层碳纤维布进行加固，则

$$\varphi_s = 1.1 - 0.65\frac{f_{tk}}{\sigma_{si}\rho_{te}} = 1.1 - 0.65 \times \frac{2.22}{\dfrac{0.5\times 55.9\times 10^3\times 600}{226\times 0.87\times 222.5}\times\dfrac{226}{0.5\times 100\times 250}} = 0.892$$

$$\varphi_{cf} = 1.1 - 0.65\frac{f_{tk}}{\sigma_{ss}\rho_{te}} = 1.1 - 0.65 \times \frac{2.22}{\dfrac{0.5\times 88.2\times 10^3\times 600}{2\times 100\times 0.167\times 0.87\times 250}\times\dfrac{2\times 100\times 0.167}{0.5\times 100\times 250}} = 0.952$$

因为 $M_y < M_i \leqslant M_u$，由本书简化公式 $k_1 h \approx \eta h_0$，所以 $k_1 \approx \eta h_0 / h \approx 0.87\times 222.5 \div 250 \approx 0.774\,3$。

又因为 $a_E\rho_s = \dfrac{2.0\times 10^5}{3.0\times 10^4}\times\dfrac{226}{100\times 222.5} = 0.068$，

所以 $n_1 = \dfrac{x_0}{h_0} = \sqrt{(a_E\rho)^2 + 2a_E\rho} - a_E\rho = \sqrt{0.068^2 + 2\times 0.068} - 0.068 = 0.307$

$$\xi = \frac{a_E\rho_s}{0.2 + 6a_E\rho_s} = 0.112$$

经计算，残余变形 $\Delta\varepsilon = \left(\dfrac{1-n_1}{n_1}\dfrac{M_i}{\xi E_c b h_0^2} - \dfrac{\varphi_s M_y}{\eta E_s A_s h_0}\right) < \dfrac{\varphi_s M_y}{\eta E_s A_s h_0}$，则钢筋初始应变影响系数 k 为

$$k = \frac{1 + \eta h\dfrac{E_{cf}A_{cf}}{k_1\varphi_{cf}}\left(\dfrac{1-n_1}{n_1}\dfrac{M_i}{\xi E_c b h_0^2 M} - \dfrac{\varphi_s M_y}{\eta E_s A_s h_0 M}\right)}{1 - (\eta h - a)E_s A_s\left(\dfrac{1-n_1}{n_1}\dfrac{M_i}{\xi E_c b h_0^2 M} - \dfrac{\varphi_s M_y}{\eta E_s A_s h_0 M}\right)}$$

$$= \frac{1 + 0.87\times 250\times\dfrac{2.4\times 10^5\times 0.167\times 2\times 100}{0.774\,3\times 0.952}\times\left(\dfrac{1-0.307}{0.307}\times\dfrac{55.9}{0.112\times 3.0\times 10^4\times 100\times 222.5^2\times 88.2} - \dfrac{0.892\times 55.3}{0.87\times 2.0\times 10^5\times 226\times 222.5\times 88.2}\right)}{1 - (0.87\times 250 - 27.5)\times 2.0\times 10^5\times 226\times\left(\dfrac{1-0.307}{0.307}\times\dfrac{55.9}{0.112\times 3.0\times 10^4\times 100\times 222.5^2\times 88.2} - \dfrac{0.892\times 55.3}{0.87\times 2.0\times 10^5\times 226\times 222.5\times 88.2}\right)}$$

$$= 1.299$$

碳纤维布加固损伤混凝土梁截面短期刚度的综合变化系数 K 为

$$K = 6(k_1 a_E\rho_s + a_{cf}\rho_{cf}/k) + 0.2(k_1 + 1/k) + 1.15\varphi_{cf}$$

$$= 6\times\left(0.774\,3\times\frac{2.0\times 10^5}{3.0\times 10^4}\times\frac{226}{100\times 222.5} + \frac{2.4\times 10^5}{3.0\times 10^4}\times\frac{0.167\times 2\times 100}{100\times 250}\times\frac{1}{1.299}\right) +$$

$$0.2\times\left(0.7743+\frac{1}{1.299}\right)+1.15\times0.952$$

$$=1.768$$

⑤L4 加载至裂缝宽度达到 0.2 ~0.3 mm 后卸载,采用两层碳纤维布进行加固,则

$$\varphi_s=1.1-0.65\frac{f_{tk}}{\sigma_{si}\rho_{te}}=1.1-0.65\times\frac{2.22}{\frac{0.5\times55.2\times10^3\times600}{226\times0.87\times222.5}\times\frac{226}{0.5\times100\times250}}=0.889$$

$$\varphi_{cf}=1.1-0.65\frac{f_{tk}}{\sigma_{ss}\rho_{te}}=1.1-0.65\times\frac{2.22}{\frac{0.5\times98.4\times10^3\times600}{2\times100\times0.167\times0.87\times250}\times\frac{2\times100\times0.167}{0.5\times100\times250}}=0.967$$

因为 $0\leqslant M_i\leqslant M_y$,由本书简化公式 $k_1h\approx\eta h_0$,所以 $k_1\approx\eta h_0/h\approx0.87\times222.5\div250\approx0.7743$。由于卸载加固,尚没有达到屈服,不考虑其残余变形。此时 $M_i=0$,则 $k=1$。

碳纤维布加固损伤混凝土梁截面短期刚度的综合变化系数 K 为

$$K=6(k_1a_E\rho_s+a_{cf}\rho_{cf}/k)+0.2(k_1+1/k)+1.15\varphi_{cf}$$

$$=6\times\left(0.7743\times\frac{2.0\times10^5}{3.0\times10^4}\times\frac{226}{100\times222.5}+\frac{2.4\times10^5}{3.0\times10^4}\times\frac{0.167\times2\times100}{100\times250}\times\frac{1}{1}\right)+$$

$$0.2\times(0.7743+\frac{1}{1})+1.15\times0.967$$

$$=1.846$$

(4)引用黄楠的《二次受力下 CFRP 布加固钢筋混凝土梁的抗弯性能研究》硕士学位论文试验结果的验证

本次试验共设计了 5 根尺寸为 200 mm×200 mm×2 600 mm 钢筋混凝土梁,其中 1 根为无加固钢筋混凝土对比梁,所有构件采用相同的配筋。梁底受拉钢筋采用 3 根直径为 12 mm 的 HRB400 级钢筋,纯弯段箍筋为Φ6@200,混凝土等级为 C30,钢筋保护层厚度为 20 mm,则 $h_0=200-20-6-6=168$ mm。

钢筋、混凝土、碳纤维布的力学性能见表 4.11—表 4.13。试件前期加载水

平、碳纤维布加固情况与损伤后加固梁极限荷载见表4.14。RC试验梁配筋图如图4.7所示。

表4.11 钢筋的力学性能

直径/mm	屈服强度/MPa	极限强度/MPa	弹性模量/MPa
12	380	535	2.0×10^{5}

表4.12 混凝土的力学性能

混凝土等级	抗压强度/MPa	弹性模量/MPa	抗拉强度/MPa
C30	36.1	2.82×10^{4}	1.79

表4.13 碳纤维布的力学性能

抗拉强度标准值/MPa	弹性模量/MPa	伸长率/%	厚度/mm
3 500	2.20×10^{5}	1.7	0.167

表4.14 试件前期加载水平、碳纤维布加固情况与损伤后加固梁极限荷载

试件前期加载水平及碳纤维布加固情况					损伤后加固梁主要试验结果
试件编号	加载水平	屈服荷载/kN	加固层数	CFRP尺寸/(mm×mm×mm)	极限荷载/kN
LA-0-0	加载至破坏	64			71
LB-1-1	预加载至0.32 M_u，保持荷载贴碳纤维布	63	一层	2 200×100×0.167	76

续表

试件前期加载水平及碳纤维布加固情况					损伤后加固梁主要试验结果
试件编号	加载水平	屈服荷载/kN	加固层数	CFRP 尺寸/(mm×mm×mm)	极限荷载/kN
LB-2-1	预加载至 0.45 M_u，保持荷载	65	一层	2 200×100×0.167	76
LB-2-2	贴碳纤维布	68	一层	2 200×200×0.167	93
LB-3-2	预加载至 0.58 M_u，保持荷载贴碳纤维布	74	一层	2 200×200×0.167	92

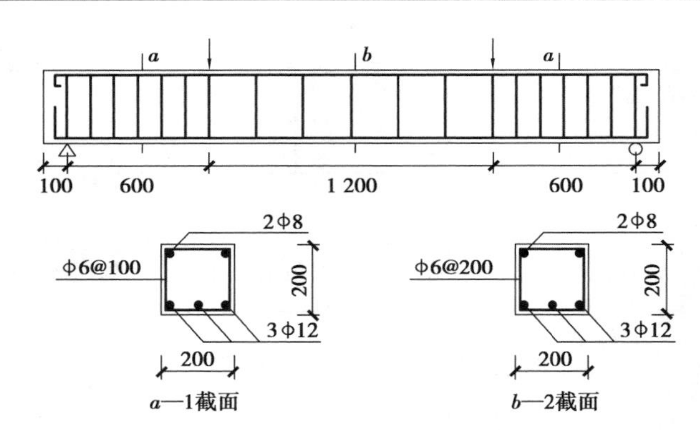

图 4.7　RC 试验梁配筋图

①LA-0-0 为对比梁，此处不做分析。

②LB-1-1 预加载至 0.32 M_u，保持荷载贴碳纤维布进行加固，则

$$\varphi_s = 1.1 - 0.65\frac{f_{tk}}{\sigma_{si}\rho_{te}} = 1.1 - 0.65 \times \frac{1.79}{\dfrac{0.5 \times 71 \times 10^3 \times 0.32 \times 600}{339 \times 0.87 \times 168} \times \dfrac{339}{0.5 \times 200 \times 200}} = 0.601$$

$$\varphi_{cf} = 1.1 - 0.65\frac{f_{tk}}{\sigma_{ss}\rho_{te}} = 1.1 - 0.65 \times \frac{1.79}{\dfrac{0.5 \times 76 \times 10^3 \times 600}{100 \times 0.167 \times 1 \times 0.87 \times 200} \times \dfrac{100 \times 0.167 \times 1}{0.5 \times 200 \times 200}} = 0.922$$

因为 $0 \leqslant M_i \leqslant M_y$，由本书简化公式 $k_1 h \approx \eta h_0$，所以 $k_1 \approx \eta h_0 / h \approx 0.87 \times 168 \div 200 \approx 0.7308$，则

$$k = \frac{1+\dfrac{\varphi_{s0}}{\varphi_{cf}} \times \dfrac{M_i}{M} \times \dfrac{E_{cf} \times A_{cf}}{E_s A_s} \times \dfrac{h}{k_1 h_0}}{1-\dfrac{(\eta h-a)}{\eta h_0} \times \dfrac{\varphi_{s0} M_i}{M}}$$

$$= \frac{1+\dfrac{0.601}{0.922} \times \dfrac{0.32 \times 71}{76} \times \dfrac{2.2 \times 10^5}{2.0 \times 10^5} \times \dfrac{0.167 \times 100}{339} \times \dfrac{200}{0.7308 \times 168}}{1-\dfrac{(0.87 \times 200-32)}{0.87 \times 168} \times \dfrac{0.601 \times 0.32 \times 71}{76}} = 1.232$$

碳纤维布加固损伤混凝土梁截面短期刚度的综合变化系数 K 为

$$K = 6(k_1 a_E \rho_s + a_{cf} \rho_{cf} / k) + 0.2(k_1 + 1/k) + 1.15 \varphi_{cf}$$

$$= 6 \times \left(0.7308 \times \frac{2.0 \times 10^5}{2.82 \times 10^4} \times \frac{339}{200 \times 168} + \frac{2.2 \times 10^5}{2.82 \times 10^4} \times \frac{0.167 \times 1 \times 100}{200 \times 200} \times \frac{1}{1.232}\right) +$$

$$0.2 \times \left(0.7308 + \frac{1}{1.232}\right) + 1.15 \times 0.922$$

$$= 1.698$$

③LB-2-1 预加载至 $0.45M_u$，保持荷载贴碳纤维布进行加固，则

$$\varphi_s = 1.1-0.65 \frac{f_{tk}}{\sigma_{si} \rho_{te}} = 1.1-0.65 \times \frac{1.79}{\dfrac{0.5 \times 71 \times 10^3 \times 0.45 \times 600}{339 \times 0.87 \times 168} \times \dfrac{339}{0.5 \times 200 \times 200}} = 0.745$$

$$\varphi_{cf} = 1.1-0.65 \frac{f_{tk}}{\sigma_{ss} \rho_{te}} = 1.1-0.65 \times \frac{1.79}{\dfrac{0.5 \times 76 \times 10^3 \times 600}{100 \times 0.167 \times 1 \times 0.87 \times 200} \times \dfrac{100 \times 0.167 \times 1}{0.5 \times 200 \times 200}} = 0.922$$

因为 $0 \leqslant M_i \leqslant M_y$，由本书简化公式 $k_1 h \approx \eta h_0$，所以 $k_1 \approx \eta h_0 / h \approx 0.87 \times 168 \div 200 \approx 0.7308$，则

$$k = \frac{1+\dfrac{\varphi_{s0}}{\varphi_{cf}} \times \dfrac{M_i}{M} \times \dfrac{E_{cf} \times A_{cf}}{E_s A_s} \times \dfrac{h}{k_1 h_0}}{1-\dfrac{(\eta h-a)}{\eta h_0} \times \dfrac{\varphi_{s0} M_i}{M}}$$

$$=\frac{1+\frac{0.745}{0.922}\times\frac{0.45\times71}{76}\times\frac{2.2\times10^5}{2.0\times10^5}\times\frac{0.167\times100}{339}\times\frac{200}{0.7308\times168}}{1-\frac{(0.87\times200-32)}{0.87\times168}\times\frac{0.745\times0.45\times71}{76}}=1.480$$

碳纤维布加固损伤混凝土梁截面短期刚度的综合变化系数 K 为

$$K=6(k_1a_E\rho_s+a_{cf}\rho_{cf}/k)+0.2(k_1+1/k)+1.15\varphi_{cf}$$

$$=6\times\left(0.7308\times\frac{2.0\times10^5}{2.82\times10^4}\times\frac{339}{200\times168}+\frac{2.2\times10^5}{2.82\times10^4}\times\frac{0.167\times1\times100}{200\times200}\times\frac{1}{1.480}\right)+$$

$$0.2\times\left(0.7308+\frac{1}{1.480}\right)+1.15\times0.922$$

$$=1.669$$

④LB-2-2 预加载至 $0.45M_u$，保持荷载贴碳纤维布进行加固，则

$$\varphi_s=1.1-0.65\frac{f_{tk}}{\sigma_{si}\rho_{te}}=1.1-0.65\times\frac{1.79}{\frac{0.5\times71\times10^3\times0.45\times600}{339\times0.87\times168}\times\frac{339}{0.5\times200\times200}}=0.745$$

$$\varphi_{cf}=1.1-0.65\frac{f_{tk}}{\sigma_{ss}\rho_{te}}=1.1-0.65\times\frac{1.79}{\frac{0.5\times93\times10^3\times600}{200\times0.167\times1\times0.87\times200}\times\frac{200\times0.167\times1}{0.5\times200\times200}}=0.955$$

因为 $0\leqslant M_i\leqslant M_y$，由本书简化公式 $k_1h\approx\eta h_0$，所以 $k_1\approx\eta h_0/h\approx0.87\times168\div200\approx0.7308$，则

$$k=\frac{1+\frac{\varphi_{s0}}{\varphi_{cf}}\times\frac{M_i}{M}\times\frac{E_{cf}\times A_{cf}}{E_sA_s}\times\frac{h}{k_1h_0}}{1-\frac{(\eta h-a)}{\eta h_0}\times\frac{\varphi_{s0}M_i}{M}}$$

$$=\frac{1+\frac{0.745}{0.955}\times\frac{0.45\times71}{93}\times\frac{2.2\times10^5}{2.0\times10^5}\times\frac{0.167\times200}{339}\times\frac{200}{0.7308\times168}}{1-\frac{(0.87\times200-32)}{0.87\times168}\times\frac{0.745\times0.45\times71}{93}}=1.394$$

碳纤维布加固损伤混凝土梁截面短期刚度的综合变化系数 K 为

$$K=6(k_1a_E\rho_s+a_{cf}\rho_{cf}/k)+0.2(k_1+1/k)+1.15\varphi_{cf}$$

$$=6\times\left(0.7308\times\frac{2.0\times10^5}{2.82\times10^4}\times\frac{339}{200\times168}+\frac{2.2\times10^5}{2.82\times10^4}\times\frac{0.167\times1\times200}{200\times200}\times\frac{1}{1.394}\right)+$$

$$0.2\times\left(0.7308+\frac{1}{1.394}\right)+1.15\times0.955$$

$$=1.730$$

⑤LB-3-2 预加载至 $0.58M_u$，保持荷载贴碳纤维布进行加固，则

$$\varphi_s=1.1-0.65\frac{f_{tk}}{\sigma_{si}\rho_{te}}=1.1-0.65\times\frac{1.79}{\frac{0.5\times71\times10^3\times0.58\times600}{339\times0.87\times168}\times\frac{339}{0.5\times200\times200}}=0.825$$

$$\varphi_{cf}=1.1-0.65\frac{f_{tk}}{\sigma_{ss}\rho_{te}}=1.1-0.65\times\frac{1.79}{\frac{0.5\times92\times10^3\times600}{200\times0.167\times1\times0.87\times200}\times\frac{200\times0.167\times1}{0.5\times200\times200}}=0.953$$

因为 $0\leqslant M_i\leqslant M_y$，由本书简化公式 $k_1h\approx\eta h_0$，所以 $k_1\approx\eta h_0/h\approx0.87\times168\div200\approx0.7308$，则

$$k=\frac{1+\frac{\varphi_{s0}}{\varphi_{cf}}\times\frac{M_i}{M}\times\frac{E_{cf}\times A_{cf}}{E_sA_s}\times\frac{h}{k_1h_0}}{1-\frac{(\eta h-a)}{\eta h_0}\times\frac{\varphi_{s0}M_i}{M}}$$

$$=\frac{1+\frac{0.825}{0.953}\times\frac{0.58\times71}{92}\times\frac{2.2\times10^5}{2.0\times10^5}\times\frac{0.167\times200}{339}\times\frac{200}{0.7308\times168}}{1-\frac{(0.87\times200-32)}{0.87\times168}\times\frac{0.825\times0.58\times71}{92}}=1.666$$

碳纤维布加固损伤混凝土梁截面短期刚度的综合变化系数 K 为

$$K=6(k_1a_E\rho_s+a_{cf}\rho_{cf}/k)+0.2(k_1+1/k)+1.15\varphi_{cf}$$

$$=6\times\left(0.7308\times\frac{2.0\times10^5}{2.82\times10^4}\times\frac{339}{200\times168}+\frac{2.2\times10^5}{2.82\times10^4}\times\frac{0.167\times1\times200}{200\times200}\times\frac{1}{1.666}\right)+$$

$$0.2\times\left(0.7308+\frac{1}{1.666}\right)+1.15\times0.953$$

$$=1.699$$

上述试验验证结果的归纳见表 4.15。

表 4.15　归纳上述试验验证结果

作者	资料名称	截面短期刚度的综合变化系数 K	$a_{E}\rho_{s}+a_{cf}\rho_{cf}$
卜良桃	碳纤维板加固钢筋混凝土梁抗弯试验和理论研究	1.554	0.043
		1.506	0.043
		1.482	0.043
王逢朝	钢筋屈服后钢筋混凝土梁加固性能试验研究	1.770	0.091
		1.715	0.086
		1.776	0.091
		1.781	0.096
		1.765	0.091
		1.758	0.073
刘相	碳纤维布加固损伤混凝土梁抗弯性能试验研究	1.780	0.073
		1.768	0.078
		1.846	0.078
黄楠	二次受力下 CFRP 布加固钢筋混凝土梁的抗弯性能研究	1.698	0.075
		1.669	0.075
		1.730	0.078
		1.699	0.078

截面刚度的综合变化系数 K 与 $a_{E}\rho_{s}+a_{cf}\rho_{cf}$ 的关系如图 4.8 所示。

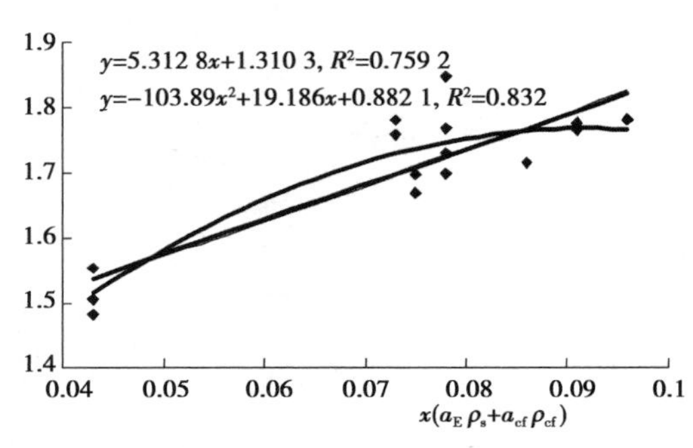

图 4.8　截面刚度的综合变化系数 K 与 $a_{E}\rho_{s}+a_{cf}\rho_{cf}$ 的关系

参照相关文献资料的试验结果,得到了在一般使用条件下 K 与 $a_E\rho_s+a_{cf}\rho_{cf}$ 的拟合关系,如图 4.8 所示,其统计线性表达式和统计二次项表达式分别为

$$K=5.3128(a_E\rho_s+a_{cf}\rho_{cf})+1.3103$$

$$K=-103.89(a_E\rho_s+a_{cf}\rho_{cf})^2+19.186(a_E\rho_s+a_{cf}\rho_{cf})+0.8821$$

二次项表达式的 $R^2=0.832$,说明拟合效果较好;而线性表达式的 $R^2=0.7592$ 也可以接受。本书为了简化取线性表达式来验证。

4.6　试验验证

4.6.1　不卸载加固

当 $0\leqslant M_i\leqslant M_y$ 不卸载加固时,由本章给出的公式(4.13)计算的刚度值及其计算挠度值与所给出引相关资料的对比见表 4.16。按本书提出的公式计算的挠度值与实测挠度值比值的平均值为 1.014,标准差为 0.056。说明计算结果具有较高的精度。

表 4.16　本书理论计算值与资料理论计算值、试验值比较

计算刚度(资料) B_s/MPa	计算挠度(资料) f/mm	计算刚度(本书) B_s/MPa	计算挠度(本书) f/mm	试验挠度(资料) f/mm
3.24×10^{13}	28.1	3.22×10^{13}	28.4	26.3
3.17×10^{13}	30.4	3.22×10^{13}	30.0	31.8
3.14×10^{13}	35.5	3.22×10^{13}	34.6	34.0

(1)卜良桃等在《建筑结构学报》上发表的《碳纤维板加固钢筋混凝土梁抗弯试验和理论研究》

$a_E\rho_s+a_{cf}\rho_{cf}=0.043$,取线性表达式 $K=5.3128\times0.043+1.3103=1.539$。

$$B_s=\frac{M}{1/\rho}=\frac{1}{K}(\eta^2h_0^2E_sA_s+h_0^2E_{cf}A_{cf})$$

$$=\frac{0.87^2\times563^2\times2.0\times10^5\times760+563^2\times1.65\times10^5\times250\times1}{1.539}=3.22\times10^{13}(\text{MPa})$$

因为$f=s\dfrac{Ml_0^2}{B_s}$,其中 $s=\dfrac{3-4\left(\dfrac{b}{l}\right)^2}{48}\times2=\dfrac{3-4\left(\dfrac{2\ 500}{7\ 000}\right)^2}{48}\times2=\dfrac{4.98}{48}$

$$f_{RCFR-2}=\frac{4.98}{48}\times\frac{180.09\times10^6\times7\ 000^2}{3.22\times10^{13}}=28.4(\text{mm})$$

故 $f_{RCFR-2}=\dfrac{4.98}{48}\times\dfrac{189.79\times10^6\times7\ 000^2}{3.22\times10^{13}}=30.0(\text{mm})$

$$f_{RCFR-2}=\frac{4.98}{48}\times\frac{219.04\times10^6\times7\ 000^2}{3.22\times10^{13}}=34.6(\text{mm})$$

(2)黄楠的《二次受力下 CFRP 布加固钢筋混凝土梁的抗弯性能研究》

对于$0\leqslant M_i\leqslant M_y$不卸载加固时,由本章给出的公式(4.13)计算的挠度值与所给出引相关资料的对比见表 4.17。按本章提出的公式计算的挠度值与实测挠度值比值的平均值为 0.832 5,标准差为 0.053。说明计算结果具有较高的精度。

表 4.17 挠度计算值与试验值比较

梁编号	荷载/kN	实测值/mm	计算值(本书)/mm	计算值/实测值	梁编号	荷载/kN	实测值/mm	计算值(本书)/mm	计算值/实测值
LB-1-1	40	1.70	1.59	0.94	LB-2-2	50	2.31	1.88	0.81
	50	2.21	1.98	0.90		55	2.57	2.06	0.80
	55	2.52	2.18	0.87		65	3.01	2.44	0.81
LB-2-1	40	1.81	1.59	0.88	LB-3-2	50	2.39	1.88	0.79
	50	2.37	1.98	0.84		55	2.72	2.06	0.76
	55	2.62	2.18	0.83		65	3.23	2.44	0.76

对于LB-1-1和LB-2-1，$a_E\rho_s+a_{cf}\rho_{cf}=0.075$，取线性表达式$K=5.3128\times0.075+1.3103=1.709$。

$$B_s=\frac{M}{1/\rho}=\frac{1}{K}(\eta^2h_0^2E_sA_s+h_0^2E_{cf}A_{cf})$$

$$=\frac{0.87^2\times168^2\times2.0\times10^5\times339+168^2\times2.2\times10^5\times100\times1\times0.167}{1.709}=9.08\times10^{11}(\text{MPa})$$

$$s=s_{中}-s_{四分点}=\frac{3-4\left(\frac{600}{2\ 400}\right)^2}{48}\times2-\frac{\frac{3}{16}\times\frac{5}{4}+\frac{3}{16}\times\frac{7}{4}}{6}=\frac{5.5}{48}-\frac{3}{32}=\frac{1}{48}$$

资料中选取跨中挠度与四分点挠度之差作为挠度值，则

$$f=\frac{1}{48}\ \frac{0.5Pbl_0^2}{B_s}$$

$$f_{(P=40\ \text{kN})}=\frac{1}{48}\times\frac{0.5\times40\times10^3\times600\times2\ 400^2}{9.08\times10^{11}}=1.59(\text{mm})$$

故$f_{(P=50\ \text{kN})}=\frac{1}{48}\times\frac{0.5\times50\times10^3\times600\times2\ 400^2}{9.08\times10^{11}}=1.98(\text{mm})$

$$f_{(P=55\ \text{kN})}=\frac{1}{48}\times\frac{0.5\times55\times10^3\times600\times2\ 400^2}{9.08\times10^{11}}=2.18(\text{mm})$$

对于LB-2-2和LB-3-2，$a_E\rho_s+a_{cf}\rho_{cf}=0.078$，取线性表达式$K=5.3128\times0.078+1.3103=1.725$。

$$B_s=\frac{M}{1/\rho}=\frac{1}{K}(\eta^2h_0^2E_sA_s+h_0^2E_{cf}A_{cf})$$

$$=\frac{0.87^2\times168^2\times2.0\times10^5\times339+168^2\times2.2\times10^5\times200\times1\times0.167}{1.725}=9.60\times10^{11}(\text{MPa})$$

$$s=s_{中}-s_{四分点}=\frac{3-4\left(\frac{600}{2\ 400}\right)^2}{48}\times2-\frac{\frac{3}{16}\times\frac{5}{4}+\frac{3}{16}\times\frac{7}{4}}{6}=\frac{5.5}{48}-\frac{3}{32}=\frac{1}{48}$$

资料中选取跨中挠度与四分点挠度之差作为挠度值，则

$$f=\frac{1}{48}\ \frac{0.5Pbl_0^2}{B_s}$$

$$f_{(P=50\ \text{kN})}=\frac{1}{48}\times\frac{0.5\times50\times10^3\times600\times2\ 400^2}{9.60\times10^{11}}=1.88(\text{mm})$$

故$f_{(P=55\ \text{kN})}=\frac{1}{48}\times\frac{0.5\times55\times10^3\times600\times2\ 400^2}{9.60\times10^{11}}=2.06(\text{mm})$

$$f_{(P=65\ \text{kN})}=\frac{1}{48}\times\frac{0.5\times65\times10^3\times600\times2\ 400^2}{9.60\times10^{11}}=2.44(\text{mm})$$

4.6.2 卸载加固

参照相关资料的试验结果，当$0\leqslant M_{\mathrm{i}}\leqslant M_{\mathrm{y}}$和$M_{\mathrm{y}}\leqslant M_{\mathrm{i}}<M_{\mathrm{u}}$卸载加固时，由本章给出的公式(4.13)、(4.14)计算的刚度值及其计算挠度值与所给出引相关资料的对比见表4.18、表4.19。

(1)刘相的《碳纤维布加固损伤混凝土梁抗弯性能试验研究》

对于L2，$a_{\mathrm{E}}\rho_{\mathrm{s}}+a_{\mathrm{cf}}\rho_{\mathrm{cf}}=0.073$，取线性表达式$K=5.312\ 8\times0.073+1.310\ 3=1.698$。

$$B_{\mathrm{s}}=\frac{M}{1/\rho}=\frac{1}{K}(\eta^2h_0^2E_{\mathrm{s}}A_{\mathrm{s}}+h_0^2E_{\mathrm{cf}}A_{\mathrm{cf}})$$

$$=\frac{0.87^2\times222.5^2\times2.0\times10^5\times226+222.5^2\times2.4\times10^5\times100\times1\times0.167}{1.698}$$

$$=1.11\times10^{12}(\text{MPa})$$

因为$f=\frac{5.5}{48}\times\frac{0.5Pbl_0^2}{B_{\mathrm{s}}}$

则$f_{(P=9.4\ \text{kN})}=\frac{5.5}{48}\times\frac{0.5\times9.4\times10^3\times600\times2\ 400^2}{1.11\times10^{12}}=1.68(\text{mm})$，同理可得其余，此处省略。

对于L4，$a_{\mathrm{E}}\rho_{\mathrm{s}}+a_{\mathrm{cf}}\rho_{\mathrm{cf}}=0.078$，取线性表达式$K=5.312\ 8\times0.078+1.310\ 3=1.725$。

$$B_{\mathrm{s}}=\frac{M}{1/\rho}=\frac{1}{K}(\eta^2h_0^2E_{\mathrm{s}}A_{\mathrm{s}}+h_0^2E_{\mathrm{cf}}A_{\mathrm{cf}})$$

$$=\frac{0.87^2\times222.5^2\times2.0\times10^5\times226+222.5^2\times2.4\times10^5\times100\times2\times0.167}{1.725}$$

$$=1.21\times10^{12}(\text{MPa})$$

因为 $f=\frac{5.5}{48}\times\frac{0.5Pbl_0^2}{B_s}$

则 $f_{(P=9.4\ \text{kN})}=\frac{5.5}{48}\times\frac{0.5\times9.4\times10^3\times600\times2\ 400^2}{1.21\times10^{12}}=1.54(\text{mm})$，同理可得其余，此处省略。

表4.18　挠度计算值与试验值比较

L2 试验梁			L4 试验梁		
荷载/kN	试验值/mm	计算值/mm	荷载/kN	试验值/mm	计算值/mm
0	0	0	0	0	0
9.4	1.61	1.68	9.4	1.84	1.54
16.5	4.03	2.94	16.5	3.56	2.70
22.6	5.12	4.03	22.9	4.61	3.75
26.4	5.81	4.71	28.9	5.63	4.73
30.8	6.58	5.49	32.3	6.34	5.29
34.3	7.26	6.12	37.0	7.07	6.05
38.9	7.99	6.94	41.6	7.82	6.81
45.5	9.08	8.12	46.1	8.53	7.54
49.7	9.75	8.87	52.5	9.55	8.59
52.0	10.20	9.28	58.4	10.58	9.56
56.4	10.90	10.06	63.3	11.29	10.36
60.5	11.70	10.79	65.5	11.74	10.72

(2)王逢朝等的《钢筋屈服后钢筋混凝土梁加固性能试验研究》

对于 L2，$a_E\rho_s+a_{cf}\rho_{cf}=0.086$，取线性表达式 $K=5.312\ 8\times0.086+1.310\ 3=1.767$。

$$B_s = \frac{M}{1/\rho} = \frac{1}{K}(h_0^2 E_s A_s + h_0^2 E_{cf} A_{cf})$$

$$= \frac{211^2 \times 2.01 \times 10^5 \times 402 + 211^2 \times 2.38 \times 10^5 \times 0.167 \times 1 \times 150}{1.767} = 2.19 \times 10^{12}(\text{MPa})$$

因为$f = \frac{5.5}{48} \times \frac{0.5Pbl_0^2}{B_s}$

则$f_{(P=20.1\ \text{kN})} = \frac{5.5}{48} \times \frac{0.5 \times 20.1 \times 10^3 \times 500 \times 2\ 000^2}{2.19 \times 10^{12}} = 1.051\ 655(\text{mm})$，同理可得其余，此处省略。

表 4.19　本书理论计算值与资料理论计算值、试验值比较

荷载/kN	位移计算值(资料)/mm	位移计算值(本书)/mm	位移实测值(资料)/mm
0	0	0	0
20.1	0.982 981	1.051 655	1.01
39.8	1.946 401	2.082 382	1.93
48.4	2.366 98	2.532 344	2.32
60	2.934 272	3.139 269	2.87
70.8	3.462 441	3.704 338	3.37
80.7	3.946 596	4.222 317	3.86
90.5	4.425 861	4.735 065	4.38
99.8	4.880 673	5.221 651	4.84
110.5	5.403 951	5.781 488	5.44
119.2	5.829 421	6.236 682	5.86
130.4	6.377 152	6.822 679	6.5
139.3	6.812 402	7.288 337	7
150.2	7.345 462	7.858 638	7.76

表 4.18 中 L2 试验梁跨中挠度试验值与计算值线性拟合图如图 4.9 所示。

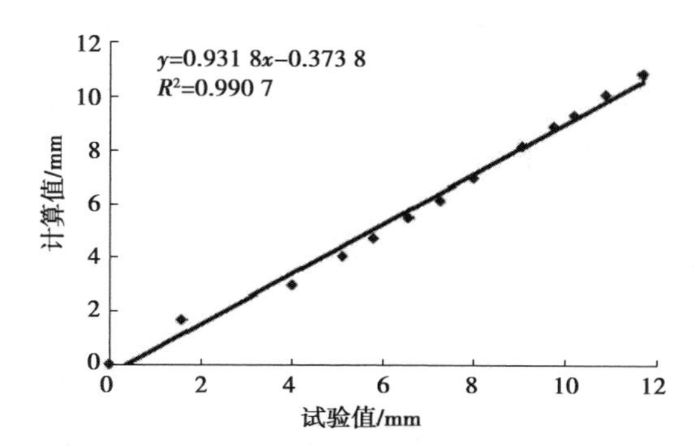

图4.9　表4.18 中 L2 试验梁跨中挠度试验值与计算值线性拟合图

表4.18 中 L4 试验梁跨中挠度试验值与计算值线性拟合图如图4.10所示。

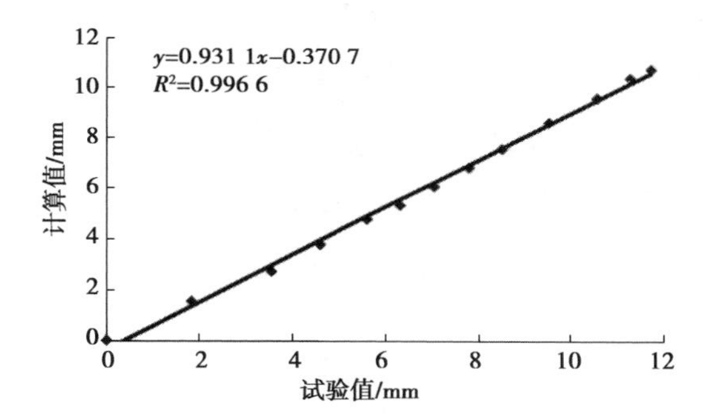

图4.10　表4.18 中 L4 试验梁跨中挠度试验值与计算值线性拟合图

表4.19 中梁跨中挠度实测值与计算值线性拟合图如图4.11所示。

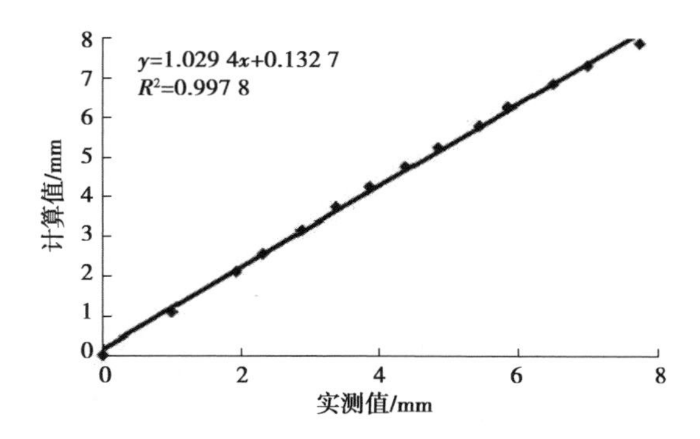

图4.11　表4.19 中梁跨中挠度实测值与计算值线性拟合图

由表4.18、表4.19及图4.9、图4.10、图4.11可以看出,采用本书提出公式的计算结果与试验值(实测值)比较接近,具有较高的精度,可用于碳纤维布加固损伤混凝土梁正常使用阶段的刚度计算。

4.7 结论

本章对在正常使用阶段碳纤维布加固损伤混凝土梁的截面短期刚度进行了解析分析,给出了在不同损伤即屈服弯矩之前和屈服弯矩至极限弯矩两种情况下,其截面短期刚度表达式,并基于试验资料分析提出用损伤混凝土梁截面刚度综合变化系数 K 表达各种因素对碳纤维布加固钢筋混凝土梁截面刚度的影响并进行拟合,给出加固损伤混凝土梁截面短期刚度的简化计算公式,且与资料试验结果比较表明,本章公式具有较高精度,可供参考。

鉴于相关试验资料有限,且混凝土强度等级大多数为C25 ~ C30,试验数据相对不足。故损伤混凝土梁截面刚度的综合变化系数 K 还有待进一步修正和研究。

第5章　CFRP加固损伤钢筋混凝土梁抗弯承载力分析

近年来,我国许多的房屋建筑、桥梁等由于到期或接近使用年限等面临不同程度的损伤,导致结构的承载能力和安全性能达不到预定目标。对损伤结构进行有效的补强加固,可以更好地发挥加固材料的性能,符合土木工程建设可持续发展的战略目标。碳纤维增强复合材料(CFRP)以其质量轻及厚度薄、强度高、施工便捷等优点,越来越广泛地应用于结构加固工程中。加固损伤结构属于二次受力结构,加固前后抗弯承载力与结构可靠度分析是本章及以后几章的研究重点。

本章针对如何分析CFRP加固损伤钢筋混凝土梁抗弯承载力问题,考虑二次受力影响下混凝土受拉边缘的初始拉应变结合应力应变关系对受压区混凝土应力图形为三角形,给出受压钢筋未屈服和受压钢筋屈服2种破坏形态的屈服阶段混凝土受压区高度系数的计算分析,以及对CFRP断裂和受拉钢筋屈服后,受压区混凝土压碎2种破坏形态的极限阶段混凝土受压区高度系数的计算分析。把CFRP加固钢筋混凝土梁分为开裂荷载之前 $M_i<M_k$、开裂荷载至屈服荷载 $M_k \leqslant M_i<M_y$、屈服荷载至极限荷载 $M_y \leqslant M_i<M_u$ 的3种损伤程度进行抗弯承载力分析。当 $M_i \geqslant M_k$ 加固前钢筋混凝土梁存在不同程度裂缝时,根据《混凝土结构设计规范》(GB 50010—2010)裂缝控制验算中受拉钢筋部分对加固梁抗弯承载力贡献可近似将截面的内力臂取为 ηh_0,提出CFRP加固损伤钢筋混凝土梁屈服阶段近似抗弯承载力计算。尤其是屈服后 $M_y \leqslant M_i<M_u$ 时的卸载加

固,此时考虑钢筋受到强化与碳纤维复合材实际抗拉应变未充分利用的强度利用系数的影响,对 CFRP 加固后抗弯承载力进行分析。结合试验进行验证,与本章提出的 CFRP 加固损伤混凝土梁抗弯承载力计算结果进行比较,具有较高精度。

5.1 CFRP 加固钢筋尚未屈服混凝土梁的抗弯承载力分析

5.1.1 基本假定

①加固损伤混凝土梁截面应变保持平截面。

②不考虑受拉区混凝土的作用。

③混凝土的应力-应变关系、钢筋的应力-应变关系按《混凝土结构设计规范》(GB 50010—2010)取用。

④碳纤维布的应力-应变关系为线弹性关系。

⑤初始荷载 $M_i<M_y$,卸载加固钢筋混凝土梁时,不考虑二次受力影响下混凝土受拉边缘的初始拉应变。

5.1.2 屈服阶段混凝土受压区高度系数的计算

对于碳纤维布加固的钢筋混凝土梁,$0\leqslant M_i<M_y$,根据加固损伤钢筋混凝土梁配布率和配筋率的情况,受拉钢筋屈服时,截面应力一般有以下 2 种。

(1)受压区混凝土应力图形为三角形,受压钢筋未屈服

此种情况的应力和应变图如图 5.1 所示,此时受拉钢筋应变达到屈服应变,CFRP 应变小于极限拉应变,受压区混凝土最外纤维应变小于峰值应力对应的应变 ε_0,受压钢筋应变小于屈服应变。从截面应变图形有:

$$\varepsilon'_s \approx \varepsilon_c = \frac{K_y}{1-K_y}\varepsilon_y \tag{5.1}$$

因为$\dfrac{\varepsilon_f+\varepsilon_{fo}}{\varepsilon_c}=\dfrac{h_f-K_yh_0}{K_yh_0}=\dfrac{\gamma_f-K_y}{K_y}$，$\varepsilon_{fo}=\dfrac{a_fM_{ok}}{E_sA_sh_0}$，则

$$\varepsilon_f = \frac{\gamma_f-K_y}{1-K_y}\varepsilon_y - \frac{a_fM_{ok}}{E_sA_sh_0} \tag{5.2}$$

式中　ε_c、ε'_s、ε_y、ε_f、ε_{fo}——混凝土受压区边缘压应变、受压钢筋应变、受拉钢筋屈服应变、CFRP 应变、二次受力影响下混凝土受拉边缘的初始拉应变；

h_0——截面有效高度；

h_f——CFRP 有效高度；

K_y——混凝土受压区高度系数，是混凝土受压区最外边缘纤维到中和轴的距离与截面有效高度的比值；

M_{ok}——加固前受弯构件验算截面上原作用的弯矩标准值；

a_f——综合考虑受弯构件裂缝截面内力臂变化、钢筋拉应变不均匀以及钢筋排列影响等的计算系数。

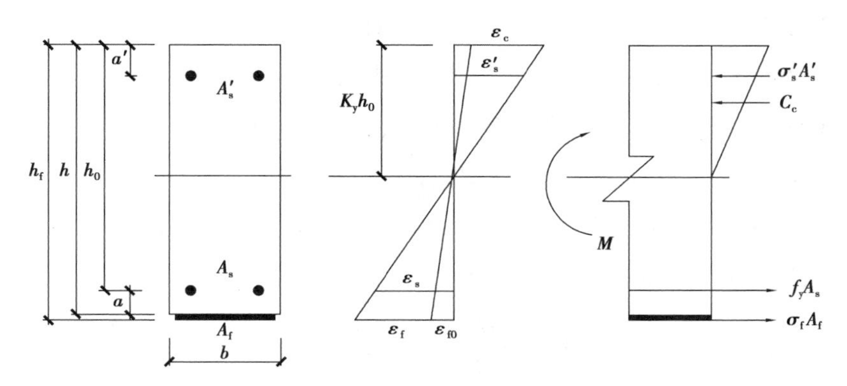

图5.1　屈服时截面应力应变及力的平衡图

由混凝土、钢筋、CFRP 的应力应变关系可得：

$$\sigma_c = E_c\varepsilon_c = E_c\frac{K_y}{1-K_y}\varepsilon_y \tag{5.3}$$

$$\sigma_s' = E_s \varepsilon_s' = E_s \frac{K_y}{1-K_y} \varepsilon_y \tag{5.4}$$

$$\sigma_f = E_f \varepsilon_f = E_f \left(\frac{\gamma_f - K_y}{1-K_y} \varepsilon_y - \frac{a_f M_{ok}}{E_s A_s h_0} \right) \tag{5.5}$$

式(5.3)—式(5.5)中 σ_c、σ_s'、σ_f——受压区边缘混凝土应力、受压钢筋应力、CFRP 应力；

E_c、E_s'、E_f——混凝土弹性模量、钢筋弹性模量、CFRP 弹性模量；

$\gamma_f = h_f / h_0$。

由水平方向力的平衡得：

$$\frac{1}{2} b K_y h_0 \sigma_c + \sigma_s' A_s' = f_y A_s + \sigma_f A_f \tag{5.6}$$

式中 A_f——碳纤维复合材料的有效截面面积，mm^2，$A_f = A_{fu} \times \kappa_m$，其中 A_{fu} 为碳纤维复合材料的实际粘贴截面面积，mm^2。

碳纤维复合材料厚度折减系数 κ_m，应按下列规定确定：

①当采用预成型板时，$\kappa_m = 1.0$；

②当采用多层粘贴的纤维织物时，κ_m 值按下式计算：

$\kappa_m = 1.16 - n_f E_f t_f / 308\,000 \leqslant 0.9$；当 $\kappa_m > 1$ 时，取 $\kappa_m = 1.0$。

其中 E_f——碳纤维复合材料弹性模量设计值，MPa；

n_f——碳纤维复合材料层数；

t_f——碳纤维复合材料的单层厚度，mm。

将式(5.3)、式(5.4)、式(5.5)代入式(5.6)经整理得：

$$K_y^2 + 2\left[a_E \rho_s' + a_E \rho_s + \gamma_f a_{Ef} \rho_f \left(1 - \frac{a_f M_{ok}}{f_y A_s h_0} \right) \right] K_y - 2\left[a_E \rho_s + \gamma_f^2 a_{Ef} \rho_f \left(1 - \frac{a_f M_{ok}}{\gamma_f f_y A_s h_0} \right) \right] = 0 \tag{5.7a}$$

式中，$\rho_s = \frac{A_s}{bh_0}$，$\rho_s' = \frac{A_s'}{bh_0}$，$\rho_f = \frac{A_f}{bh_f}$，$a_E = \frac{E_s}{E_c}$，$a_{Ef} = \frac{E_f}{E_c}$。

卸载加固的钢筋混凝土梁，此时 M_{ok} 为 0，即

$$K_y^2+2[a_E\rho_s'+a_E\rho_s+\gamma_f a_{Ef}\rho_f]K_y-2[a_E\rho_s+\gamma_f^2 a_{Ef}\rho_f]=0 \tag{5.7b}$$

(2)受压区混凝土应力图形为三角形,受压钢筋屈服

受压钢筋屈服,将式(5.6)改写为

$$\frac{1}{2}bK_y h_0\sigma_c+f_y'A_s'=f_yA_s+\sigma_f A_f \tag{5.8}$$

式中　f_y'——受压钢筋屈服强度,$f_y'=f_y$。

将式(5.3)、式(5.4)、式(5.5)代入式(5.7)经整理得:

$$K_y^2+2\left[a_E\rho_s+\gamma_f a_{Ef}\rho_f\left(1-\frac{a_f M_{ok}}{f_y A_s h_0}\right)-a_E\rho_s'\right]K_y-2\left[a_E\rho_s+\gamma_f^2 a_{Ef}\rho_f\left(1-\frac{a_f M_{ok}}{\gamma_f f_y A_s h_0}\right)-a_E\rho'\right]=0 \tag{5.9a}$$

卸载加固的钢筋混凝土梁,此时 M_{ok} 为 0,即

$$K_y^2+2[a_E\rho_s+\gamma_f a_{Ef}\rho_f-a_E\rho_s']K_y-2[a_E\rho_s+\gamma_f^2 a_{Ef}\rho_f-a_E\rho']=0 \tag{5.9b}$$

(3)受压钢筋屈服的判别

受压钢筋未屈服时,$\varepsilon_s'<\varepsilon_y$,由式(5.1)得:$K_y<1/2$。

先假定受压钢筋未屈服,按式(5.7)计算出 K_y,若满足 $K_y<1/2$,则受压钢筋未屈服,否则屈服。

5.1.3　极限阶段混凝土受压区高度系数的计算

根据试验结果,加固损伤梁受弯破坏形式一般有以下两种:①CFRP 断裂;②受拉钢筋屈服后,受压区混凝土压碎。CFRP 断裂时,受压区混凝土未达极限状态,混凝土应力图形有三角形和梯形两种形式。CFRP 断裂时截面应力应变及力的平衡图如图 5.2 所示。

(1)CFRP 断裂,受压区混凝土应力图形为三角形

如图 5.2 所示的截面应力应变图,混凝土应力图形为三角形分布,由截面应力应变图形可得:

$$\varepsilon_c=\frac{K_u}{\gamma_f-K_u}\left(\varepsilon_{fu}+\frac{a_f M_{ok}}{E_s A_s h_0}\right) \tag{5.10}$$

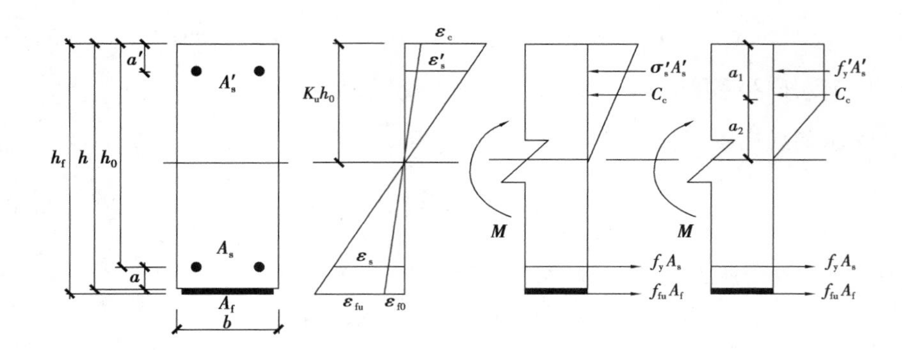

图 5.2　CFRP 断裂时截面应力应变及力的平衡图

$$\sigma_{c}=\frac{K_{u}}{\gamma_{f}-K_{u}}\left(\varepsilon_{fu}+\frac{a_{f}M_{ok}}{E_{s}A_{s}h_{0}}\right)E_{c} \tag{5.11}$$

式中　ε_{fu}——CFRP 极限拉应变。

由水平方向力的平衡得：

$$\frac{1}{2}bK_{u}h_{0}\sigma_{c}+f'_{y}A'_{s}=f_{y}A_{s}+f_{fu}A_{f} \tag{5.12}$$

将式(5.11)代入式(5.12)，经整理得：

$$\left(D+\frac{E_{f}a_{f}M_{ok}}{E_{s}f_{y}A_{s}h_{0}}\right)K_{u}^{2}-2a_{Ef}(\rho'_{s}-\rho_{s}-D\gamma_{f}\rho_{f})K_{u}+2a_{Ef}\gamma_{f}(\rho'_{s}-\rho_{s}-D\gamma_{f}\rho_{f})=0$$

$$K_{u}=\frac{a_{Ef}(\rho'_{s}-\rho_{s}-D\gamma_{f}\rho_{f})+\sqrt{a_{Ef}^{2}(\rho'_{s}-\rho_{s}-D\gamma_{f}\rho_{f})^{2}-2\left(D+\frac{E_{f}a_{f}M_{ok}}{E_{s}f_{y}A_{s}h_{0}}\right)a_{Ef}\gamma_{f}(\rho'_{s}-\rho_{s}-D\gamma_{f}\rho_{f})}}{D+\frac{E_{f}a_{f}M_{ok}}{E_{s}f_{y}A_{s}h_{0}}} \tag{5.13a}$$

卸载加固的钢筋混凝土梁，此时 M_{ok} 为 0，即

$$K_{u}=\frac{a_{Ef}(\rho'_{s}-\rho_{s}-D\gamma_{f}\rho_{f})+\sqrt{a_{Ef}^{2}(\rho'_{s}-\rho_{s}-D\gamma_{f}\rho_{f})^{2}-2Da_{Ef}\gamma_{f}(\rho'_{s}-\rho_{s}-D\gamma_{f}\rho_{f})}}{D} \tag{5.13b}$$

式中　K_{u}——极限状态时混凝土受压区高度系数；

$D=\frac{f_{fu}}{f_{y}}$；

其中　f_{fu}——CFRP 极限抗拉强度。

(2)CFRP 断裂,受压区混凝土应力图形为梯形

如图 5.2 所示的截面应力应变图,混凝土应力图形为梯形分布,由截面应力应变图形可得:

$$a_2=\frac{\varepsilon_0}{\varepsilon_c}K_u h_0 \tag{5.14}$$

将式(5.10)代入式(5.14)得:

$$a_2=\frac{\varepsilon_0}{\varepsilon_{fu}+\frac{a_f M_{ok}}{E_s A_s h_0}}(\gamma_f-K_u)h_0=\frac{f_c}{f_y}\frac{f_y}{f_{fu}+\frac{E_f a_f M_{ok}}{E_s A_s h_0}}\frac{E_f}{E_c}(\gamma_f-K_u)h_0=A\frac{a_{Ef}}{D+\frac{E_f a_f M_{ok}}{E_s A_s h_0}}(\gamma_f-K_u)h_0 \tag{5.15}$$

$$a_1=K_u h_0-a_2=\left(1+\frac{Aa_{Ef}}{D+\frac{E_f a_f M_{ok}}{E_s f_y A_s h_0}}\right)K_u h_0-\frac{Aa_{Ef}\gamma_f h_0}{D+\frac{E_f a_f M_{ok}}{E_s f_y A_s h_0}} \tag{5.16}$$

式中　A——混凝土轴心抗压强度与受拉钢筋屈服强度的比值,即

$$A=\frac{f_c}{f_y}$$

其中 f_c——混凝土轴心抗压强度。

f_y——受拉钢筋屈服强度。

故受压区混凝土合力 C_c 为

$$C_c=f_c b\left(a_1+\frac{1}{2}a_2\right)=f_c b\left[\left(1+\frac{1}{2}\frac{Aa_{Ef}}{D+\frac{E_f a_f M_{ok}}{E_s f_y A_s h_0}}\right)K_u h_0-\frac{1}{2}\frac{Aa_{Ef}\gamma_f h_0}{D+\frac{E_f a_f M_{ok}}{E_s f_y A_s h_0}}\right] \tag{5.17}$$

由水平方向力的平衡得:

$$C_c+f'_y A'_s=f_y A_s+f_{fu}A_f \tag{5.18}$$

将式(5.17)代入式(5.18),整理得:

$$K_u=\frac{\rho_s+D\gamma_f\rho_f-\rho_s'+\frac{1}{2}\frac{A^2a_{Ef}\gamma_f}{D+\frac{E_fa_fM_{ok}}{E_sf_yA_sh_0}}}{A+\frac{1}{2}\frac{A^2a_{Ef}}{D+\frac{E_fa_fM_{ok}}{E_sf_yA_sh_0}}} \tag{5.19a}$$

卸载加固的钢筋混凝土梁，此时 M_{ok} 为 0，即

$$K_u=\frac{\rho_s+D\gamma_f\rho_f-\rho_s'+\frac{1}{2}\frac{A^2a_{Ef}\gamma_f}{D}}{A+\frac{1}{2}\frac{A^2a_{Ef}}{D}} \tag{5.19b}$$

(3)受压区混凝土压碎

此种情况一般为受压、受拉钢筋屈服，而 CFRP 未达极限抗拉强度。由于受压区混凝土最外层纤维达到混凝土极限压应变，故受压区混凝土应力图形可视为等效矩形应力图形。从图 5.3 所示的应力应变图形可得：

$$\varepsilon_f=\frac{\gamma_f-K_u}{K_u}\varepsilon_{cu}-\frac{a_fM_{ok}}{E_sA_sh_0} \tag{5.20}$$

$$\sigma_f=\left(\frac{\gamma_f-K_u}{K_u}\varepsilon_{cu}-\frac{a_fM_{ok}}{E_sA_sh_0}\right)E_f \tag{5.21}$$

式中　ε_{cu}——混凝土极限压应变。

由截面水平方向力的平衡得：

$$\alpha_1\beta_1f_cbK_uh_0+f_y'A_s'=f_yA_s+\sigma_fA_f \tag{5.22}$$

将式(5.21)代入式(5.22)经整理得：

$$\alpha_1\beta_1AK_y^2+\left[\rho_s'+\frac{\varepsilon_{cu}E_f\gamma_f\rho_f}{f_y}+\frac{a_fM_{ok}E_f\gamma_f\rho_f}{E_sf_yA_sh_0}-\rho_s\right]K_u-\frac{\varepsilon_{cu}E_f\gamma_f^2\rho_f}{f_y}=0$$

$$K_u=\frac{\sqrt{\left(\rho_s'+\frac{\varepsilon_{cu}E_f\gamma_f\rho_f}{f_y}+\frac{a_fM_{ok}E_f\gamma_f\rho_f}{E_sf_yA_sh_0}-\rho_s\right)^2+4\alpha_1\beta_1A\gamma_f^2\rho_f\frac{\varepsilon_{cu}E_f}{f_y}}-\left(\rho_s'+\frac{\varepsilon_{cu}E_f\gamma_f\rho_f}{f_y}+\frac{a_fM_{ok}E_f\gamma_f\rho_f}{E_sf_yA_sh_0}-\rho_s\right)}{2\alpha_1\beta_1A} \tag{5.23a}$$

卸载加固的钢筋混凝土梁，此时 M_{ok} 为 0，即

$$K_u=\frac{\sqrt{\left(\rho'_s+\frac{\varepsilon_{cu}E_f\gamma_f\rho_f}{f_y}-\rho_s\right)^2+4\alpha_1\beta_1A\gamma_f^2\rho_f\frac{\varepsilon_{cu}E_f}{f_y}}-\left(\rho'_s+\frac{\varepsilon_{cu}E_f\gamma_f\rho_f}{f_y}-\rho_s\right)}{2\alpha_1\beta_1A}$$

(5.23b)

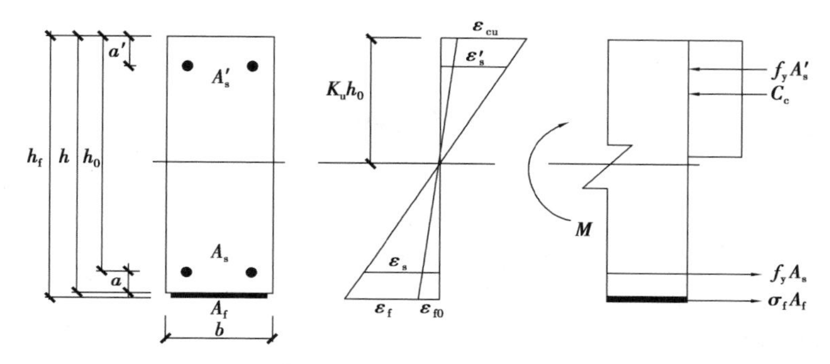

图 5.3　混凝土压碎时截面应力应变及力的平衡图

(4)混凝土应力图形的判别

受压区混凝土为三角形时，$\varepsilon_c<\varepsilon_0$，由式(5.10)得：

$$\frac{K_u}{\gamma_f-K_u}\left(\varepsilon_{fu}+\frac{a_fM_{ok}}{E_sA_sh_0}\right)\leqslant\varepsilon_0 \tag{5.24}$$

式(5.24)两边同乘以混凝土弹性模量 E_c，经整理得：

$$K_u\leqslant\frac{Aa_{Ef}\gamma_f}{Aa_{Ef}+D+\frac{E_fa_fM_{ok}}{E_sf_yA_sh_0}} \tag{5.25a}$$

卸载加固的钢筋混凝土梁，此时 M_{ok} 为 0，即

$$K_u\leqslant\frac{Aa_{Ef}\gamma_f}{Aa_{Ef}+D} \tag{5.25b}$$

式(5.25a)、式(5.25b)即为混凝土应力图形的判别式。

先假定受压区混凝土为三角形应力图形，根据式(5.13)计算出的 K_u 若满足式(5.25)，则混凝土应力图形为三角形，否则为梯形。

(5)破坏模式的判断

由式(5.20)可知，若发生 CFRP 断裂的破坏模式需满足下式：

$$\varepsilon_{f}=\frac{\gamma_{f}-K_{u}}{K_{u}}\varepsilon_{cu}-\frac{a_{f}M_{ok}}{E_{s}A_{s}h_{0}}\geqslant\varepsilon_{fu}$$

或

$$K_{u}\leqslant\gamma_{f}\frac{\varepsilon_{cu}}{\varepsilon_{cu}+\varepsilon_{fu}+\dfrac{a_{f}M_{ok}}{E_{s}A_{s}h_{0}}} \tag{5.26a}$$

卸载加固的钢筋混凝土梁,此时 M_{ok} 为 0,即

$$K_{u}\leqslant\gamma_{f}\frac{\varepsilon_{cu}}{\varepsilon_{cu}+\varepsilon_{fu}} \tag{5.26b}$$

先假定发生 CFRP 断裂的破坏形式,若按式(5.13)、式(5.19)解出的 K_u 满足式(5.26),则发生 CFRP 断裂的破坏形式,否则为受压区混凝土压碎破坏。

5.2 CFRP 加固损伤钢筋混凝土梁抗弯承载力计算

CFRP 加固损伤钢筋混凝土梁抗弯承载力分为屈服阶段计算与极限阶段计算两部分,加固混凝土梁极限阶段受弯破坏形式分为 CFRP 断裂与受压区混凝土压碎两种。

5.2.1 CFRP 加固损伤钢筋混凝土梁屈服阶段抗弯承载力计算

①受压区混凝土应力图形为三角形,受压钢筋未屈服。可按下式计算抗弯承载力:

$$M_{u}=f_{y}A_{s}\left(h_{0}-\frac{x}{2}\right)+\varphi_{f}\sigma_{f}A_{f}\left(h_{f}-\frac{x}{2}\right)+\sigma_{s}'A_{s}'\left(\frac{x}{2}-a'\right) \tag{5.27a}$$

②受压区混凝土应力图形为三角形,受压钢筋屈服。抗弯承载力按下式计算:

$$M_{u}=f_{y}A_{s}\left(h_{0}-\frac{x}{2}\right)+\varphi_{f}\sigma_{f}A_{f}\left(h_{f}-\frac{x}{2}\right)+f_{y}'A_{s}'\left(\frac{x}{2}-a'\right) \tag{5.27b}$$

式中　x——混凝土受压区高度，$x=K_y h_0$。

5.2.2　CFRP加固损伤钢筋混凝土梁极限阶段抗弯承载力计算

①若发生CFEP断裂破坏，受压区混凝土应力图形为三角形。抗弯承载力按下式计算：

$$M_u=f_y A_s\left(h_0-\frac{x}{2}\right)+\varphi_f f_{fu} A_f\left(h_f-\frac{x}{2}\right)+\sigma'_s A'_s\left(\frac{x}{2}-a'\right) \tag{5.28a}$$

②若发生CFEP断裂破坏，受压区混凝土应力图形为梯形。抗弯承载力按下式计算：

$$M_u=f_y A_s\left(h_0-\frac{x}{2}\right)+\varphi_f f_{fu} A_f\left(h_f-\frac{x}{2}\right)+f'_y A'_s\left(\frac{x}{2}-a'\right) \tag{5.28b}$$

式中　x——混凝土受压区高度，$x=K_y h_0$。

③若发生受压区混凝土压碎的破坏模式，抗弯承载力按下式计算：

$$M_u=f_y A_s\left(h_0-\frac{x}{2}\right)+\varphi_f \sigma_f A_f\left(h_f-\frac{x}{2}\right)+f'_y A'_s\left(\frac{x}{2}-a'\right) \tag{5.28c}$$

式中　x——混凝土受压区高度，$x=K_u h_0$。

④当混凝土受压区高度小于$2a'$时，抗弯承载力按下式计算：

$$M_u=f_y A_s(h_0-a')+\varphi_f \sigma_{fu} A_f(h_f-a') \tag{5.29}$$

由于在粘贴碳纤维布加固前，钢筋混凝土梁已经受力及变形，表现出在加固前存在不同程度的裂缝，即存在不同程度损伤。所以加固钢筋混凝土梁属于二次受力构件，和梁中已配钢筋相比，碳纤维布应变滞后，可能导致加固钢筋混凝土梁破坏时还达不到f_{fu}，因此在设计中可进行折减，引入强度利用系数φ_f。φ_f的表达式为

$$\varphi_f=\frac{(0.8\varepsilon_{cu}h/x)-\varepsilon_{cu}-\varepsilon_{fo}}{\varepsilon_f} \tag{5.30}$$

此时$x\geqslant 2a'$，若$x<2a'$，则x取$2a'$。

对于加固的损伤钢筋混凝土梁，当$M_k<M_i<M_y$时，随着损伤程度增大，加固

前钢筋混凝土梁裂缝宽度增大,此时卸载与否、裂缝的存在对承载力大小都会产生影响。根据《混凝土结构设计规范》(GB 50010—2010)裂缝控制验算中受拉钢筋部分对加固梁抗弯承载力的贡献,可近似将截面的内力臂取为 ηh_0,式(5.27)可写成式(5.31),式(5.28)可写成式(5.32)。

5.2.3 CFRP 加固存在裂缝损伤钢筋混凝土梁屈服阶段抗弯承载力计算

①受压区混凝土应力图形为三角形,受压钢筋未屈服。抗弯承载力按下式计算:

$$M_u = f_y A_s \eta h_0 + \varphi_f \sigma_f A_f \left(h_f - \frac{x}{2} \right) + \sigma'_s A'_s \left(\frac{x}{2} - a' \right) \tag{5.31a}$$

②受压区混凝土应力图形为三角形,受压钢筋屈服。抗弯承载力按下式计算:

$$M_u = f_y A_s \eta h_0 + \varphi_f \sigma_f A_f \left(h_f - \frac{x}{2} \right) + f'_y A'_s \left(\frac{x}{2} - a' \right) \tag{5.31b}$$

式中 x——混凝土受压区高度,$x = K_y h_0$。

5.2.4 CFRP 加固存在裂缝损伤钢筋混凝土梁极限阶段抗弯承载力计算

①若发生 CFEP 断裂破坏,受压区混凝土应力图形为三角形。抗弯承载力按下式计算:

$$M_u = f_y A_s \eta h_0 + \varphi_f f_{fu} A_f \left(h_f - \frac{x}{2} \right) + \sigma'_s A'_s \left(\frac{x}{2} - a' \right) \tag{5.32a}$$

②若发生 CFEP 断裂破坏,受压区混凝土应力图形为梯形。抗弯承载力按下式计算:

$$M_u = f_y A_s \eta h_0 + \varphi_f f_{fu} A_f \left(h_f - \frac{x}{2} \right) + f'_y A'_s \left(\frac{x}{2} - a' \right) \tag{5.32b}$$

③若发生受压区混凝土压碎的破坏模式，抗弯承载力按下式计算：

$$M_u = f_y A_s \eta h_0 + \varphi_f \sigma_f A_f \left(h_f - \frac{x}{2} \right) + f'_y A'_s \left(\frac{x}{2} - a' \right) \tag{5.32c}$$

④当混凝土受压区高度小于 $2a'$ 时，抗弯承载力按下式计算：

$$M_u = f_y A_s \eta h_0 + \varphi_f \sigma_{fu} A_f (h_f - a') \tag{5.33}$$

5.3 CFRP加固钢筋屈服后损伤混凝土梁的抗弯承载力计算分析

对于碳纤维布加固的钢筋混凝土梁，当 $M_y \leqslant M_i < M_u$ 时，对钢筋屈服后混凝土梁进行加固时一般都要卸载，不卸载加固意义不大，此处不予考虑。卸载加固钢筋混凝土梁时，此时考虑二次受力影响下混凝土受拉边缘的初始拉应变 ε_{fo}。

5.3.1 损伤钢筋混凝土梁钢筋加强系数和损伤折减系数

钢筋混凝土梁受到初始荷载 M_i 的作用，当 $M_y \leqslant M_i < M_u$ 时，钢筋屈服后卸载进行加固，此时钢筋混凝土梁有裂缝损伤，混凝土受拉边缘存在初始拉应变 ε_{fo}。

当卸载加固时，由于此时钢筋已经屈服，不仅要考虑钢筋屈服后卸载其应力得到了强化，用钢筋屈服后强化系数 k_q 乘以 f_y 表示。当 $M_0 < M_y$ 时，$k_q = 1$；当 $M_y \leqslant M_0 < M_u$ 时，即冷拉后钢筋屈服强度提高 20% ~30%，结合文献资料本文近似取 $k_q = 1.3$。

考虑卸载时钢筋的残余变形导致混凝土受拉边缘存在裂缝，进而导致在用碳纤维布进行加固时其应力得到折减。假设钢筋屈服后卸载其屈服前的弹性变形仍能够恢复，受压区混凝土没有被压坏。

此时钢筋残余变形 $\Delta\varepsilon=\left(\frac{1-K_o}{K_o}\frac{M_i}{\xi E_c bh_0^2}-\frac{\varphi_s M_y}{\eta E_s A_s h_0}\right)$

其中矩形截面相对受压区高度系数 $K_o=\frac{x_0}{h_0}=\sqrt{a_E^2(\rho_s+\rho_s')^2+2a_E\left(\rho_s+\rho_s'\frac{a'}{h_0}\right)}-a_E(\rho_s+\rho')$

所以 $\varepsilon_{fo}=\frac{h-x}{h_0-x}\Delta\varepsilon$

考虑损伤时,碳纤维复合材料实际抗拉应变未充分利用的损伤折减系数

$$\varphi_f=\frac{(\varepsilon_{cu}h/x)-\varepsilon_{cu}-\varepsilon_{fo}}{\varepsilon_f} \tag{5.34}$$

5.3.2 极限阶段混凝土受压区高度系数的计算

根据试验结果,加固钢筋屈服后损伤梁受弯破坏形式一般有以下两种:①CFRP 断裂;②受拉钢筋屈服后,受压区混凝土压碎。CFRP 断裂时,受压区混凝土未达极限状态,混凝土应力图形有三角形和梯形两种形式。

(1)CFRP 断裂,受压区混凝土应力图形为三角形

如图 5.4 所示的截面应力应变图,混凝土应力图形为三角形分布,从截面应力应变图形有:

$$\varepsilon_c=\frac{K_u}{\gamma_f-K_u}(\varepsilon_{fu}+\varepsilon_{fo}) \tag{5.35}$$

$$\sigma_c=\frac{K_u}{\gamma_f-K_u}(\varepsilon_{fu}+\varepsilon_{fo})E_c \tag{5.36}$$

式中　ε_{fu}——CFRP 极限拉应变。

由水平方向力的平衡得:

$$\frac{1}{2}bK_u h_0\sigma_c+f_y'A_s'=k_q f_y A_s+\varphi_f f_{fu}A_f \tag{5.37}$$

将式(5.36)代入式(5.37),经整理得:

$$\left(\frac{D}{a_{\mathrm{Ef}}}+\frac{DE_{\mathrm{c}}\varepsilon_{\mathrm{fo}}}{f_{\mathrm{fu}}}\right)K_{\mathrm{u}}^{2}-2(\rho_{\mathrm{s}}'-k_{\mathrm{q}}\rho_{\mathrm{s}}-\varphi_{\mathrm{f}}D\gamma_{\mathrm{f}}\rho_{\mathrm{f}})K_{\mathrm{u}}+2(\rho_{\mathrm{s}}'-k_{\mathrm{q}}\rho_{\mathrm{s}}-\varphi_{\mathrm{f}}D\gamma_{\mathrm{f}}\rho_{\mathrm{f}})\gamma_{\mathrm{f}}=0$$

$$K_{\mathrm{u}}=\frac{(\rho_{\mathrm{s}}'-k_{\mathrm{q}}\rho_{\mathrm{s}}-\varphi_{\mathrm{f}}D\gamma_{\mathrm{f}}\rho_{\mathrm{f}})+\sqrt{(\rho_{\mathrm{s}}'-k_{\mathrm{q}}\rho_{\mathrm{s}}-\varphi_{\mathrm{f}}D\gamma_{\mathrm{f}}\rho_{\mathrm{f}})^{2}-2\left(\frac{D}{a_{\mathrm{Ef}}}+\frac{DE_{\mathrm{c}}\varepsilon_{\mathrm{fo}}}{f_{\mathrm{fu}}}\right)\gamma_{\mathrm{f}}(\rho_{\mathrm{s}}'-k_{\mathrm{q}}\rho_{\mathrm{s}}-\varphi_{\mathrm{f}}D\gamma_{\mathrm{f}}\rho_{\mathrm{f}})}}{\frac{D}{a_{\mathrm{Ef}}}+\frac{DE_{\mathrm{c}}\varepsilon_{\mathrm{fo}}}{f_{\mathrm{fu}}}} \tag{5.38}$$

式中　K_{u}——极限状态时混凝土受压区高度系数；

f_{fu}——CFRP 极限抗拉强度；

D——CFRP 极限抗拉强度与受拉钢筋屈服强度之比，即 $D=\dfrac{f_{\mathrm{fu}}}{f_{\mathrm{y}}}$。

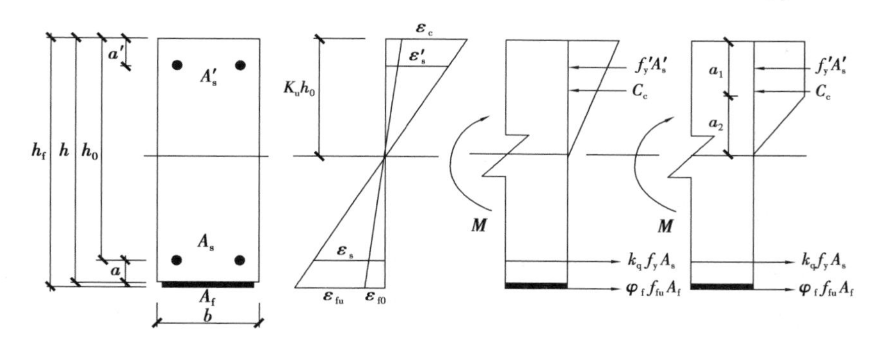

图 5.4　CFRP 断裂时截面应力应变及力的平衡图

（2）CFRP 断裂，受压区混凝土应力图形为梯形

如图 5.4 所示的截面应力应变图，混凝土应力图形为梯形分布，由截面应力应变图形可得：

$$a_2=\frac{\varepsilon_0}{\varepsilon_{\mathrm{c}}}K_{\mathrm{u}}h_0 \tag{5.39}$$

将式（5.35）代入式（5.39）得：

$$a_2=\frac{\varepsilon_0}{\varepsilon_{\mathrm{fu}}+\varepsilon_{\mathrm{fo}}}(\gamma_{\mathrm{f}}-K_{\mathrm{u}})h_0=\frac{f_{\mathrm{c}}}{E_{\mathrm{c}}}\cdot\frac{E_{\mathrm{f}}}{E_{\mathrm{f}}\varepsilon_{\mathrm{fu}}+E_{\mathrm{f}}\varepsilon_{\mathrm{fo}}}(\gamma_{\mathrm{f}}-K_{\mathrm{u}})h_0=\frac{a_{\mathrm{Ef}}f_{\mathrm{c}}}{f_{\mathrm{fu}}+E_{\mathrm{f}}\varepsilon_{\mathrm{fo}}}(\gamma_{\mathrm{f}}-K_{\mathrm{u}})h_0 \tag{5.40}$$

$$a_1=K_uh_0-a_2=\left(1+\frac{a_{Ef}f_c}{f_{fu}+E_f\varepsilon_{fo}}\right)K_uh_0-\frac{a_{Ef}f_c\gamma_fh_0}{f_{fu}+E_f\varepsilon_{fo}} \tag{5.41}$$

式中，$A=\dfrac{f_c}{f_y}$，f_c 为混凝土轴心抗压强度。

故受压区混凝土合力 C_c 为

$$C_c=f_cb\left(a_1+\frac{1}{2}a_2\right)=f_cb\left[\left(1+\frac{1}{2}\frac{a_{Ef}f_c}{f_{fu}+E_f\varepsilon_{fo}}\right)K_uh_0-\frac{1}{2}\frac{a_{Ef}f_c\gamma_fh_0}{f_{fu}+E_f\varepsilon_{fo}}\right] \tag{5.42}$$

由水平方向力的平衡得：

$$C_c+f'_yA'_s=k_qf_yA_s+\varphi_ff_{fu}A_f \tag{5.43}$$

将式(5.42)代入式(5.43)整理得：

$$K_u=\frac{k_q\rho_s+\varphi_fD\gamma_f\rho_f-\rho'_s+\dfrac{1}{2}\dfrac{Aa_{Ef}f_c\gamma_f}{f_{fu}+E_f\varepsilon_{fo}}}{A+\dfrac{1}{2}\dfrac{a_{Ef}f_c}{f_{fu}+E_f\varepsilon_{fo}}} \tag{5.44}$$

(3)受压区混凝土压碎

此种情况一般为受压、受拉钢筋屈服，而 CFRP 未达极限抗拉强度。由于受压区混凝土最外层纤维达到混凝土极限压应变，故受压区混凝土应力图形可视为等效矩形应力图形。从图 5.5 所示的应力应变图形可得：

$$\varepsilon_f=\frac{\gamma_f-K_u}{K_u}\varepsilon_{cu}-\varepsilon_{fo} \tag{5.45}$$

$$\sigma_f=\left(\frac{\gamma_f-K_u}{K_u}\varepsilon_{cu}-\varepsilon_{fo}\right)E_f \tag{5.46}$$

式中　ε_{cu}——混凝土极限压应变。

由截面水平方向力的平衡得：

$$\alpha_1\beta_1f_cbK_uh_0+f'_yA'_s=k_qf_yA_s+\varphi_f\sigma_fA_f \tag{5.47}$$

将式(5.46)代入式(5.47)经整理得：

$$\alpha_1\beta_1AK_y^2+\left[\rho'_s+\frac{\varepsilon_{cu}\varphi_fE_f\gamma_f\rho_f}{f_y}-k_q\rho_s\right]K_u+\frac{\varphi_fE_f\rho_f\gamma_f\varepsilon_{fo}}{f_y}-\frac{\varphi_f\varepsilon_{cu}E_f\gamma_f^2\rho_f}{f_y}=0$$

$$K_u=\frac{\sqrt{\left(\rho_s'+\frac{\varepsilon_{cu}\varphi_f E_f\gamma_f\rho_f}{f_y}-k_q\rho_s\right)^2-4\alpha_1\beta_1 A\frac{\varphi_f E_f\rho_f\gamma_f}{f_y}(\varepsilon_{fo}-\gamma_f\varepsilon_{cu})}-\left(\rho_s'+\frac{\varphi_f\varepsilon_{cu}E_f\gamma_f\rho_f}{f_y}-k_q\rho_s\right)}{2\alpha_1\beta_1 A}\tag{5.48}$$

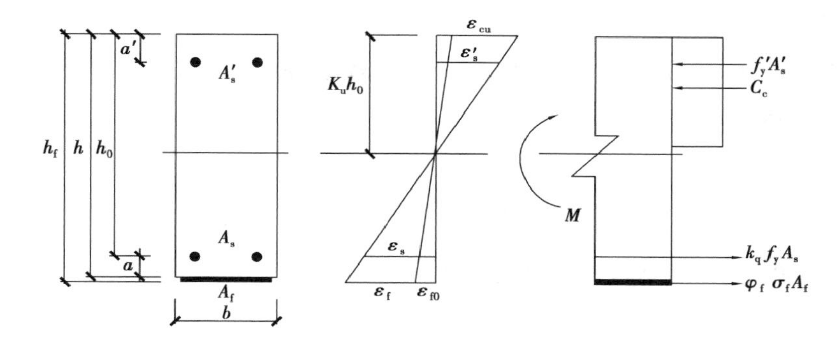

图 5.5　混凝土压碎时截面应力应变及力的平衡图

(4)混凝土应力图形的判别

受压区混凝土为三角形时，$\varepsilon_c<\varepsilon_o$，由式(5.35)得：

$$\frac{K_u}{\gamma_f-K_u}(\varepsilon_{fu}+\varepsilon_{fo})\leqslant\varepsilon_o\tag{5.49}$$

式(5.49)两边同乘以混凝土弹性模量 E_c 并整理得：

$$K_u\leqslant\frac{f_c\gamma_f}{E_c(\varepsilon_{fu}+\varepsilon_{fo})+f_c}\tag{5.50}$$

式(5.50)即为混凝土应力图形的判别式。

先假定受压区混凝土为三角形应力图形，根据式(5.38)计算出的 K_u 若满足式(5.50)，则混凝土应力图形为三角形，否则为梯形。

(5)破坏模式的判断

由式(5.45)可知，若发生 CFRP 断裂，破坏模式需满足下式：

$$\varepsilon_f=\frac{\gamma_f-K_u}{K_u}\varepsilon_{cu}-\varepsilon_{fo}\geqslant\varepsilon_{fu}$$

或

$$K_u \leqslant \gamma_f \frac{\varepsilon_{cu}}{\varepsilon_{cu}+\varepsilon_{fu}+\varepsilon_{fo}} \tag{5.51}$$

先假定发生 CFRP 断裂的破坏形式，若按式(5.38)、式(5.44)解出的 K_u 满足式(5.51)，则发生 CFRP 断裂的破坏形式，否则为受压区混凝土压碎破坏。

5.3.3 CFRP 加固钢筋屈服后损伤钢筋混凝土梁极限阶段抗弯承载力计算

CFRP 加固钢筋屈服后损伤钢筋混凝土梁抗弯承载力计算只有极限阶段计算部分，加固钢筋屈服后损伤混凝土梁极限阶段受弯破坏形式分为 CFRP 断裂与受压区混凝土压碎两种。

①若发生 CFEP 断裂破坏，受压区混凝土应力图形为三角形或梯形。抗弯承载力按下式计算：

$$M_u = k_q f_y A_s \eta h_0 + \varphi_f f_{fu} A_f \left(h_f - \frac{x}{2}\right) + f'_y A'_s \left(\frac{x}{2} - a'\right) \tag{5.52}$$

②若发生受压区混凝土压碎的破坏模式，抗弯承载力按下式计算：

$$M_u = k_q f_y A_s \eta h_0 + \varphi_f \sigma_f A_f \left(h_f - \frac{x}{2}\right) + f'_y A'_s \left(\frac{x}{2} - a'\right) \tag{5.53}$$

③当混凝土受压区高度小于 $2a'$ 时，抗弯承载力按下式计算：

$$M_u = k_q f_y A_s \eta h_0 + \varphi_f \sigma_{fu} A_f (h_f - a') \tag{5.54}$$

5.4 试验资料中纤维布加固损伤钢筋混凝土梁抗弯承载力计算

本文选取了 5 个纤维复合材料加固损伤钢筋混凝土梁的受弯试验，其中试验 1、试验 2 和试验 3 为卸载后进行受弯加固，而试验 3 和试验 4 为不卸载进行受弯加固。

试验1卸载加固的损伤程度为$M_k<M_i<M_y$试验梁，王梓鉴共设计了9根钢筋混凝土梁，L12、L14、L16（数字为底部纵筋的直径）各3根，其截面形式为矩形。钢筋混凝土梁试件的截面尺寸为1 600 mm×150 mm×200 mm；底部纵筋均采用HRB400级钢筋；架立筋采用2根直径为10 mm的HRB400钢筋；箍筋为Φ6@50，配筋图如图5.6所示。混凝土的强度为C30，保护层厚度为20 mm。将9根钢筋混凝土梁（配筋率分别为0.52%、0.75%、1.02%）分为3组，同一配筋率之间加载历程分别为未预加载、预加载至$0.3P_u$、预加载至$0.6P_u$，未预加载的为对比梁，其余为二次受力试验梁。

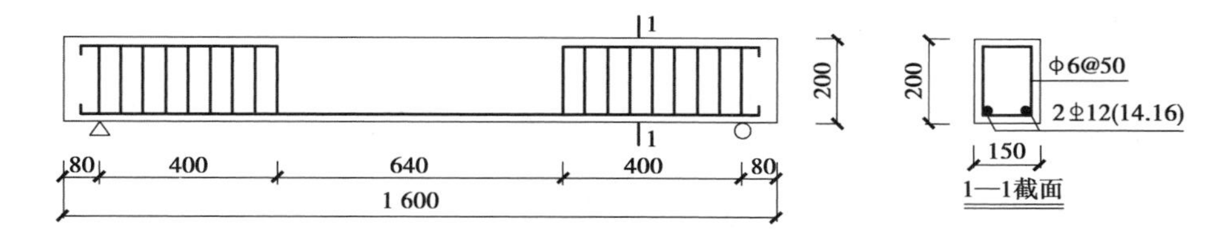

图5.6　试验梁配筋图

（1）试验1：$M_k<M_i<M_y$的卸载加固损伤钢筋混凝土梁情况

①试验梁L12-2、L12-3分别预先加载至$0.3P_u$、$0.6P_u$，完全卸载后再加固，根据试验资料，开裂荷载P_k为13 kN，屈服荷载P_y为58 kN，极限荷载P_u为86 kN。因为$0.3P_u=0.3\times86=25.8$ kN，$0.6P_u=0.6\times86=51.6$ kN，所以2根试验梁$P_k<P_i<P_u$。

$h_0=200-20-6-12\div2=168$(mm)，$\kappa_{mf}=1.16-1\times2.4\times10^5\times0.1\div308\ 000=1.08>1$，取1。

$$\rho_s=\frac{A_s}{bh_0}=\frac{113.1\times2}{150\times168}=8.976\times10^{-3},\rho_f=\frac{A_f}{bh_f}=\frac{150\times1\times0.1}{150\times200.1}=5.0\times10^{-4},A=\frac{f_c}{f_y}=\frac{41.7}{405}=0.103$$

$$\gamma_f=\frac{h_f}{h_0}=\frac{200.1}{168}=1.19,D=\frac{f_{fu}}{f_y}=\frac{3\ 587.2}{405}=8.857,a_{Ef}=\frac{E_f}{E_c}=\frac{2.4\times10^5}{3.0\times10^4}=8$$

先假定受压区混凝土为三角形应力图形，由公式(5.13)得，

$a_{\text{Ef}}(\rho_s'-\rho_s-D\gamma_f\rho_f)=8\times(0-8.976\times10^{-3}-8.857\times1.19\times5\times10^{-4})=-0.1140$，$M_{\text{ok}}=0(\text{kN})$

$$K_u=\frac{a_{\text{Ef}}(\rho_s'-\rho_s-D\gamma_f\rho_f)+\sqrt{a_{\text{Ef}}^2(\rho_s'-\rho_s-D\gamma_f\rho_f)^2-2Da_{\text{Ef}}\gamma_f(\rho_s'-\rho_s-D\gamma_f\rho_f)}}{D}$$

$$=\frac{-0.1140+\sqrt{0.1140^2+2\times8.857\times1.19\times0.1140}}{8.857}=0.1626$$

由式(5.25)得，

因为 $K_u>\dfrac{Aa_{\text{Ef}}\gamma_f}{Aa_{\text{Ef}}+D}=\dfrac{0.103\times8\times1.19}{0.103\times8+8.857}=0.101$，所以混凝土应力图形为梯形。

由公式(5.19b)得，

$$K_u=\frac{\rho_s+D\gamma_f\rho_f-\rho_s'+\dfrac{1}{2}\dfrac{A^2a_{\text{Ef}}\gamma_f}{D}}{A+\dfrac{1}{2}\dfrac{A^2a_{\text{Ef}}}{D}}$$

$$=\frac{8.976\times10^{-3}+8.857\times1.19\times5\times10^{-4}+0.5\times\dfrac{0.103^2}{8.857}\times8\times1.19}{0.103+0.5\times\dfrac{0.103^2}{8.857}\times8}=0.185$$

由式(5.26b)得，

$K_u<\gamma_f\dfrac{\varepsilon_{cu}}{\varepsilon_{cu}+\varepsilon_{fu}}=1.19\times\dfrac{0.0033}{0.0033+0.01}=0.295$，发生 CFRP 断裂的破坏形式。

$x=\beta_1K_uh_0=0.8\times0.185\times168=24.86(\text{mm})$

$\varphi_f=\dfrac{(0.8\varepsilon_{cu}h/x)-\varepsilon_{cu}-\varepsilon_{fo}}{\varepsilon_f}=\dfrac{0.8\times0.0033\times200\div24.86-0.0033}{0.01}=1.794>1$，取 1。

$$M_{\text{L12-2}}=f_yA_s\left(h_0-\frac{x}{2}\right)+\varphi_ff_{fu}A_f\left(h_f-\frac{x}{2}\right)$$

$$=405\times113.1\times2\times\left(168-\frac{24.86}{2}\right)+3587.2\times0.1\times150\times1\times\left(200.1-\frac{24.86}{2}\right)$$

$$=24.4(\text{kN}\cdot\text{m})$$

$$M_{L12-3}=f_yA_s\eta h_0+\varphi_f f_{fu}A_f\left(h_f-\frac{x}{2}\right)$$

$$=405\times113.1\times2\times0.87\times168+3\ 587.2\times0.1\times150\times1\times\left(200.1-\frac{24.86}{2}\right)$$

$$=23.5(\text{kN}\cdot\text{m})$$

②试验梁 L14-2、L14-3 分别预先加载至 $0.3P_u$、$0.6P_u$，完全卸载后再加固，根据试验资料，开裂荷载 P_k 为 16 kN，屈服荷载 P_y 为 72 kN，极限荷载 P_u 为 110 kN。因为 $0.3P_u=0.3\times110=33$ kN，$0.6P_u=0.6\times110=66$ kN，所以 2 根试验梁 $P_k<P_i<P_u$。

$h_0=200-20-6-14\div2=167(\text{mm})$，$\kappa_{mf}=1.16-1\times2.4\times10^5\times0.1\div308\ 000=1.08>1$，取 1。

$$\rho_s=\frac{A_s}{bh_0}=\frac{153.9\times2}{150\times167}=0.012\ 29,\rho_f=\frac{A_f}{bh_f}=\frac{150\times1\times0.1}{150\times200.1}=5.0\times10^{-4},A=\frac{f_c}{f_y}=\frac{41.7}{406}=0.103$$

$$\gamma_f=\frac{h_f}{h_0}=\frac{200.1}{167}=1.198,D=\frac{f_{fu}}{f_y}=\frac{3\ 587.2}{406}=8.835,a_{Ef}=\frac{E_f}{E_c}=\frac{2.4\times10^5}{3.0\times10^4}=8$$

先假定受压区混凝土为三角形应力图形，由公式(5.13)得，

$$a_{Ef}(\rho_s'-\rho_s-D\gamma_f\rho_f)=8\times(0-0.012\ 29-8.835\times1.198\times5\times10^{-4})=-0.140\ 7,M_{ok}=0\ \text{kN}$$

$$K_u=\frac{a_{Ef}(\rho_s'-\rho_s-D\gamma_f\rho_f)+\sqrt{a_{Ef}^2(\rho_s'-\rho_s-D\gamma_f\rho_f)^2-2Da_{Ef}\gamma_f(\rho_s'-\rho_s-D\gamma_f\rho_f)}}{D}$$

$$=\frac{-0.140\ 7+\sqrt{0.140\ 7^2+2\times8.835\times1.198\times0.140\ 7}}{8.835}=0.180\ 1$$

由式(5.25)得，

因为 $K_u>\dfrac{Aa_{Ef}\gamma_f}{Aa_{Ef}+D}=\dfrac{0.103\times8\times1.198}{0.103\times8+8.835}=0.102\ 2$，所以混凝土应力图形为梯形。

由公式(5.19)得，

$$K_u=\frac{\rho_s+D\gamma_f\rho_f-\rho_s'+\frac{1}{2}\frac{A^2a_{Ef}\gamma_f}{D}}{A+\frac{1}{2}\frac{A^2a_{Ef}}{D}}$$

$$=\frac{0.01229+8.835\times1.198\times5\times10^{-4}+0.5\times\frac{0.103^2}{8.835}\times8\times1.198}{0.103+0.5\times\frac{0.103^2}{8.835}\times8}=0.216$$

由式(5.26b)得,

$K_u<\gamma_f\frac{\varepsilon_{cu}}{\varepsilon_{cu}+\varepsilon_{fu}}=1.198\times\frac{0.0033}{0.0033+0.01}=0.297$,发生 CFRP 断裂的破坏形式。

$$x=\beta_1K_uh_0=0.8\times0.216\times167=28.86(\text{mm})$$

$\varphi_f=\frac{(0.8\varepsilon_{cu}h/x)-\varepsilon_{cu}-\varepsilon_{fo}}{\varepsilon_f}=\frac{0.8\times0.0033\times200\div28.86-0.0033}{0.01}=1.5>1$,取 1。

$$M_{L14-2}=f_yA_s\left(h_0-\frac{x}{2}\right)+\varphi_ff_{fu}A_f\left(h_f-\frac{x}{2}\right)$$

$$=406\times153.9\times2\times\left(167-\frac{28.86}{2}\right)+3587.2\times0.1\times150\times1\times\left(200.1-\frac{28.86}{2}\right)$$

$$=29.1\ (\text{kN}\cdot\text{m})$$

$$M_{L14-3}=f_yA_s\eta h_0+\varphi_ff_{fu}A_f\left(h_f-\frac{x}{2}\right)$$

$$=406\times153.9\times2\times0.87\times167+3587.2\times0.1\times150\times1\times\left(200.1-\frac{28.86}{2}\right)$$

$$=28.2(\text{kN}\cdot\text{m})$$

③试验梁 L16-2、L16-3 分别预先加载至 $0.3P_u$、$0.6P_u$,完全卸载后再加固,根据试验资料,开裂荷载 P_k 为 19 kN,屈服荷载 P_y 为 96 kN,极限荷载 P_u 为 142 kN。因为 $0.3P_u=0.3\times142=42.6$ kN,$0.6P_u=0.6\times142=85.2$ kN,所以 2 根试验梁 $P_k<P_i<P_u$。

$h_0=200-20-6-16\div2=166(\text{mm})$,$\kappa_{mf}=1.16-1\times2.4\times10^5\times0.1\div308000=1.08>1$,取 1。

$$\rho_s=\frac{A_s}{bh_0}=\frac{201.1\times2}{150\times166}=0.016\,15,\rho_f=\frac{A_f}{bh_f}=\frac{150\times1\times0.1}{150\times200.1}=5.0\times10^{-4},A=\frac{f_c}{f_y}=\frac{41.7}{410}=0.102$$

$$\gamma_f=\frac{h_f}{h_0}=\frac{200.1}{166}=1.205,D=\frac{f_{fu}}{f_y}=\frac{3\,587.2}{410}=8.749,a_{Ef}=\frac{E_f}{E_c}=\frac{2.4\times10^5}{3.0\times10^4}=8$$

先假定受压区混凝土为三角形应力图形，由公式(5.13)得，

$$a_{Ef}(\rho_s'-\rho_s-D\gamma_f\rho_f)=8\times(0-0.016\,15-8.749\times1.205\times5\times10^{-4})=-0.171\,4,M_{ok}=0(\mathrm{kN})$$

$$K_u=\frac{a_{Ef}(\rho_s'-\rho_s-D\gamma_f\rho_f)+\sqrt{a_{Ef}^2(\rho_s'-\rho_s-D\gamma_f\rho_f)^2-2Da_{Ef}\gamma_f(\rho_s'-\rho_s-D\gamma_f\rho_f)}}{D}$$

$$=\frac{-0.171\,4+\sqrt{0.171\,4^2+2\times8.749\times1.205\times0.171\,4}}{8.749}=0.198\,6$$

由式(5.25)得，

因为 $K_u>\frac{Aa_{Ef}\gamma_f}{Aa_{Ef}+D}=\frac{0.102\times8\times1.205}{0.102\times8+8.749}=0.102\,8$，所以混凝土应力图形为梯形。

由公式(5.19)得，

$$K_u=\frac{\rho_s+D\gamma_f\rho_f-\rho_s'+\frac{1}{2}\frac{A^2a_{Ef}\gamma_f}{D}}{A+\frac{1}{2}\frac{A^2a_{Ef}}{D}}$$

$$=\frac{0.016\,15+8.749\times1.205\times5\times10^{-4}+0.5\times\frac{0.102^2}{8.749}\times8\times1.205}{0.102+0.5\times\frac{0.102^2}{8.749}\times8}=0.254$$

由式(5.26b)得，

$K_u<\gamma_f\frac{\varepsilon_{cu}}{\varepsilon_{cu}+\varepsilon_{fu}}=1.205\times\frac{0.003\,3}{0.003\,3+0.01}=0.299$，发生CFRP断裂的破坏形式。

$$x=\beta_1K_uh_0=0.8\times0.254\times166=33.73(\mathrm{mm})$$

$\varphi_f=\frac{(0.8\varepsilon_{cu}h/x)-\varepsilon_{cu}-\varepsilon_{fo}}{\varepsilon_f}=\frac{0.8\times0.003\,3\times200\div33.73-0.003\,3}{0.01}=1.2>1$，取1。

$$M_{L16-2}=f_yA_s\left(h_0-\frac{x}{2}\right)+\varphi_ff_{fu}A_f\left(h_f-\frac{x}{2}\right)$$

$$=410\times201.2\times2\times\left(166-\frac{33.73}{2}\right)+3\ 587.2\times0.1\times150\times1\times\left(200.1-\frac{33.73}{2}\right)$$

$$=34.5(\text{kN}\cdot\text{m})$$

$$M_{L16-3}=f_yA_s\eta h_0+\varphi_f f_{fu}A_f\left(h_f-\frac{x}{2}\right)$$

$$=410\times201.2\times2\times0.87\times166+3\ 587.2\times0.1\times150\times1\times\left(200.1-\frac{33.73}{2}\right)$$

$$=33.7(\text{kN}\cdot\text{m})$$

试验 2 不卸载加固的不同损伤程度钢筋混凝土试验梁，卜良桃等设计制作钢筋混凝土矩形截面梁试件 4 根，其中 RCFP-1 为未加固的对比试件，RCFP-2、RCFP-3、RCFP-4 为碳纤维板加固试件。RCFP-1 ~ RCFP-4 的配筋情况相同（配筋率为 0.54%），受拉钢筋均为 2 Φ 22，箍筋Φ 6。梁的截面尺寸均为 250 mm×600 mm，长 7 200 mm，跨度 7 000 mm。

加固梁截面尺寸及加载点示意图如图 5.7 所示。

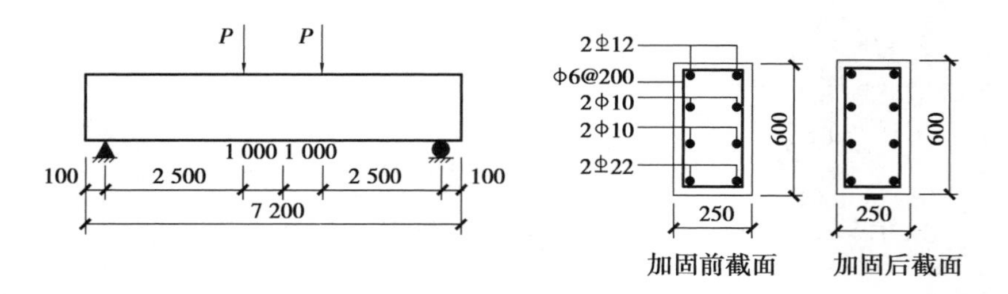

图 5.7　加固梁截面尺寸及加载点示意图

（2）试验 2：$M_k\leqslant M_i\leqslant M_y$ 的不卸载加固的不同损伤程度钢筋混凝土试验梁情况

根据试验资料，开裂弯矩 M_k 为 63.25 kN · m，屈服弯矩 M_y 为 164.27 kN · m，极限弯矩 M_u 为 170.75 kN · m。

①试验梁 RCFP-2 为不卸载加固的二次受力试件，在加固前首先对钢筋混凝土梁进行加载，当荷载加至试件临近开裂但还未开裂时，然后保持荷载不变，用碳纤维板进行加固。试验梁 M_i 接近 M_k。由试验资料得混凝土抗压强度标

准值$f_{ck}=f_{cm}\times(1-1.645\delta_c)=23.4\times(1-1.645\times0.189)=16.12(\mathrm{N/mm^2})$，$\varepsilon_c=0.0018$。

$$\rho_s=5.4\times10^{-3},\rho_s'=0,\rho_f=\frac{A_f}{bh_f}=\frac{1\times250}{250\times601}=1.66\times10^{-3},A=\frac{f_c}{f_y}=\frac{16.12}{345}=0.0467$$

$$h_0=\frac{760}{0.0054\times250}=563(\mathrm{mm}),\gamma_f=\frac{h_f}{h_0}=\frac{601}{563}=1.067,\rho_{te}=\frac{A_s}{0.5bh}=\frac{760}{0.5\times250\times600}$$

$$=0.010133$$

$$a_f=\frac{0.010133-0.01}{0.02-0.01}\times(1.15-0.9)+0.9=0.903325$$

$$\varepsilon_{fo}=\frac{a_fM_{ok}}{E_sA_sh_0}=\frac{0.903325\times69.95\times10^6}{2.0\times10^5\times760\times563}=7.384\times10^{-4}$$

因为试验资料中试件RCFP-2破坏是纵向受拉钢筋屈服，纯弯段受压区混凝土压碎，但纤维板尚未被拉断，由公式(5.23a)得，

$$\rho_s'+\frac{\varepsilon_{cu}E_f\gamma_f\rho_f}{f_y}+\frac{a_fM_{ok}E_f\gamma_f\rho_f}{E_sf_yA_sh_0}-\rho_s$$

$$=\frac{0.0018\times1.65\times10^5\times1.067\times1.66\times10^{-3}}{345}+\frac{7.384\times10^{-4}\times1.65\times10^5\times1.067\times1.66\times10^{-3}}{345}-$$

$$5.4\times10^{-3}$$

$$=-3.25\times10^{-3}$$

$$4\alpha_1\beta_1A\gamma_f^2\rho_f\frac{\varepsilon_{cu}E_f}{f_y}=4\times0.854\times0.738\times0.0467\times1.067^2\times1.66\times10^{-3}\times\frac{0.0018\times1.65\times10^5}{345}$$

$$=1.915\times10^{-4}$$

$$K_u=\frac{\sqrt{\left(\rho_s'+\frac{\varepsilon_{cu}E_f\gamma_f\rho_f}{f_y}+\frac{a_fM_{ok}E_f\gamma_f\rho_f}{E_sf_yA_sh_0}-\rho_s\right)^2+4\alpha_1\beta_1A\gamma_f^2\rho_f\frac{\varepsilon_{cu}E_f}{f_y}}-\left(\rho_s'+\frac{\varepsilon_{cu}E_f\gamma_f\rho_f}{f_y}+\frac{a_fM_{ok}E_f\gamma_f\rho_f}{E_sf_yA_sh_0}-\rho_s\right)}{2\alpha_1\beta_1A}$$

$$=\frac{\sqrt{(3.25\times10^{-3})^2+1.915\times10^{-4}}+3.25\times10^{-3}}{2\times0.854\times0.738\times0.0467}$$

$$=0.2967$$

由式(5.26a)得，

$$K_u>\gamma_f\frac{\varepsilon_{cu}}{\varepsilon_{cu}+\varepsilon_{fu}+\frac{a_fM_{ok}}{E_sA_sh_0}}=1.067\times\frac{0.0033}{0.0033+0.01+7.384\times10^{-4}}=0.2508$$，发生

受压区混凝土压碎破坏形式。

$$x_0=K_u h_0=0.2967\times563=167(\text{mm})$$

$$\varphi_f=\frac{(\varepsilon_{cu}h/x_0)-\varepsilon_{cu}-\varepsilon_{fo}}{\varepsilon_f}=\frac{0.0018\times600\div167-0.0018-7.384\times10^{-4}}{0.01}=0.393$$

$$M_{RCFP-2}=f_yA_s\eta h_0+\varphi_f\sigma_fA_f\left(h_f-\frac{x}{2}\right)$$

$$=345\times760\times0.87\times563+0.393\times1.65\times10^5\times0.01\times250\times1\times\left(601-\frac{0.738\times167}{2}\right)$$

$$=215.9(\text{kN}\cdot\text{m})$$

②试验梁 RCFP-3 为不卸载加固的二次受力试件，在加固前首先对钢筋混凝土梁进行加载，当荷载加至试件最大裂缝宽度为 0.1 mm 时然后保持荷载不变，用碳纤维板进行加固。试验梁 M_i 接近 117 kN · m。由试验资料得

混凝土抗压强度标准值 $f_{ck}=f_{cm}\times(1-1.645\delta_c)=23.4\times(1-1.645\times0.189)=16.12\ \text{N/mm}^2$，$\varepsilon_c=0.0021$。

$$\rho_s=5.4\times10^{-3},\rho_s'=0,\rho_f=\frac{A_f}{bh_f}=\frac{1\times250}{250\times601}=1.66\times10^{-3},A=\frac{f_c}{f_y}=\frac{16.12}{345}=0.0467$$

$$h_0=\frac{760}{0.0054\times250}=563(\text{mm}),\gamma_f=\frac{h_f}{h_0}=\frac{601}{563}=1.067,\rho_{te}=\frac{A_s}{0.5bh}=\frac{760}{0.5\times250\times600}$$

$$=0.010133$$

$$a_f=\frac{0.010133-0.01}{0.02-0.01}\times(1.15-0.9)+0.9=0.903325$$

$$\varepsilon_{fo}=\frac{a_fM_{ok}}{E_sA_sh_0}=\frac{0.903325\times117\times10^6}{2.0\times10^5\times760\times563}=1.235\times10^{-3}$$

因为试验资料中试件 RCFP-3 破坏是纵向受拉钢筋屈服，纯弯段受压区混凝土压碎，但纤维板尚未被拉断，由公式(5.23a)得

$$\rho_s'+\frac{\varepsilon_{cu}E_f\gamma_f\rho_f}{f_y}+\frac{a_fM_{ok}E_f\gamma_f\rho_f}{E_sf_yA_sh_0}-\rho_s$$

$$=\frac{0.0021\times1.65\times10^5\times1.067\times1.66\times10^{-3}}{345}+\frac{1.235\times10^{-3}\times1.65\times10^5\times1.067\times1.66\times10^{-3}}{345}-5.4\times10^{-3}$$

$$=-2.57\times10^{-3}$$

$$4\alpha_1\beta_1A\gamma_f^2\rho_f\frac{\varepsilon_{cu}E_f}{f_y}=4\times0.902\times0.756\times0.0467\times1.067^2\times1.66\times10^{-3}\times\frac{0.0021\times1.65\times10^5}{345}$$

$$=2.418\times10^{-4}$$

$$K_u=\frac{\sqrt{\left(\rho_s'+\frac{\varepsilon_{cu}E_f\gamma_f\rho_f}{f_y}+\frac{a_fM_{ok}E_f\gamma_f\rho_f}{E_sf_yA_sh_0}-\rho_s\right)^2+4\alpha_1\beta_1A\gamma_f^2\rho_f\frac{\varepsilon_{cu}E_f}{f_y}}-\left(\rho_s'+\frac{\varepsilon_{cu}E_f\gamma_f\rho_f}{f_y}+\frac{a_fM_{ok}E_f\gamma_f\rho_f}{E_sf_yA_sh_0}-\rho_s\right)}{2\alpha_1\beta_1A}$$

$$=\frac{\sqrt{(2.57\times10^{-3})^2+2.418\times10^{-4}}+2.57\times10^{-3}}{2\times0.902\times0.756\times0.0467}=0.2878$$

由式(5.26a)得

$$K_u>\gamma_f\frac{\varepsilon_{cu}}{\varepsilon_{cu}+\varepsilon_{fu}+\frac{a_fM_{ok}}{E_sA_sh_0}}=1.067\times\frac{0.0033}{0.0033+0.01+1.235\times10^{-3}}=0.2422$$，发生受压区混凝土压碎破坏形式。

$$x_0=K_uh_0=0.2878\times563=162(\text{mm})$$

$$\varphi_f=\frac{(\varepsilon_{cu}h/x_0)-\varepsilon_{cu}-\varepsilon_{fo}}{\varepsilon_f}=\frac{0.0021\times600\div162-0.0021-1.235\times10^{-3}}{0.01}=0.444$$

$$M_{RCFP-3}=f_yA_s\eta h_0+\varphi_f\sigma_fA_f\left(h_f-\frac{x}{2}\right)$$

$$=345\times760\times0.87\times563+0.444\times1.65\times10^5\times0.01\times250\times1\times\left(601-\frac{0.756\times162}{2}\right)$$

$$=227.3(\text{kN}\cdot\text{m})$$

③试验梁 RCFP-4 为不卸载加固的二次受力试件，在加固前首先对钢筋混凝土梁进行加载，当荷载加至试件最大裂缝宽度大于 0.3 mm，钢筋接近屈服但尚未屈服时，然后保持荷载不变，用碳纤维板进行加固。试验梁 M_i 接近屈服弯矩 164.27 kN · m。由试验资料得混凝土抗压强度标准值 $f_{ck}=f_{cm}\times(1-1.645\delta_c)=23.4\times(1-1.645\times0.189)=16.12(\text{N/mm}^2)$，$\varepsilon_c=0.0028$。

$$\rho_s=5.4\times10^{-3},\rho_s'=0,\rho_f=\frac{A_f}{bh_f}=\frac{1\times250}{250\times601}=1.66\times10^{-3},A=\frac{f_c}{f_y}=\frac{16.12}{345}=0.0467$$

$$h_0=\frac{760}{0.0054\times250}=563(\text{mm}),\gamma_f=\frac{h_f}{h_0}=\frac{601}{563}=1.067,\rho_{te}=\frac{A_s}{0.5bh}=\frac{760}{0.5\times250\times600}$$

$$=0.010133$$

$$a_f=\frac{0.010133-0.01}{0.02-0.01}\times(1.15-0.9)+0.9=0.903325$$

$$\varepsilon_{fo}=\frac{a_fM_{ok}}{E_sA_sh_0}=\frac{0.903325\times164.27\times10^6}{2.0\times10^5\times760\times563}=1.734\times10^{-3}$$

因为试验资料中试件 RCFP-4 破坏是纵向受拉钢筋屈服,纯弯段受压区混凝土压碎,但纤维板尚未被拉断,由公式(5.23a)得,

$$\rho_s'+\frac{\varepsilon_{cu}E_f\gamma_f\rho_f}{f_y}+\frac{a_fM_{ok}E_f\gamma_f\rho_f}{E_sf_yA_sh_0}-\rho_s$$

$$=\frac{0.0028\times1.65\times10^5\times1.067\times1.66\times10^{-3}}{345}+\frac{1.734\times10^{-3}\times1.65\times10^5\times1.067\times1.66\times10^{-3}}{345}-$$

$$5.4\times10^{-3}=-1.56\times10^{-3}$$

$$4\alpha_1\beta_1A\gamma_f^2\rho_f\frac{\varepsilon_{cu}E_f}{f_y}=4\times0.953\times0.799\times0.0467\times1.067^2\times1.66\times10^{-3}\times\frac{0.0028\times1.65\times10^5}{345}=3.6\times10^{-4}$$

$$K_u=\frac{\sqrt{\left(\rho_s'+\frac{\varepsilon_{cu}E_f\gamma_f\rho_f}{f_y}+\frac{a_fM_{ok}E_f\gamma_f\rho_f}{E_sf_yA_sh_0}-\rho_s\right)^2+4\alpha_1\beta_1A\gamma_f^2\rho_f\frac{\varepsilon_{cu}E_f}{f_y}}-\left(\rho_s'+\frac{\varepsilon_{cu}E_f\gamma_f\rho_f}{f_y}+\frac{a_fM_{ok}E_f\gamma_f\rho_f}{E_sf_yA_sh_0}-\rho_s\right)}{2\alpha_1\beta_1A}$$

$$=\frac{\sqrt{(1.56\times10^{-3})^2+3.6\times10^{-4}}+1.56\times10^{-3}}{2\times0.953\times0.799\times0.0467}=0.2896$$

由式(5.26a)得

$$K_u>\gamma_f\frac{\varepsilon_{cu}}{\varepsilon_{cu}+\varepsilon_{fu}+\frac{a_fM_{ok}}{E_sA_sh_0}}=1.067\times\frac{0.0033}{0.0033+0.01+1.734\times10^{-3}}=0.2342$$,发生受压区混凝土压碎破坏形式。

$$x_0=K_uh_0=0.2896\times563=163(\text{mm})$$

$$\varphi_f=\frac{(\varepsilon_{cu}h/x_0)-\varepsilon_{cu}-\varepsilon_{fo}}{\varepsilon_f}=\frac{0.0028\times600\div163-0.0028-1.734\times10^{-3}}{0.01}=0.577$$

$$M_{RCFP-4}=f_yA_s\eta h_0+\varphi_f\sigma_fA_f\left(h_f-\frac{x}{2}\right)$$

$$=345\times760\times0.87\times563+0.577\times1.65\times10^5\times0.01\times250\times1\times\left(601-\frac{0.799\times163}{2}\right)$$

$$=256(\text{kN}\cdot\text{m})$$

试验 3 不卸载加固的损伤钢筋混凝土试验梁，黄楠共设计了 7 根尺寸为 200 mm×200 mm×2 600 mm 钢筋混凝土梁，其中 1 根为无加固钢筋混凝土对比梁，所有构件采用相同的配筋。梁底受拉钢筋采用 3 根直径 12 mm 的 HRB400 级钢筋，纯弯段箍筋为ϕ6@200，混凝土等级为 C30，钢筋保护层厚度为 20 mm。

RC 试验梁配筋图如图 5.8 所示。

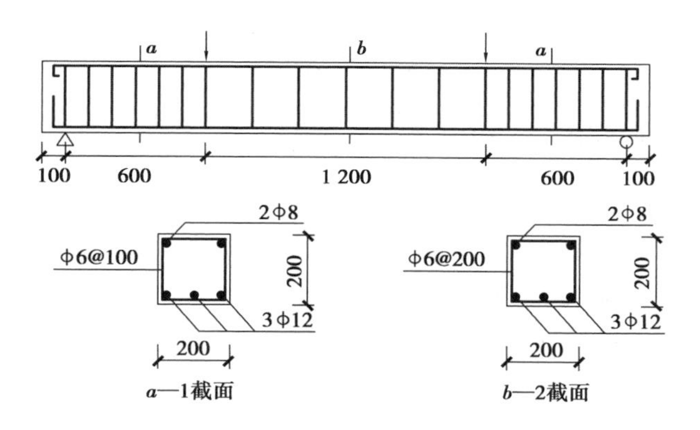

图 5.8　RC 试验梁配筋图

(3)试验 3：初始荷载 $M_i=0$ 与初始荷载 $M_k\leqslant M_i<M_y$ 的不卸载加固的不同损伤程度钢筋混凝土试验梁情况

①试验梁 LA-0-1 为无预加载的钢筋混凝土梁。由试验资料得

混凝土抗压强度标准值 $f_{ck}=f_{cm}\times(1-1.645\delta_c)=36.1\times(1-1.645\times0.172)=25.89(\text{N/mm}^2)$

$$E_c=\frac{10^5}{2.2+\dfrac{34.7}{f_{cu,k}}}=\frac{10^5}{2.2+\dfrac{34.7}{25.89}}=2.82\times10^4(\text{N/mm}^2),h_0=200-20-6-6=168(\text{mm})$$

$$a'=4+6+20=30\text{ mm},\gamma_f=\frac{h_f}{h_0}=\frac{200.167}{168}=1.19,A=\frac{f_c}{f_y}=\frac{25.89}{380}=0.068$$

$$D=\frac{f_{fu}}{f_y}=\frac{3\ 500}{380}=9.211,a_{Ef}=\frac{E_f}{E_c}=\frac{2.2\times10^5}{2.82\times10^4}=7.8,\rho_s=\frac{A_s}{bh_0}=\frac{339}{200\times168}=0.01$$

$$\rho_s'=\frac{A_s'}{bh_0}=\frac{101}{200\times168}=3\times10^{-3},\rho_f=\frac{A_f}{bh_f}=\frac{100\times0.167}{200\times200.167}=4.17\times10^{-4}$$

先假定受压区混凝土为三角形应力图形，由公式(5.13b)得

$$a_{Ef}(\rho_s'-\rho_s-D\gamma_f\rho_f)=7.8\times(3\times10^{-3}-0.01-9.211\times1.19\times4.17\times10^{-4})=-0.09$$

$$K_u=\frac{a_{Ef}(\rho_s'-\rho_s-D\gamma_f\rho_f)+\sqrt{a_{Ef}^2(\rho_s'-\rho_s-D\gamma_f\rho_f)^2-2Da_{Ef}\gamma_f(\rho_s'-\rho_s-D\gamma_f\rho_f)}}{D}$$

$$=\frac{-0.09+\sqrt{0.09^2+2\times9.211\times1.19\times0.09}}{9.211}=0.143$$

由式(5.25b)得

$K_u>\frac{Aa_{Ef}\gamma_f}{Aa_{Ef}+D}=\frac{0.068\times7.8\times1.19}{0.068\times7.8+9.211}=0.064$，所以混凝土应力图形为梯形。

由公式(5.19b)得

$$K_u=\frac{\rho_s+D\gamma_f\rho_f-\rho_s'+\frac{1}{2}\frac{A^2a_{Ef}\gamma_f}{D}}{A+\frac{1}{2}\frac{A^2a_{Ef}}{D}}$$

$$=\frac{0.01+9.211\times1.19\times4.17\times10^{-4}-3\times10^{-3}+0.5\times\frac{0.068^2}{9.211}\times7.8\times1.19}{0.068+0.5\times\frac{0.068^2}{9.211}\times7.8}=0.199$$

由式(5.26b)得

$K_u<\gamma_f\frac{\varepsilon_{cu}}{\varepsilon_{cu}+\varepsilon_{fu}}=1.19\times\frac{0.0033}{0.0033+0.01}=0.295$，发生 CFRP 断裂的破坏形式。

$x=\beta_1K_uh_0=0.8\times0.199\times168=26.75(\text{mm})<2a'$，取 $x=2a'=60(\text{mm})$，此时近似取 $x_0=60(\text{mm})$。

$$\varphi_f=\frac{(\varepsilon_{cu}h/x_0)-\varepsilon_{cu}-\varepsilon_{fo}}{\varepsilon_f}=\frac{0.0033\times200\div60-0.0033}{0.01}=0.77$$

$$P=\frac{2M}{l}=\frac{2[f_yA_s(h_0-a')+\varphi_ff_{fu}A_f(h_f-a')]}{l}$$

$$=\frac{2\times[380\times339\times(168-30)+0.77\times2.2\times10^5\times0.01\times1\times100\times0.167\times(200.167-30)]}{600}$$

$=75.3(\text{kN})$

②试验梁LA-0-2为无预加载的钢筋混凝土梁,由试验资料得

混凝土抗压强度标准值$f_{ck}=f_{cm}\times(1-1.645\delta_c)=36.1\times(1-1.645\times0.172)=$ $25.89(\text{N/mm}^2)$。

$$E_c=\frac{10^5}{2.2+\frac{34.7}{f_{cu,k}}}=\frac{10^5}{2.2+\frac{34.7}{25.89}}=2.82\times10^4\ \text{N/mm}^2,h_0=200-20-6-6=168(\text{mm})$$

$$a'=4+6+20=30(\text{mm}),\gamma_f=\frac{h_f}{h_0}=\frac{200.167}{168}=1.19,A=\frac{f_c}{f_y}=\frac{25.89}{380}=0.068$$

$$D=\frac{f_{fu}}{f_y}=\frac{3\ 500}{380}=9.211,a_{Ef}=\frac{E_f}{E_c}=\frac{2.2\times10^5}{2.82\times10^4}=7.8,\rho_s=\frac{A_s}{bh_0}=\frac{339}{200\times168}=0.01$$

$$\rho_s'=\frac{A_s'}{bh_0}=\frac{101}{200\times168}=3\times10^{-3},\rho_f=\frac{A_f}{bh_f}=\frac{200\times0.167}{200\times200.167}=8.34\times10^{-4}$$

先假定受压区混凝土为三角形应力图形,由式(5.13b)得

$$a_{Ef}(\rho_s'-\rho_s-D\gamma_f\rho_f)=7.8\times(3\times10^{-3}-0.01-9.211\times1.19\times8.34\times10^{-4})=-0.125\ 9$$

$$K_u=\frac{a_{Ef}(\rho_s'-\rho_s-D\gamma_f\rho_f)+\sqrt{a_{Ef}^2(\rho_s'-\rho_s-D\gamma_f\rho_f)^2-2Da_{Ef}\gamma_f(\rho_s'-\rho_s-D\gamma_f\rho_f)}}{D}$$

$$=\frac{-0.125\ 9+\sqrt{0.125\ 9^2+2\times9.211\times1.19\times0.125\ 9}}{9.211}=0.167$$

由式(5.25b)得

$K_u>\dfrac{Aa_{Ef}\gamma_f}{Aa_{Ef}+D}=\dfrac{0.068\times7.8\times1.19}{0.068\times7.8+9.211}=0.064$,所以混凝土应力图形为梯形。

由式(5.19b)得

$$K_u=\frac{\rho_s+D\gamma_f\rho_f-\rho_s'+\frac{1}{2}\frac{A^2a_{Ef}\gamma_f}{D}}{A+\frac{1}{2}\frac{A^2a_{Ef}}{D}}$$

$$=\frac{0.01+9.211\times1.19\times8.34\times10^{-4}-3\times10^{-3}+0.5\times\dfrac{0.068^2}{9.211}\times7.8\times1.19}{0.068+0.5\times\dfrac{0.068^2}{9.211}\times7.8}=0.264$$

由式(5.26b)得

$K_u<\gamma_f\dfrac{\varepsilon_{cu}}{\varepsilon_{cu}+\varepsilon_{fu}}=1.19\times\dfrac{0.003\ 3}{0.003\ 3+0.01}=0.295$，发生 CFRP 断裂的破坏形式。

$x=\beta_1K_uh_0=0.8\times0.264\times168=35.48(\mathrm{mm})<2a'$，取 $x=2a'=60(\mathrm{mm})$，此时近似取 $x_0=60(\mathrm{mm})$。

$$\varphi_f=\frac{(\varepsilon_{cu}h/x_0)-\varepsilon_{cu}-\varepsilon_{fo}}{\varepsilon_f}=\frac{0.003\ 3\times200\div60-0.003\ 3}{0.01}=0.77$$

$$P=\frac{2M}{l}=\frac{2[f_yA_s(h_0-a')+\varphi_ff_{fu}A_f(h_f-a')]}{l}$$

$$=\frac{2\times[380\times339\times(168-30)+0.77\times2.2\times10^5\times0.01\times1\times200\times0.167\times(200.167-30)]}{600}$$

$$=91.4(\mathrm{kN})$$

③试验梁 LB-1-1 为预加载至 $0.32M_u$ 的钢筋混凝土梁，保持荷载贴纤维布，待其和梁结合良好后，加载至破坏。由试验资料得，

混凝土抗压强度标准值 $f_{ck}=f_{cm}\times(1-1.645\delta_c)=36.1\times(1-1.645\times0.172)=25.89(\mathrm{N/mm^2})$。

$$E_c=\frac{10^5}{2.2+\dfrac{34.7}{f_{cu,k}}}=\frac{10^5}{2.2+\dfrac{34.7}{25.89}}=2.82\times10^4(\mathrm{N/mm^2}),h_0=200-20-6-6=168(\mathrm{mm})$$

$$a'=4+6+20=30(\mathrm{mm}),\gamma_f=\frac{h_f}{h_0}=\frac{200.167}{168}=1.19,A=\frac{f_c}{f_y}=\frac{25.89}{380}=0.068$$

$$D=\frac{f_{fu}}{f_y}=\frac{3\ 500}{380}=9.211,a_{Ef}=\frac{E_f}{E_c}=\frac{2.2\times10^5}{2.82\times10^4}=7.8,\rho_s=\frac{A_s}{bh_0}=\frac{339}{200\times168}=0.01$$

$$\rho_s'=\frac{A_s'}{bh_0}=\frac{101}{200\times168}=3\times10^{-3},\rho_f=\frac{A_f}{bh_f}=\frac{100\times0.167}{200\times200.167}=4.17\times10^{-4}$$

$$\rho_{te}=\frac{A_s}{0.5bh}=\frac{339}{0.5\times200\times200}=0.016\ 95$$

$$a_{\mathrm{f}}=\frac{0.01695-0.01}{0.02-0.01}\times(1.15-0.9)+0.9=1.07375$$

$$\varepsilon_{\mathrm{fo}}=\frac{a_{\mathrm{f}}M_{\mathrm{ok}}}{E_{\mathrm{s}}A_{\mathrm{s}}h_0}=\frac{1.07375\times0.32\times\frac{1}{2}\times71\times10^3\times600}{2.0\times10^5\times339\times168}=6.425\times10^{-4}$$

先假定受压区混凝土为三角形应力图形，由式(5.13a)得

$$a_{\mathrm{Ef}}(\rho_{\mathrm{s}}'-\rho_{\mathrm{s}}-D\gamma_{\mathrm{f}}\rho_{\mathrm{f}})=7.8\times(3\times10^{-3}-0.01-9.211\times1.19\times4.17\times10^{-4})=-0.09$$

$$D+\frac{E_{\mathrm{f}}a_{\mathrm{f}}M_{\mathrm{ok}}}{E_{\mathrm{s}}f_{\mathrm{y}}A_{\mathrm{s}}h_0}=9.211+\frac{2.2\times10^5}{380}\times6.425\times10^{-4}=9.583$$

$$K_{\mathrm{u}}=\frac{a_{\mathrm{Ef}}(\rho_{\mathrm{s}}'-\rho_{\mathrm{s}}-D\gamma_{\mathrm{f}}\rho_{\mathrm{f}})+\sqrt{a_{\mathrm{Ef}}^2(\rho_{\mathrm{s}}'-\rho_{\mathrm{s}}-D\gamma_{\mathrm{f}}\rho_{\mathrm{f}})^2-2\left(D+\frac{E_{\mathrm{f}}a_{\mathrm{f}}M_{\mathrm{ok}}}{E_{\mathrm{s}}f_{\mathrm{y}}A_{\mathrm{s}}h_0}\right)a_{\mathrm{Ef}}\gamma_{\mathrm{f}}(\rho_{\mathrm{s}}'-\rho_{\mathrm{s}}-D\gamma_{\mathrm{f}}\rho_{\mathrm{f}})}}{D+\frac{E_{\mathrm{f}}a_{\mathrm{f}}M_{\mathrm{ok}}}{E_{\mathrm{s}}f_{\mathrm{y}}A_{\mathrm{s}}h_0}}$$

$$=\frac{-0.09+\sqrt{0.09^2+2\times9.583\times1.19\times0.09}}{9.583}=0.1404$$

由式(5.25a)得

$K_{\mathrm{u}}>\dfrac{Aa_{\mathrm{Ef}}\gamma_{\mathrm{f}}}{Aa_{\mathrm{Ef}}+D+\frac{E_{\mathrm{f}}a_{\mathrm{f}}M_{\mathrm{ok}}}{E_{\mathrm{s}}f_{\mathrm{y}}A_{\mathrm{s}}h_0}}=\dfrac{0.068\times7.8\times1.19}{0.068\times7.8+9.583}=0.062$，所以混凝土应力图形为梯形。

由式(5.19a)得

$$K_{\mathrm{u}}=\frac{\rho_{\mathrm{s}}+D\gamma_{\mathrm{f}}\rho_{\mathrm{f}}-\rho_{\mathrm{s}}'+\frac{1}{2}\dfrac{A^2a_{\mathrm{Ef}}\gamma_{\mathrm{f}}}{D+\frac{E_{\mathrm{f}}a_{\mathrm{f}}M_{\mathrm{ok}}}{E_{\mathrm{s}}f_{\mathrm{y}}A_{\mathrm{s}}h_0}}}{A+\frac{1}{2}\dfrac{A^2a_{\mathrm{Ef}}}{D+\frac{E_{\mathrm{f}}a_{\mathrm{f}}M_{\mathrm{ok}}}{E_{\mathrm{s}}f_{\mathrm{y}}A_{\mathrm{s}}h_0}}}$$

$$=\frac{0.01+9.211\times1.19\times4.17\times10^{-4}-3\times10^{-3}+0.5\times\dfrac{0.068^2\times7.8\times1.19}{9.583}}{0.068+0.5\times\dfrac{0.068^2\times7.8}{9.583}}=0.1976$$

由式(5.26b)得

$K_u<\gamma_f\dfrac{\varepsilon_{cu}}{\varepsilon_{cu}+\varepsilon_{fu}}=1.19\times\dfrac{0.0033}{0.0033+0.01}=0.295$,发生 CFRP 断裂的破坏形式。

$x=\beta_1K_uh_0=0.8\times0.1976\times168=26.56(\text{mm})<2a'$,取 $x=2a'=60(\text{mm})$,此时近似取 $x_0=60(\text{mm})$。

$$\varphi_f=\frac{(\varepsilon_{cu}h/x_0)-\varepsilon_{cu}-\varepsilon_{fo}}{\varepsilon_f}=\frac{0.0033\times200\div60-0.0033-6.425\times10^{-4}}{0.01}=0.70575$$

$$P=\frac{2M}{l}=\frac{2[f_yA_s\eta h_0+\varphi_f\sigma_fA_f(h_f-a')]}{l}$$

$$=\frac{2\times[380\times339\times0.87\times168+0.70575\times2.2\times10^5\times0.01\times1\times100\times0.167\times(200.167-30)]}{600}=77.5(\text{kN})$$

④试验梁 LB-2-1 为预加载至 $0.45M_u$ 的钢筋混凝土梁,保持荷载贴纤维布,待其和梁结合良好后,加载至破坏。由试验资料得,

混凝土抗压强度标准值 $f_{ck}=f_{cm}\times(1-1.645\delta_c)=36.1\times(1-1.645\times0.172)=25.89(\text{N/mm}^2)$。

$$E_c=\frac{10^5}{2.2+\dfrac{34.7}{f_{cu,k}}}=\frac{10^5}{2.2+\dfrac{34.7}{25.89}}=2.82\times10^4(\text{N/mm}^2),h_0=200-20-6-6=168(\text{mm})$$

$$a'=4+6+20=30(\text{mm}),\gamma_f=\frac{h_f}{h_0}=\frac{200.167}{168}=1.19,A=\frac{f_c}{f_y}=\frac{25.89}{380}=0.068$$

$$D=\frac{f_{fu}}{f_y}=\frac{3500}{380}=9.211,a_{Ef}=\frac{E_f}{E_c}=\frac{2.2\times10^5}{2.82\times10^4}=7.8,\rho_s=\frac{A_s}{bh_0}=\frac{339}{200\times168}=0.01$$

$$\rho_s'=\frac{A_s'}{bh_0}=\frac{101}{200\times168}=3\times10^{-3},\rho_f=\frac{A_f}{bh_f}=\frac{100\times0.167}{200\times200.167}=4.17\times10^{-4}$$

$$\rho_{te}=\frac{A_s}{0.5bh}=\frac{339}{0.5\times200\times200}=0.01695$$

$$a_f=\frac{0.01695-0.01}{0.02-0.01}\times(1.15-0.9)+0.9=1.07375$$

$$\varepsilon_{fo}=\frac{a_fM_{ok}}{E_sA_sh_0}=\frac{1.07375\times0.45\times\dfrac{1}{2}\times71\times10^3\times600}{2.0\times10^5\times339\times168}=9.036\times10^{-4}$$

先假定受压区混凝土为三角形应力图形，由式(5.13a)得

$$a_{\mathrm{Ef}}(\rho_s'-\rho_s-D\gamma_f\rho_f)=7.8\times(3\times10^{-3}-0.01-9.211\times1.19\times4.17\times10^{-4})=-0.09$$

$$D+\frac{E_f a_f M_{ok}}{E_s f_y A_s h_0}=9.211+\frac{2.2\times10^5}{380}\times9.036\times10^{-4}=9.734$$

$$K_u=\frac{a_{\mathrm{Ef}}(\rho_s'-\rho_s-D\gamma_f\rho_f)+\sqrt{a_{\mathrm{Ef}}^2(\rho_s'-\rho_s-D\gamma_f\rho_f)^2-2\left(D+\dfrac{E_f a_f M_{ok}}{E_s f_y A_s h_0}\right)a_{\mathrm{Ef}}\gamma_f(\rho_s'-\rho_s-D\gamma_f\rho_f)}}{D+\dfrac{E_f a_f M_{ok}}{E_s f_y A_s h_0}}$$

$$=\frac{-0.09+\sqrt{0.09^2+2\times9.734\times1.19\times0.09}}{9.734}=0.139\ 4$$

由式(5.25a)得

$K_u>\dfrac{Aa_{\mathrm{Ef}}\gamma_f}{Aa_{\mathrm{Ef}}+D+\dfrac{E_f a_f M_{ok}}{E_s f_y A_s h_0}}=\dfrac{0.068\times7.8\times1.19}{0.068\times7.8+9.734}=0.061$，所以混凝土应力图形为梯形。

由式(5.19a)得

$$K_u=\frac{\rho_s+D\gamma_f\rho_f-\rho_s'+\dfrac{1}{2}\dfrac{A^2 a_{\mathrm{Ef}}\gamma_f}{D+\dfrac{E_f a_f M_{ok}}{E_s f_y A_s h_0}}}{A+\dfrac{1}{2}\dfrac{A^2 a_{\mathrm{Ef}}}{D+\dfrac{E_f a_f M_{ok}}{E_s f_y A_s h_0}}}$$

$$=\frac{0.01+9.211\times1.19\times4.17\times10^{-4}-3\times10^{-3}+0.5\times\dfrac{0.068^2\times7.8\times1.19}{9.734}}{0.068+0.5\times\dfrac{0.068^2\times7.8}{9.734}}=0.197\ 2$$

由式(5.26b)得

$K_u<\gamma_f\dfrac{\varepsilon_{cu}}{\varepsilon_{cu}+\varepsilon_{fu}}=1.19\times\dfrac{0.003\ 3}{0.003\ 3+0.01}=0.295$，发生 CFRP 断裂的破坏形式。

$x=\beta_1 K_u h_0=0.8\times0.197\ 2\times168=26.5(\mathrm{mm})<2a'$，取 $x=2a'=60(\mathrm{mm})$，此时

近似取 $x_0=60(\text{mm})$。

$$\varphi_f=\frac{(\varepsilon_{cu}h/x_0)-\varepsilon_{cu}-\varepsilon_{fo}}{\varepsilon_f}=\frac{0.0033\times200\div60-0.0033-9.036\times10^{-4}}{0.01}=0.67964$$

$$P=\frac{2M}{l}=\frac{2[f_yA_s\eta h_0+\varphi_f\sigma_fA_f(h_f-a')]}{l}$$

$$=\frac{2\times[380\times339\times0.87\times168+0.67964\times2.2\times10^5\times0.01\times1\times100\times0.167\times(200.167-30)]}{600}$$

$$=76.9(\text{kN})$$

⑤试验梁 LB-2-2 为预加载至 $0.45M_u$ 的钢筋混凝土梁，保持荷载贴纤维布，待其和梁结合良好后，加载至破坏。由试验资料得，

混凝土抗压强度标准值 $f_{ck}=f_{cm}\times(1-1.645\delta_c)=36.1\times(1-1.645\times0.172)=25.89(\text{N/mm}^2)$。

$$E_c=\frac{10^5}{2.2+\frac{34.7}{f_{cu,k}}}=\frac{10^5}{2.2+\frac{34.7}{25.89}}=2.82\times10^4(\text{N/mm}^2),h_0=200-20-6-6=168(\text{mm})$$

$$a'=4+6+20=30(\text{mm}),\gamma_f=\frac{h_f}{h_0}=\frac{200.167}{168}=1.19,A=\frac{f_c}{f_y}=\frac{25.89}{380}=0.068$$

$$D=\frac{f_{fu}}{f_y}=\frac{3500}{380}=9.211,a_{Ef}=\frac{E_f}{E_c}=\frac{2.2\times10^5}{2.82\times10^4}=7.8,\rho_s=\frac{A_s}{bh_0}=\frac{339}{200\times168}=0.01$$

$$\rho_s'=\frac{A_s'}{bh_0}=\frac{101}{200\times168}=3\times10^{-3},\rho_f=\frac{A_f}{bh_f}=\frac{200\times0.167}{200\times200.167}=8.34\times10^{-4}$$

$$\rho_{te}=\frac{A_s}{0.5bh}=\frac{339}{0.5\times200\times200}=0.01695$$

$$a_f=\frac{0.01695-0.01}{0.02-0.01}\times(1.15-0.9)+0.9=1.07375$$

$$\varepsilon_{fo}=\frac{a_fM_{ok}}{E_sA_sh_0}=\frac{1.07375\times0.45\times\frac{1}{2}\times71\times10^3\times600}{2.0\times10^5\times339\times168}=9.036\times10^{-4}$$

先假定受压区混凝土为三角形应力图形，由式(5.13a)得

$$a_{Ef}(\rho_s'-\rho_s-D\gamma_f\rho_f)=7.8\times(3\times10^{-3}-0.01-9.211\times1.19\times8.34\times10^{-4})=-0.1259$$

$$D+\frac{E_f a_f M_{ok}}{E_s f_y A_s h_0}=9.211+\frac{2.2\times10^5}{380}\times9.036\times10^{-4}=9.734$$

$$K_u=\frac{a_{Ef}(\rho_s'-\rho_s-D\gamma_f\rho_f)+\sqrt{a_{Ef}^2(\rho_s'-\rho_s-D\gamma_f\rho_f)^2-2\left(D+\frac{E_f a_f M_{ok}}{E_s f_y A_s h_0}\right)a_{Ef}\gamma_f(\rho_s'-\rho_s-D\gamma_f\rho_f)}}{D+\frac{E_f a_f M_{ok}}{E_s f_y A_s h_0}}$$

$$=\frac{-0.1259+\sqrt{0.1259^2+2\times9.734\times1.19\times0.1259}}{9.734}=0.1630$$

由式(5.25a)得

$K_u>\dfrac{Aa_{Ef}\gamma_f}{Aa_{Ef}+D+\dfrac{E_f a_f M_{ok}}{E_s f_y A_s h_0}}=\dfrac{0.068\times7.8\times1.19}{0.068\times7.8+9.734}=0.061$，所以混凝土应力图形为梯形。

由式(5.19a)得

$$K_u=\frac{\rho_s+D\gamma_f\rho_f-\rho_s'+\frac{1}{2}\frac{A^2a_{Ef}\gamma_f}{D+\frac{E_f a_f M_{ok}}{E_s f_y A_s h_0}}}{A+\frac{1}{2}\frac{A^2a_{Ef}}{D+\frac{E_f a_f M_{ok}}{E_s f_y A_s h_0}}}$$

$$=\frac{0.01+9.211\times1.19\times8.34\times10^{-4}-3\times10^{-3}+0.5\times\frac{0.068^2\times7.8\times1.19}{9.734}}{0.068+0.5\times\frac{0.068^2\times7.8}{9.734}}=0.2626$$

由式(5.26b)得

$K_u<\gamma_f\dfrac{\varepsilon_{cu}}{\varepsilon_{cu}+\varepsilon_{fu}}=1.19\times\dfrac{0.0033}{0.0033+0.01}=0.295$，发生CFRP断裂的破坏形式。

$x=\beta_1K_uh_0=0.8\times0.2626\times168=35.29(\text{mm})<2a'$，取 $x=2a'=60(\text{mm})$，此时近似取 $x_0=60(\text{mm})$。

$$\varphi_f=\frac{(\varepsilon_{cu}h/x_0)-\varepsilon_{cu}-\varepsilon_{fo}}{\varepsilon_f}=\frac{0.0033\times200\div60-0.0033-9.036\times10^{-4}}{0.01}=0.67964$$

$$P=\frac{2M}{l}=\frac{2[f_yA_s\eta h_0+\varphi_f\sigma_fA_f(h_f-a')]}{l}$$

$$=\frac{2\times[380\times339\times0.87\times168+0.679\ 64\times2.2\times10^5\times0.01\times1\times200\times0.167\times(200.167-30)]}{600}$$

$$=91.1(\mathrm{kN})$$

⑥试验梁 LB-3-2 为预加载至 $0.58M_u$ 的钢筋混凝土梁,保持荷载贴纤维布,待其和梁结合良好后，加载至破坏。由试验资料得

混凝土抗压强度标准值 $f_{ck}=f_{cm}\times(1-1.645\delta_c)=36.1\times(1-1.645\times0.172)=25.89(\mathrm{N/mm^2})$。

$$E_c=\frac{10^5}{2.2+\dfrac{34.7}{f_{cu,k}}}=\frac{10^5}{2.2+\dfrac{34.7}{25.89}}=2.82\times10^4(\mathrm{N/mm^2}),h_0=200-20-6-6=168(\mathrm{mm})$$

$$a'=4+6+20=30(\mathrm{mm}),\gamma_f=\frac{h_f}{h_0}=\frac{200.167}{168}=1.19,A=\frac{f_c}{f_y}=\frac{25.89}{380}=0.068$$

$$D=\frac{f_{fu}}{f_y}=\frac{3\ 500}{380}=9.211,a_{Ef}=\frac{E_f}{E_c}=\frac{2.2\times10^5}{2.82\times10^4}=7.8,\rho_s=\frac{A_s}{bh_0}=\frac{339}{200\times168}=0.01$$

$$\rho_s'=\frac{A_s'}{bh_0}=\frac{101}{200\times168}=3\times10^{-3},\rho_f=\frac{A_f}{bh_f}=\frac{200\times0.167}{200\times200.167}=8.34\times10^{-4}$$

$$\rho_{te}=\frac{A_s}{0.5bh}=\frac{339}{0.5\times200\times200}=0.016\ 95$$

$$a_f=\frac{0.016\ 95-0.01}{0.02-0.01}\times(1.15-0.9)+0.9=1.073\ 75$$

$$\varepsilon_{fo}=\frac{a_fM_{ok}}{E_sA_sh_0}=\frac{1.073\ 75\times0.58\times\dfrac{1}{2}\times71\times10^3\times600}{2.0\times10^5\times339\times168}=1.165\times10^{-3}$$

先假定受压区混凝土为三角形应力图形,由式(5.13a)得

$$a_{Ef}(\rho_s'-\rho_s-D\gamma_f\rho_f)=7.8\times(3\times10^{-3}-0.01-9.211\times1.19\times8.34\times10^{-4})=-0.125\ 9$$

$$D+\frac{E_fa_fM_{ok}}{E_sf_yA_sh_0}=9.211+\frac{2.2\times10^5}{380}\times1.165\times10^{-3}=9.885$$

$$K_u=\frac{a_{Ef}(\rho_s'-\rho_s-D\gamma_f\rho_f)+\sqrt{a_{Ef}^2(\rho_s'-\rho_s-D\gamma_f\rho_f)^2-2\left(D+\frac{E_f a_f M_{ok}}{E_s f_y A_s h_0}\right)a_{Ef}\gamma_f(\rho_s'-\rho_s-D\gamma_f\rho_f)}}{D+\frac{E_f a_f M_{ok}}{E_s f_y A_s h_0}}$$

$$=\frac{-0.125\,9+\sqrt{0.125\,9^2+2\times 9.885\times 1.19\times 0.125\,9}}{9.885}=0.161\,8$$

由式(5.25a)得

$K_u>\dfrac{Aa_{Ef}\gamma_f}{Aa_{Ef}+D+\dfrac{E_f a_f M_{ok}}{E_s f_y A_s h_0}}=\dfrac{0.068\times 7.8\times 1.19}{0.068\times 7.8+9.885}=0.061$，所以混凝土应力图形为梯形。

由式(5.19a)得

$$K_u=\frac{\rho_s+D\gamma_f\rho_f-\rho_s'+\frac{1}{2}\dfrac{A^2 a_{Ef}\gamma_f}{D+\frac{E_f a_f M_{ok}}{E_s f_y A_s h_0}}}{A+\frac{1}{2}\dfrac{A^2 a_{Ef}}{D+\frac{E_f a_f M_{ok}}{E_s f_y A_s h_0}}}$$

$$=\frac{0.01+9.211\times 1.19\times 8.34\times 10^{-4}-3\times 10^{-3}+0.5\times\frac{0.068^2\times 7.8\times 1.19}{9.885}}{0.068+0.5\times\frac{0.068^2\times 7.8}{9.885}}=0.262\,3$$

由式(5.26b)得

$K_u<\gamma_f\dfrac{\varepsilon_{cu}}{\varepsilon_{cu}+\varepsilon_{fu}}=1.19\times\dfrac{0.003\,3}{0.003\,3+0.01}=0.295$，发生 CFRP 断裂的破坏形式。

$x=\beta_1 K_u h_0=0.8\times 0.262\,3\times 168=35.25(\text{mm})<2a'$，取 $x=2a'=60(\text{mm})$，此时近似取 $x_0=60(\text{mm})$。

$$\varphi_f=\frac{(\varepsilon_{cu}h/x_0)-\varepsilon_{cu}-\varepsilon_{fo}}{\varepsilon_f}=\frac{0.003\,3\times 200\div 60-0.003\,3-1.165\times 10^{-3}}{0.01}=0.653\,5$$

$$P=\frac{2M}{l}=\frac{2[f_y A_s\eta h_0+\varphi_f\sigma_f A_f(h_f-a')]}{l}$$

$$=\frac{2\times[380\times339\times0.87\times168+0.6535\times2.2\times10^{5}\times0.01\times1\times200\times0.167\times(200.167-30)]}{600}$$

$$=90.0(\text{kN})$$

试验 4 卸载加固的损伤程度为接近屈服试验梁,刘相共设计了 5 根钢筋混凝土简支梁,其中 1 根为对比梁,其余 4 根为受损钢筋混凝土简支梁(加载至其跨中最大裂缝宽度达 0.2 ~0.3 mm 后卸载),然后利用碳纤维布对其进行加固。试验梁尺寸均为 100 mm×250 mm×2 600 mm,净跨 2 400 mm。梁受拉钢筋均为 2 Φ12,受压钢筋 2 Φ6.5,纯弯段箍筋Φ6.5@200,剪弯段为Φ6.5@50,配筋如图 5.9 所示,采用 C30 商品细石混凝土,保护层厚度为 15 mm。

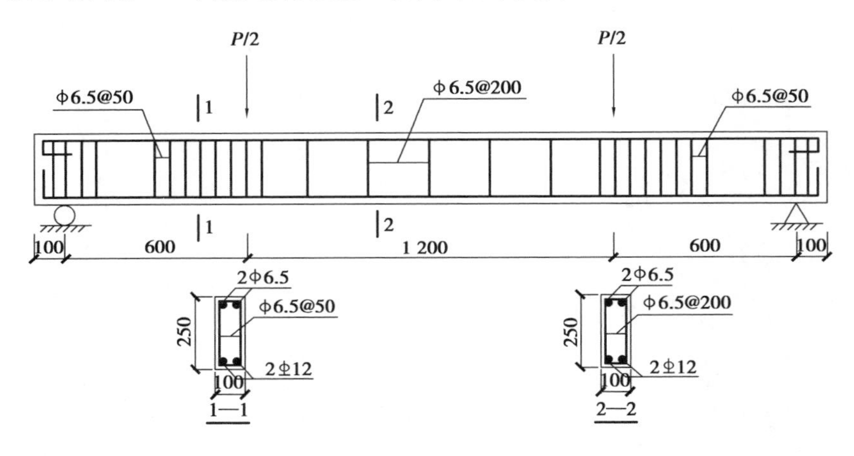

图 5.9 RC 试验梁配筋图

(4)试验 4:初始荷载 M_k 加载至接近 M_y 的卸载加固的损伤钢筋混凝土试验梁情况

①试验梁 L2 为预先加载至裂缝宽度达到 0.2 ~0.3 mm,然后卸载的损伤钢筋混凝土梁,粘贴 1 层碳纤维布加固,待和梁结合良好后, 加载至破坏。由试验资料得,由于该试验是初始荷载 M_k 加载至接近 M_y 的卸载加固,取钢筋强化系数 k_q 为 1。

混凝土抗压强度标准值 $f_{ck}=f_{cm}\times(1-1.645\delta_c)=53.2\times(1-1.645\times0.172)=38.15(\text{N/mm}^2)$。

$E_c = 3.0\times10^4\ \text{N/mm}^2$，$h_0 = 250-15-6.5-\dfrac{12}{2} = 222.5(\text{mm})$，$a' = 15+6.5+\dfrac{6.5}{2}$
$= 24.75(\text{mm})$

$$a_E = \frac{E_s}{E_c} = \frac{2.0\times10^5}{3.0\times10^4} = 6.67,\ \gamma_f' = 0,\ \rho_s = \frac{A_s}{bh_0} = \frac{226}{100\times222.5} = 0.0102$$

$$\rho_s' = \frac{A_s'}{bh_0} = \frac{66}{100\times222.5} = 2.996\times10^{-3},\ \xi = \frac{a_E\rho}{0.2+6a_E\rho} = \frac{6.67\times0.0102}{0.2+6\times6.67\times0.0102}$$
$= 0.112$

$$\varepsilon_{ci} = \frac{M_i}{\xi E_c bh_0^2} = \frac{0.5\times55.3\times10^3\times600}{0.112\times3.0\times10^4\times100\times222.5^2} = 9.97\times10^{-4}$$

$$\rho_{te} = \frac{A_s}{0.5bh} = \frac{226}{0.5\times100\times250} = 0.01808$$

$$\sigma_{si} = \frac{M_i}{\eta A_s h_0} = \frac{0.5\times55.3\times10^3\times600}{0.87\times226\times222.5} = 379.2(\text{N/mm}^2)$$

$$\psi = 1.1-0.65\times\frac{f_{tk}}{\sigma_{si}\rho_{te}} = 1.1-0.65\times\frac{2.01}{379.2\times0.01808} = 0.909$$

$$\varepsilon_{si} = \frac{\psi}{\eta}\cdot\frac{M_i}{E_s A_s h_0} = \frac{0.909}{0.87}\times\frac{0.5\times55.3\times10^3\times600}{2.0\times10^5\times226\times222.5} = 1.724\times10^{-3}$$

$$K_o = \frac{x_0}{h_0} = \sqrt{a_E^2(\rho_s+\rho_s')^2+2a_E\left(\rho_s+\rho_s'\frac{\alpha'}{h_0}\right)} - a_E(\rho_s+\rho')$$

$$= \sqrt{6.67^2\times(0.0102+2.966\times10^{-3})^2+2\times6.67\times\left(0.0102+2.966\times10^{-3}\times\frac{24.75}{222.5}\right)} -$$
$$6.67\times(0.0102+2.966\times10^{-3})$$
$$= 0.297$$

此时钢筋残余变形为

$$\Delta\varepsilon = \frac{1-K_o}{K_o}\ \frac{M_i}{\xi E_c bh_0^2} - \frac{\varphi_s M_y}{\eta E_s A_s h_0} = \frac{1-0.297}{0.297}\times9.97\times10^{-4}-1.724\times10^{-3} = 6.359\times10^{-4}$$

$$x_o = K_o h_0 = 0.297\times222.5 = 66.1(\text{mm})$$

所以 $\varepsilon_{fo} = \dfrac{h-x}{h_0-x}\Delta\varepsilon = \dfrac{250-66.1}{222.5-66.1}\times6.359\times10^{-4} = 7.477\times10^{-4}$

损伤折减系数 $\varphi_{\mathrm{f}}=\dfrac{(\varepsilon_{\mathrm{cu}}h/x)-\varepsilon_{\mathrm{cu}}-\varepsilon_{\mathrm{fo}}}{\varepsilon_{\mathrm{f}}}=\dfrac{0.003\ 3\times250\div66.1-0.003\ 3-7.477\times10^{-4}}{0.01}$ $=0.84$。

$\kappa_{\mathrm{mf}}=1.16-n_fE_{\mathrm{f}}t_f/308\ 000=1.16-1\times2.4\times10^5\times0.167/308\ 000=1.03>1$，取 $\kappa_{\mathrm{mf}}=1$。

$$\gamma_{\mathrm{f}}=\frac{h_{\mathrm{f}}}{h_0}=\frac{250.167}{222.5}=1.12,A=\frac{f_{\mathrm{c}}}{f_{\mathrm{y}}}=\frac{38.15}{364.6}=0.105,D=\frac{f_{\mathrm{fu}}}{f_{\mathrm{y}}}=\frac{3\ 400}{364.6}=9.325$$

$$a_{\mathrm{Ef}}=\frac{E_{\mathrm{f}}}{E_{\mathrm{c}}}=\frac{2.4\times10^5}{3.0\times10^4}=8,\rho_{\mathrm{f}}=\frac{A_{\mathrm{f}}}{bh_{\mathrm{f}}}=\frac{100\times0.167\times1}{100\times250.167}=6.68\times10^{-4}$$

先假定受压区混凝土为三角形应力图形，由式(5.38)得

$\rho_{\mathrm{s}}'-k_{\mathrm{q}}\rho_{\mathrm{s}}-\varphi_{\mathrm{f}}D\gamma_{\mathrm{f}}\rho_{\mathrm{f}}=2.996\times10^{-3}-1\times0.010\ 2-0.84\times9.325\times1.12\times6.68\times10^{-4}$ $=-0.013\ 1$

$$\frac{D}{a_{\mathrm{Ef}}}+\frac{DE_{\mathrm{c}}\varepsilon_{\mathrm{fo}}}{f_{\mathrm{fu}}}=\frac{9.325}{8}+\frac{9.325\times3\times10^4\times7.477\times10^{-4}}{3\ 400}=1.227$$

$$K_{\mathrm{u}}=\frac{(\rho_{\mathrm{s}}'-k_{\mathrm{q}}\rho_{\mathrm{s}}-\varphi_{\mathrm{f}}D\gamma_{\mathrm{f}}\rho_{\mathrm{f}})+\sqrt{(\rho_{\mathrm{s}}'-k_{\mathrm{q}}\rho_{\mathrm{s}}-\varphi_{\mathrm{f}}D\gamma_{\mathrm{f}}\rho_{\mathrm{f}})^2-2\left(\dfrac{D}{a_{\mathrm{Ef}}}+\dfrac{DE_{\mathrm{c}}\varepsilon_{\mathrm{fo}}}{f_{\mathrm{fu}}}\right)\gamma_{\mathrm{f}}(\rho_{\mathrm{s}}'-k_{\mathrm{q}}\rho_{\mathrm{s}}-\varphi_{\mathrm{f}}D\gamma_{\mathrm{f}}\rho_{\mathrm{f}})}}{\dfrac{D}{a_{\mathrm{Ef}}}+\dfrac{DE_{\mathrm{c}}\varepsilon_{\mathrm{fo}}}{f_{\mathrm{fu}}}}$$

$$=\frac{-0.013\ 1+\sqrt{0.013\ 1^2+2\times1.277\times1.12\times0.013\ 1}}{1.277}=0.141\ 7$$

由式(5.50)得

$K_{\mathrm{u}}>\dfrac{f_{\mathrm{c}}\gamma_{\mathrm{f}}}{E_{\mathrm{c}}(\varepsilon_{\mathrm{fu}}+\varepsilon_{\mathrm{fo}})+f_{\mathrm{c}}}=\dfrac{38.15\times1.12}{3\times10^4\times(0.01+7.477\times10^{-4})+38.15}=0.118\ 5$，所以混凝土应力图形为梯形。

由式(5.44)得

$$K_{\mathrm{u}}=\frac{k_{\mathrm{q}}\rho_{\mathrm{s}}+\varphi_{\mathrm{f}}D\gamma_{\mathrm{f}}\rho_{\mathrm{f}}-\rho_{\mathrm{s}}'+\dfrac{1}{2}\dfrac{Aa_{\mathrm{Ef}}f_{\mathrm{c}}\gamma_{\mathrm{f}}}{f_{\mathrm{fu}}+E_{\mathrm{f}}\varepsilon_{\mathrm{fo}}}}{A+\dfrac{1}{2}\dfrac{a_{\mathrm{Ef}}f_{\mathrm{c}}}{f_{\mathrm{fu}}+E_{\mathrm{f}}\varepsilon_{\mathrm{fo}}}}$$

$$=\frac{0.0102+0.84\times9.325\times1.12\times6.68\times10^{-4}-2.996\times10^{-3}+0.5\times\dfrac{0.105\times8\times38.15\times1.12}{3400+2.4\times10^{5}\times7.477\times10^{-4}}}{0.105+0.5\times\dfrac{8\times38.15}{3400+2.4\times10^{5}\times7.477\times10^{-4}}}$$

$=0.1225$

由式(5.51)得

$K_u\leqslant\gamma_f\dfrac{\varepsilon_{cu}}{\varepsilon_{cu}+\varepsilon_{fu}+\varepsilon_{fo}}=1.12\times\dfrac{0.0033}{0.0033+0.01+7.477\times10^{-4}}=0.263$，发生 CFRP 断裂的破坏形式。

$x=\beta_1K_uh_0=0.8\times0.1225\times222.5=21.8(\text{mm})<2a'$，近似取 $x=2a'=49.5(\text{mm})$。

$$P=\frac{2M}{l}=\frac{2[k_qf_yA_s\eta h_0+\varphi_f\sigma_fA_f(h_f-a')]}{l}$$

$$=\frac{2\times[364.6\times226\times0.87\times222.5+0.84\times2.4\times10^{5}\times0.01\times100\times0.167\times1\times(250.167-24.75)]}{600}$$

$=78.5(\text{kN})$

②试验梁 L4 为预先加载至裂缝宽度达到 0.2～0.3 mm，然后卸载的损伤钢筋混凝土梁，粘贴 2 层碳纤维布加固，待其和梁结合良好后，加载至破坏。由试验资料得：

由于该试验是初始荷载 M_k 加载至接近 M_y 的卸载加固，取钢筋强化系数 k_q 为 1。

混凝土抗压强度标准值 $f_{ck}=f_{cm}\times(1-1.645\delta_c)=53.2\times(1-1.645\times0.172)=38.15(\text{N/mm}^2)$。

$E_c=3.0\times10^4\ \text{N/mm}^2$，$h_0=250-15-6.5-\dfrac{12}{2}=222.5(\text{mm})$，$a'=15+6.5+\dfrac{6.5}{2}=24.75(\text{mm})$

$a_E=\dfrac{E_s}{E_c}=\dfrac{2.0\times10^5}{3.0\times10^4}=6.67$，$\gamma_f'=0$，$\rho_s=\dfrac{A_s}{bh_0}=\dfrac{226}{100\times222.5}=0.0102$

$\rho_s'=\dfrac{A_s'}{bh_0}=\dfrac{66}{100\times222.5}=2.996\times10^{-3}$，$\xi=\dfrac{a_E\rho}{0.2+6a_E\rho}=\dfrac{6.67\times0.0102}{0.2+6\times6.67\times0.0102}$

$=0.112$

$$\varepsilon_{ci}=\frac{M_i}{\xi E_c bh_0^2}=\frac{0.5\times55.3\times10^3\times600}{0.112\times3.0\times10^4\times100\times222.5^2}=9.97\times10^{-4}$$

$$\rho_{te}=\frac{A_s}{0.5bh}=\frac{226}{0.5\times100\times250}=0.018\ 08$$

$$\sigma_{si}=\frac{M_i}{\eta A_s h_0}=\frac{0.5\times55.3\times10^3\times600}{0.87\times226\times222.5}=379.2(\mathrm{N/mm^2})$$

$$\psi=1.1-0.65\times\frac{f_{tk}}{\sigma_{si}\rho_{te}}=1.1-0.65\times\frac{2.01}{379.2\times0.018\ 08}=0.909$$

$$\varepsilon_{si}=\frac{\psi}{\eta}\cdot\frac{M_i}{E_s A_s h_0}=\frac{0.909}{0.87}\times\frac{0.5\times55.3\times10^3\times600}{2.0\times10^5\times226\times222.5}=1.724\times10^{-3}$$

$$K_o=\frac{x_0}{h_0}=\sqrt{a_E^2(\rho_s+\rho_s')^2+2a_E\left(\rho_s+\rho_s'\frac{a'}{h_0}\right)}-a_E(\rho_s+\rho')$$

$$=\sqrt{6.67^2\times(0.010\ 2+2.966\times10^{-3})^2+2\times6.67\times(0.010\ 2+2.966\times10^{-3}\times\frac{24.75}{222.5})}-$$

$$6.67\times(0.010\ 2+2.966\times10^{-3})$$

$$=0.297$$

此时钢筋残余变形为

$$\Delta\varepsilon=\frac{1-K_o}{K_o}\frac{M_i}{\xi E_c bh_0^2}-\frac{\varphi_s M_y}{\eta E_s A_s h_0}=\frac{1-0.297}{0.297}\times9.97\times10^{-4}-1.724\times10^{-3}=6.359\times10^{-4}$$

$$x_o=K_o h_0=0.297\times222.5=66.1(\mathrm{mm})$$

所以 $\varepsilon_{fo}=\dfrac{h-x}{h_0-x}\Delta\varepsilon=\dfrac{250-66.1}{222.5-66.1}\times6.359\times10^{-4}=7.477\times10^{-4}$

损伤折减系数为

$$\varphi_f=\frac{(\varepsilon_{cu}h/x)-\varepsilon_{cu}-\varepsilon_{fo}}{\varepsilon_f}=\frac{0.003\ 3\times250\div66.1-0.003\ 3-7.477\times10^{-4}}{0.01}=0.84$$

$$\kappa_{mf}=1.16-n_f E_f t_f/308\ 000=1.16-2\times2.4\times10^5\times0.167/308\ 000=0.90$$

$$\gamma_f=\frac{h_f}{h_0}=\frac{250.167}{222.5}=1.12,A=\frac{f_c}{f_y}=\frac{38.15}{364.6}=0.105,D=\frac{f_{fu}}{f_y}=\frac{3\ 400}{364.6}=9.325$$

$$a_{\mathrm{Ef}}=\frac{E_{\mathrm{f}}}{E_{\mathrm{c}}}=\frac{2.4\times10^{5}}{3.0\times10^{4}}=8,\rho_{\mathrm{f}}=\frac{A_{\mathrm{f}}}{bh_{\mathrm{f}}}=\frac{100\times0.167\times2}{100\times250.167}=1.335\times10^{-3}$$

先假定受压区混凝土为三角形应力图形，由式(5.38)得

$$\rho_{\mathrm{s}}'-k_{\mathrm{q}}\rho_{\mathrm{s}}-\varphi_{\mathrm{f}}D\gamma_{\mathrm{f}}\rho_{\mathrm{f}}=2.996\times10^{-3}-1\times0.0102-0.84\times0.9\times9.325\times1.12\times1.335\times10^{-3}=-0.0177$$

$$\frac{D}{a_{\mathrm{Ef}}}+\frac{DE_{\mathrm{c}}\varepsilon_{\mathrm{fo}}}{f_{\mathrm{fu}}}=\frac{9.325}{8}+\frac{9.325\times3\times10^{4}\times7.477\times10^{-4}}{3\,400}=1.227$$

$$K_{\mathrm{u}}=\frac{(\rho_{\mathrm{s}}'-k_{\mathrm{q}}\rho_{\mathrm{s}}-\varphi_{\mathrm{f}}D\gamma_{\mathrm{f}}\rho_{\mathrm{f}})+\sqrt{(\rho_{\mathrm{s}}'-k_{\mathrm{q}}\rho_{\mathrm{s}}-\varphi_{\mathrm{f}}D\gamma_{\mathrm{f}}\rho_{\mathrm{f}})^{2}-2\left(\frac{D}{a_{\mathrm{Ef}}}+\frac{DE_{\mathrm{c}}\varepsilon_{\mathrm{fo}}}{f_{\mathrm{fu}}}\right)\gamma_{\mathrm{f}}(\rho_{\mathrm{s}}'-k_{\mathrm{q}}\rho_{\mathrm{s}}-\varphi_{\mathrm{f}}D\gamma_{\mathrm{f}}\rho_{\mathrm{f}})}}{\frac{D}{a_{\mathrm{Ef}}}+\frac{DE_{\mathrm{c}}\varepsilon_{\mathrm{fo}}}{f_{\mathrm{fu}}}}$$

$$=\frac{-0.0177+\sqrt{0.0177^{2}+2\times1.227\times1.12\times0.0177}}{1.227}=0.1659$$

由式(5.50)得

$$K_{\mathrm{u}}>\frac{f_{\mathrm{c}}\gamma_{\mathrm{f}}}{E_{\mathrm{c}}(\varepsilon_{\mathrm{fu}}+\varepsilon_{\mathrm{fo}})+f_{\mathrm{c}}}=\frac{38.15\times1.12}{3\times10^{4}\times(0.01+7.477\times10^{-4})+38.15}=0.1185$$

，所以混凝土应力图形为梯形。

由式(5.44)得

$$K_{\mathrm{u}}=\frac{k_{\mathrm{q}}\rho_{\mathrm{s}}+\varphi_{\mathrm{f}}D\gamma_{\mathrm{f}}\rho_{\mathrm{f}}-\rho_{\mathrm{s}}'+\frac{1}{2}\frac{Aa_{\mathrm{Ef}}f_{\mathrm{c}}\gamma_{\mathrm{f}}}{f_{\mathrm{fu}}+E_{\mathrm{f}}\varepsilon_{\mathrm{fo}}}}{A+\frac{1}{2}\frac{a_{\mathrm{Ef}}f_{\mathrm{c}}}{f_{\mathrm{fu}}+E_{\mathrm{f}}\varepsilon_{\mathrm{fo}}}}$$

$$=\frac{0.0102+0.84\times0.9\times9.325\times1.12\times1.335\times10^{-3}-2.996\times10^{-3}+0.5\times\frac{0.105\times8\times38.15\times1.12}{3\,400+2.4\times10^{5}\times7.477\times10^{-4}}}{0.105+0.5\times\frac{8\times38.15}{3\,400+2.4\times10^{5}\times7.477\times10^{-4}}}$$

$$=0.1542$$

由式(5.51)得

$$K_{\mathrm{u}}\leqslant\gamma_{\mathrm{f}}\frac{\varepsilon_{\mathrm{cu}}}{\varepsilon_{\mathrm{cu}}+\varepsilon_{\mathrm{fu}}+\varepsilon_{\mathrm{fo}}}=1.12\times\frac{0.0033}{0.0033+0.01+7.477\times10^{-4}}=0.263$$

，发生 CFRP 断裂的破坏形式。

$x=\beta_1 K_u h_0=0.8\times0.1542\times222.5=27.4(\text{mm})<2a'$，近似取 $x=2a'=49.5(\text{mm})$。

$$P=\frac{2M}{l}=\frac{2[k_q f_y A_s \eta h_0+\varphi_f \kappa_{mf}\sigma_f A_f(h_f-a')]}{l}$$

$$=\frac{2\times[364.6\times226\times0.87\times222.5+0.84\times0.9\times2.4\times10^5\times0.01\times100\times0.167\times2\times(250.167-24.75)]}{600}$$

$$=98.7(\text{kN})$$

试验5卸载加固的损伤程度为钢筋屈服后试验梁，王逢朝等共设计了6根钢筋混凝土简支梁，其中1根为对比梁(L0)，其余5根梁(L1～L5)分别加载至1～3倍的屈服位移后卸载，然后再利用碳纤维布加固。试验梁截面尺寸为150 mm×250 mm，跨度2 200 mm(净跨2 000 mm)，梁底纵筋采用2根直径16 mm的HRB335级钢筋，纯弯段箍筋为Φ6@250，剪弯区为Φ6@100，采用C30商品混凝土，保护层厚度为25 mm。

RC试验梁配筋图如图5.10所示。

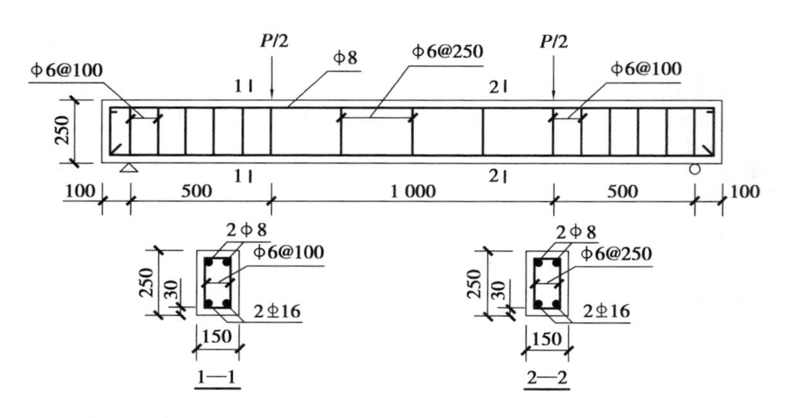

图5.10 RC试验梁配筋图

(5)试验5：初始荷载 $M_k>M_y$ 的卸载加固的损伤钢筋混凝土试验梁情况

①试验梁L1、L3与L5分别为加载至屈服、加载至两倍屈服位移与加载至三倍屈服位移，然后卸载的损伤钢筋混凝土梁，粘贴2层碳纤维布加固，待其和梁结合良好后，加载至破坏。由试验资料得，

由于该试验是初始荷载 $M_k>M_y$ 的卸载加固，取钢筋强化系数 k_q 为1.3。钢筋屈服后得到强度强化，取提高30%，即374×(1+30%)=486.2 MPa。

混凝土抗压强度标准值$f_{ck}=f_{cm}\times(1-1.645\delta_c)=51.4\times(1-1.645\times0.172)=36.86(N/mm^2)$。

$$E_c=3.14\times10^4\ N/mm^2,h_0=250-25-6-\frac{16}{2}=211(mm),a'=25+6+\frac{8}{2}=35(mm)$$

$$a_E=\frac{E_s}{E_c}=\frac{2.01\times10^5}{3.14\times10^4}=6.4,\gamma_f'=0,\rho_s=\frac{A_s}{bh_0}=\frac{402}{150\times211}=0.0127$$

$$\rho_s'=\frac{A_s'}{bh_0}=\frac{101}{150\times211}=3.19\times10^{-3},\xi=\frac{a_E\rho}{0.2+6a_E\rho}=\frac{6.4\times0.0127}{0.2+6\times6.4\times0.0127}=0.1182$$

$$\varepsilon_{ci}=\frac{M_i}{\xi E_c bh_0^2}=\frac{0.5\times120.3\times10^3\times500}{0.1182\times3.14\times10^4\times150\times211^2}=1.213\times10^{-3}$$

$$\rho_{te}=\frac{A_s}{0.5bh}=\frac{402}{0.5\times150\times250}=0.02144$$

$$\sigma_{si}=\frac{M_i}{\eta A_s h_0}=\frac{0.5\times120.3\times10^3\times500}{0.87\times402\times211}=407.55(N/mm^2)$$

$$\psi=1.1-0.65\times\frac{f_{tk}}{\sigma_{si}\rho_{te}}=1.1-0.65\times\frac{2.01}{407.55\times0.02144}=0.95$$

$$\varepsilon_{si}=\frac{\psi}{\eta}\cdot\frac{M_i}{E_sA_sh_0}=\frac{0.95}{0.87}\times\frac{0.5\times120.3\times10^3\times500}{2.01\times10^5\times402\times211}=1.926\times10^{-3}$$

$$K_o=\frac{x_0}{h_0}=\sqrt{a_E^2(\rho_s+\rho_s')^2+2a_E\left(\rho_s+\rho_s'\frac{a'}{h_0}\right)}-a_E(\rho_s+\rho')$$

$$=\sqrt{6.4^2\times(0.0127+3.19\times10^{-3})^2+2\times6.4\times\left(0.0127+3.19\times10^{-3}\times\frac{35}{211}\right)}-$$

$$6.4\times(0.0127+3.19\times10^{-3})$$

$$=0.322$$

此时钢筋残余变形为

$$\Delta\varepsilon=\frac{1-K_o}{K_o}\frac{M_i}{\xi E_c bh_0^2}-\frac{\varphi_s M_y}{\eta E_s A_s h_0}=\frac{1-0.322}{0.322}\times1.213\times10^{-3}-1.926\times10^{-3}=0.628\times10^{-3}$$

$$x_o=K_oh_0=0.322\times211=67.9(mm)$$

所以 $\varepsilon_{fo}=\dfrac{h-x}{h_0-x}\Delta\varepsilon=\dfrac{250-67.9}{211-67.9}\times 0.628\times 10^{-3}=0.799\times 10^{-3}$

损伤折减系数为

$$\varphi_f=\frac{(\varepsilon_{cu}h/x)-\varepsilon_{cu}-\varepsilon_{fo}}{\varepsilon_f}=\frac{0.003\ 3\times 250\div 67.9-0.003\ 3-0.799\times 10^{-3}}{0.01}=0.81$$

$$\kappa_{mf}=1.16-n_fE_ft_f/308\ 000=1.16-2\times 2.38\times 10^5\times 0.167/308\ 000=0.9$$

$$\gamma_f=\frac{h_f}{h_0}=\frac{250.167}{211}=1.186, A=\frac{f_c}{f_y}=\frac{36.86}{374}=0.099, D=\frac{f_{fu}}{f_y}=\frac{3\ 828}{374}=10.235$$

$$a_{Ef}=\frac{E_f}{E_c}=\frac{2.38\times 10^5}{3.14\times 10^4}=7.6, \rho_f=\frac{A_f}{bh_f}=\frac{150\times 0.167\times 2}{150\times 250.167}=1.335\times 10^{-3}$$

先假定受压区混凝土为三角形应力图形，由式(5.38)得

$\rho_s'-k_q\rho_s-\varphi_fD\gamma_f\rho_f=3.19\times 10^{-3}-1.3\times 0.012\ 7-0.81\times 0.9\times 10.235\times 1.186\times 1.335\times 10^{-3}=-0.025$

$$\frac{D}{a_{Ef}}+\frac{DE_c\varepsilon_{fo}}{f_{fu}}=\frac{10.235}{7.6}+\frac{10.235\times 3.14\times 10^4\times 0.779\times 10^{-3}}{3\ 828}=1.412$$

$$K_u=\frac{(\rho_s'-k_q\rho_s-\varphi_fD\gamma_f\rho_f)+\sqrt{(\rho_s'-k_q\rho_s-\varphi_fD\gamma_f\rho_f)^2-2\left(\frac{D}{a_{Ef}}+\frac{DE_c\varepsilon_{fo}}{f_{fu}}\right)\gamma_f(\rho_s'-k_q\rho_s-\varphi_fD\gamma_f\rho_f)}}{\frac{D}{a_{Ef}}+\frac{DE_c\varepsilon_{fo}}{f_{fu}}}$$

$$=\frac{-0.025+\sqrt{0.025^2+2\times 1.412\times 1.186\times 0.025}}{1.412}=0.188\ 0$$

由式(5.50)得

因为 $K_u>\dfrac{f_c\gamma_f}{E_c(\varepsilon_{fu}+\varepsilon_{fo})+f_c}=\dfrac{36.86\times 1.186}{3.14\times 10^4\times(0.01+0.799\times 10^{-3})+36.86}=0.116\ 3$，所以混凝土应力图形为梯形。

由式(5.44)得

$$K_u=\frac{k_q\rho_s+\varphi_fD\gamma_f\rho_f-\rho_s'+\frac{1}{2}\frac{Aa_{Ef}f_c\gamma_f}{f_{fu}+E_f\varepsilon_{fo}}}{A+\frac{1}{2}\frac{a_{Ef}f_c}{f_{fu}+E_f\varepsilon_{fo}}}$$

$$=\frac{1.3\times0.0127+0.81\times0.9\times10.235\times1.186\times1.335\times10^{-3}-3.19\times10^{-3}+0.5\times\frac{0.099\times7.6\times36.86\times1.186}{3828+2.38\times10^{5}\times0.799\times10^{-3}}}{0.099+0.5\times\frac{7.6\times36.86}{3828+2.38\times10^{5}\times0.799\times10^{-3}}}$$

$$=0.218$$

由式(5.51)得

$K_u\leqslant\gamma_f\dfrac{\varepsilon_{cu}}{\varepsilon_{cu}+\varepsilon_{fu}+\varepsilon_{fo}}=1.12\times\dfrac{0.0033}{0.0033+0.01+0.799\times10^{-3}}=0.262$，发生CFRP断裂的破坏形式。

$x=\beta_1K_uh_0=0.8\times0.218\times211=36.8(\text{mm})<2a'$，近似取$x=2a'=70(\text{mm})$。

$$P=\frac{2M}{l}=\frac{2[k_qf_yA_s\eta h_0+\varphi_f\sigma_fA_f(h_f-a')]}{l}$$

$$=\frac{2\times[1.3\times374\times402\times0.87\times211+0.9\times0.81\times2.38\times10^{5}\times0.01\times150\times0.167\times2\times(250-35)]}{500}$$

$$=218.3(\text{kN})$$

②试验梁L2为加载至两倍屈服位移，然后卸载的损伤钢筋混凝土梁，粘贴1层碳纤维布加固，待其和梁结合良好后，加载至破坏。由试验资料得，由于该试验是初始荷载$M_k>M_y$的卸载加固，取钢筋强化系数k_q为1.3。钢筋屈服后得到强度强化，取提高30%，即374×(1+30%)=486.2 MPa

混凝土抗压强度标准值$f_{ck}=f_{cm}\times(1-1.645\delta_c)=51.4\times(1-1.645\times0.172)=36.86(\text{N/mm}^2)$。

$$E_c=3.14\times10^4\ \text{N/mm}^2,h_0=250-25-6-\frac{16}{2}=211(\text{mm}),a'=25+6+\frac{8}{2}=35(\text{mm})$$

$$a_E=\frac{E_s}{E_c}=\frac{2.01\times10^5}{3.14\times10^4}=6.4,\gamma_f'=0,\rho_s=\frac{A_s}{bh_0}=\frac{402}{150\times211}=0.0127$$

$$\rho_s'=\frac{A_s'}{bh_0}=\frac{101}{150\times211}=3.19\times10^{-3},\xi=\frac{a_E\rho}{0.2+6a_E\rho}=\frac{6.4\times0.0127}{0.2+6\times6.4\times0.0127}=0.1182$$

$$\varepsilon_{ci}=\frac{M_i}{\xi E_cbh_0^2}=\frac{0.5\times120.3\times10^3\times500}{0.1182\times3.14\times10^4\times150\times211^2}=1.213\times10^{-3}$$

$$\rho_{te}=\frac{A_s}{0.5bh}=\frac{402}{0.5\times150\times250}=0.02144$$

$$\sigma_{si}=\frac{M_i}{\eta A_s h_0}=\frac{0.5\times120.3\times10^3\times500}{0.87\times402\times211}=407.55(\mathrm{N/mm^2})$$

$$\psi=1.1-0.65\times\frac{f_{tk}}{\sigma_{si}\rho_{te}}=1.1-0.65\times\frac{2.01}{407.55\times0.021\ 44}=0.95$$

$$\varepsilon_{si}=\frac{\psi}{\eta}\cdot\frac{M_i}{E_s A_s h_0}=\frac{0.95}{0.87}\times\frac{0.5\times120.3\times10^3\times500}{2.01\times10^5\times402\times211}=1.926\times10^{-3}$$

$$K_o=\frac{x_0}{h_0}=\sqrt{a_E^2(\rho_s+\rho_s')^2+2a_E\left(\rho_s+\rho_s'\frac{a'}{h_0}\right)}-a_E(\rho_s+\rho')$$

$$=\sqrt{6.4^2\times\left(0.012\ 7+3.19\times10^{-3}\right)^2+2\times6.4\times\left(0.012\ 7+3.19\times10^{-3}\times\frac{35}{211}\right)}-6.4\times(0.012\ 7+3.19\times10^{-3})$$

$$=0.322$$

此时钢筋残余变形为

$$\Delta\varepsilon=\frac{1-K_o}{K_o}\frac{M_i}{\xi E_c bh_0^2}-\frac{\varphi_s M_y}{\eta E_s A_s h_0}$$

$$=\frac{1-0.322}{0.322}\times1.213\times10^{-3}-1.926\times10^{-3}=0.628\times10^{-3}$$

$$x_o=K_o h_0=0.322\times211=67.9(\mathrm{mm})$$

所以 $\varepsilon_{fo}=\dfrac{h-x}{h_0-x}\Delta\varepsilon=\dfrac{250-67.9}{211-67.9}\times0.628\times10^{-3}=0.799\times10^{-3}$

损伤折减系数为

$$\varphi_f=\frac{(\varepsilon_{cu}h/x)-\varepsilon_{cu}-\varepsilon_{fo}}{\varepsilon_f}=\frac{0.003\ 3\times250\div67.9-0.003\ 3-0.799\times10^{-3}}{0.01}=0.81$$

$\kappa_{mf}=1.16-n_f E_f t_f/308\ 000=1.16-1\times2.38\times10^5\times0.167/308\ 000=1.03>1$，取 $\kappa_{mf}=1$

$$\gamma_f=\frac{h_f}{h_0}=\frac{250.167}{211}=1.186,A=\frac{f_c}{f_y}=\frac{36.86}{374}=0.099,D=\frac{f_{fu}}{f_y}=\frac{3\ 828}{374}=10.235$$

$$a_{Ef}=\frac{E_f}{E_c}=\frac{2.38\times10^5}{3.14\times10^4}=7.6,\rho_f=\frac{A_f}{bh_f}=\frac{150\times0.167\times1}{150\times250.167}=6.68\times10^{-4}$$

先假定受压区混凝土为三角形应力图形，由式(5.38)得

$\rho_s'-k_q\rho_s-\varphi_f D\gamma_f\rho_f=3.19\times10^{-3}-1.3\times0.012\ 7-0.81\times1\times10.235\times1.186\times6.68\times$

$10^{-4}=-0.0199$

$$\frac{D}{a_{\mathrm{Ef}}}+\frac{DE_{\mathrm{c}}\varepsilon_{\mathrm{fo}}}{f_{\mathrm{fu}}}=\frac{10.235}{7.6}+\frac{10.235\times3.14\times10^{4}\times0.779\times10^{-3}}{3\,828}=1.412$$

$$K_{\mathrm{u}}=\frac{(\rho_{\mathrm{s}}'-k_{\mathrm{q}}\rho_{\mathrm{s}}-\varphi_{\mathrm{f}}D\gamma_{\mathrm{f}}\rho_{\mathrm{f}})+\sqrt{(\rho_{\mathrm{s}}'-k_{\mathrm{q}}\rho_{\mathrm{s}}-\varphi_{\mathrm{f}}D\gamma_{\mathrm{f}}\rho_{\mathrm{f}})^{2}-2\left(\dfrac{D}{a_{\mathrm{Ef}}}+\dfrac{DE_{\mathrm{c}}\varepsilon_{\mathrm{fo}}}{f_{\mathrm{fu}}}\right)\gamma_{\mathrm{f}}(\rho_{\mathrm{s}}'-k_{\mathrm{q}}\rho_{\mathrm{s}}-\varphi_{\mathrm{f}}D\gamma_{\mathrm{f}}\rho_{\mathrm{f}})}}{\dfrac{D}{a_{\mathrm{Ef}}}+\dfrac{DE_{\mathrm{c}}\varepsilon_{\mathrm{fo}}}{f_{\mathrm{fu}}}}$$

$$=\frac{-0.0199+\sqrt{0.0199^{2}+2\times1.412\times1.186\times0.0199}}{1.412}=0.1693$$

由式(5.50)得

因为 $K_{\mathrm{u}}>\dfrac{f_{\mathrm{c}}\gamma_{\mathrm{f}}}{E_{\mathrm{c}}(\varepsilon_{\mathrm{fu}}+\varepsilon_{\mathrm{fo}})+f_{\mathrm{c}}}=\dfrac{36.86\times1.186}{3.14\times10^{4}\times(0.01+0.799\times10^{-3})+36.86}=0.1163$，所以混凝土应力图形为梯形。

由式(5.44)得

$$K_{\mathrm{u}}=\frac{k_{\mathrm{q}}\rho_{\mathrm{s}}+\varphi_{\mathrm{f}}D\gamma_{\mathrm{f}}\rho_{\mathrm{f}}-\rho_{\mathrm{s}}'+\dfrac{1}{2}\dfrac{Aa_{\mathrm{Ef}}f_{\mathrm{c}}\gamma_{\mathrm{f}}}{f_{\mathrm{fu}}+E_{\mathrm{f}}\varepsilon_{\mathrm{fo}}}}{A+\dfrac{1}{2}\dfrac{a_{\mathrm{Ef}}f_{\mathrm{c}}}{f_{\mathrm{fu}}+E_{\mathrm{f}}\varepsilon_{\mathrm{fo}}}}$$

$$=\frac{1.3\times0.0127+0.81\times1\times10.235\times1.186\times6.68\times10^{-4}-3.19\times10^{-3}+0.5\times\dfrac{0.099\times7.6\times36.86\times1.186}{3\,828+2.38\times10^{5}\times0.799\times10^{-3}}}{0.099+0.5\times\dfrac{7.6\times36.86}{3\,828+2.38\times10^{5}\times0.799\times10^{-3}}}$$

$$=0.1792$$

由式(5.51)得

$K_{\mathrm{u}}\leqslant\gamma_{\mathrm{f}}\dfrac{\varepsilon_{\mathrm{cu}}}{\varepsilon_{\mathrm{cu}}+\varepsilon_{\mathrm{fu}}+\varepsilon_{\mathrm{fo}}}=1.12\times\dfrac{0.0033}{0.0033+0.01+0.799\times10^{-3}}=0.262$，发生 CFRP 断裂的破坏形式。

$x=\beta_{1}K_{\mathrm{u}}h_{0}=0.8\times0.1792\times211=30.2(\mathrm{mm})<2a'$，近似取 $x=2a'=70(\mathrm{mm})$。

$$P=\frac{2M}{l}=\frac{2[k_{\mathrm{q}}f_{\mathrm{y}}A_{\mathrm{s}}\eta h_{0}+\varphi_{\mathrm{f}}\sigma_{\mathrm{f}}A_{\mathrm{f}}(h_{\mathrm{f}}-a')]}{l}$$

$$=\frac{2\times[1.3\times374\times402\times0.87\times211+0.81\times2.38\times10^{5}\times0.01\times150\times0.167\times1\times(250-35)]}{500}$$

$$=185(\mathrm{kN})$$

③试验梁 L4 为加载至两倍屈服位移,然后卸载的损伤钢筋混凝土梁,粘贴 3 层碳纤维布加固,待其和梁结合良好后,加载至破坏。由试验资料得,由于该试验是初始荷载 $M_k>M_y$ 的卸载加固,取钢筋强化系数 k_q 为 1.3。钢筋屈服后得到强度强化,取提高 30%,即 374×(1+30%)= 486.2 MPa。

混凝土抗压强度标准值 $f_{ck}=f_{cm}\times(1-1.645\delta_c)=51.4\times(1-1.645\times0.172)=36.86(\text{N/mm}^2)$。

$$E_c=3.14\times10^4\ \text{N/mm}^2,h_0=250-25-6-\frac{16}{2}=211(\text{mm}),a'=25+6+\frac{8}{2}=35(\text{mm})$$

$$a_E=\frac{E_s}{E_c}=\frac{2.01\times10^5}{3.14\times10^4}=6.4,\gamma_f'=0,\rho_s=\frac{A_s}{bh_0}=\frac{402}{150\times211}=0.0127$$

$$\rho_s'=\frac{A_s'}{bh_0}=\frac{101}{150\times211}=3.19\times10^{-3},\xi=\frac{a_E\rho}{0.2+6a_E\rho}=\frac{6.4\times0.0127}{0.2+6\times6.4\times0.0127}=0.1182$$

$$\varepsilon_{ci}=\frac{M_i}{\xi E_c bh_0^2}=\frac{0.5\times120.3\times10^3\times500}{0.1182\times3.14\times10^4\times150\times211^2}=1.213\times10^{-3}$$

$$\rho_{te}=\frac{A_s}{0.5bh}=\frac{402}{0.5\times150\times250}=0.02144$$

$$\sigma_{si}=\frac{M_i}{\eta A_s h_0}=\frac{0.5\times120.3\times10^3\times500}{0.87\times402\times211}=407.55(\text{N/mm}^2)$$

$$\psi=1.1-0.65\times\frac{f_{tk}}{\sigma_{si}\rho_{te}}=1.1-0.65\times\frac{2.01}{407.55\times0.02144}=0.95$$

$$\varepsilon_{si}=\frac{\psi}{\eta}\times\frac{M_i}{E_sA_sh_0}=\frac{0.95}{0.87}\times\frac{0.5\times120.3\times10^3\times500}{2.01\times10^5\times402\times211}=1.926\times10^{-3}$$

$$K_o=\frac{x_0}{h_0}=\sqrt{a_E^2(\rho_s+\rho_s')^2+2a_E\left(\rho_s+\rho_s'\frac{a'}{h_0}\right)}-a_E(\rho_s+\rho')$$

$$=\sqrt{6.4^2\times(0.0127+3.19\times10^{-3})^2+2\times6.4\times\left(0.0127+3.19\times10^{-3}\times\frac{35}{211}\right)}-6.4\times(0.0127+3.19\times10^{-3})$$

$$=0.322$$

此时钢筋残余变形为

$$\Delta\varepsilon = \frac{1-K_o}{K_o}\frac{M_i}{\xi E_c b h_0^2} - \frac{\varphi_s M_y}{\eta E_s A_s h_0}$$

$$= \frac{1-0.322}{0.322}\times 1.213\times 10^{-3} - 1.926\times 10^{-3} = 0.628\times 10^{-3}$$

$$x_o = K_o h_0 = 0.322\times 211 = 67.9(\text{mm})$$

所以 $\varepsilon_{fo} = \dfrac{h-x}{h_0-x}\Delta\varepsilon = \dfrac{250-67.9}{211-67.9}\times 0.628\times 10^{-3} = 0.799\times 10^{-3}$

损伤折减系数为

$$\varphi_f = \frac{(\varepsilon_{cu}h/x)-\varepsilon_{cu}-\varepsilon_{fo}}{\varepsilon_f} = \frac{0.003\,3\times 250\div 67.9-0.003\,3-0.799\times 10^{-3}}{0.01} = 0.81$$

$$\kappa_{mf} = 1.16 - n_f E_f t_f/308\,000 = 1.16-3\times 2.38\times 10^5\times 0.167/308\,000 = 0.77$$

$$\gamma_f = \frac{h_f}{h_0} = \frac{250.167}{211} = 1.186, A = \frac{f_c}{f_y} = \frac{36.86}{374} = 0.099, D = \frac{f_{fu}}{f_y} = \frac{3\,828}{374} = 10.235$$

$$a_{Ef} = \frac{E_f}{E_c} = \frac{2.38\times 10^5}{3.14\times 10^4} = 7.6, \rho_f = \frac{A_f}{bh_f} = \frac{150\times 0.167\times 3}{150\times 250.167} = 2.0\times 10^{-3}$$

先假定受压区混凝土为三角形应力图形,由式(5.38)得

$\rho_s' - k_q\rho_s - \varphi_f D\gamma_f\rho_f = 3.19\times 10^{-3} - 1.3\times 0.012\,7 - 0.81\times 1\times 10.235\times 1.186\times 2.0\times 10^{-3} = -0.033$

$$\frac{D}{a_{Ef}} + \frac{DE_c\varepsilon_{fo}}{f_{fu}} = \frac{10.235}{7.6} + \frac{10.235\times 3.14\times 10^4\times 0.779\times 10^{-3}}{3\,828} = 1.412$$

$$K_u = \frac{(\rho_s'-k_q\rho_s-\varphi_f D\gamma_f\rho_f) + \sqrt{(\rho_s'-k_q\rho_s-\varphi_f D\gamma_f\rho_f)^2 - 2\left(\dfrac{D}{a_{Ef}}+\dfrac{DE_c\varepsilon_{fo}}{f_{fu}}\right)\gamma_f(\rho_s'-k_q\rho_s-\varphi_f D\gamma_f\rho_f)}}{\dfrac{D}{a_{Ef}}+\dfrac{DE_c\varepsilon_{fo}}{f_{fu}}}$$

$$= \frac{-0.033+\sqrt{0.033^2+2\times 1.412\times 1.186\times 0.033}}{1.412} = 0.213\,2$$

由式(5.50)得

因为 $K_u > \dfrac{f_c\gamma_f}{E_c(\varepsilon_{fu}+\varepsilon_{fo})+f_c} = \dfrac{36.86\times 1.186}{3.14\times 10^4\times(0.01+0.799\times 10^{-3})+36.86} = 0.116\,3$,所以混凝土应力图形为梯形。

由式(5.44)得

$$K_u = \frac{k_q\rho_s + \varphi_f D\gamma_f\rho_f - \rho_s' + \frac{1}{2}\frac{A a_{Ef} f_c \gamma_f}{f_{fu} + E_f\varepsilon_{fo}}}{A + \frac{1}{2}\frac{a_{Ef} f_c}{f_{fu} + E_f\varepsilon_{fo}}}$$

$$= \frac{1.3\times0.012\ 7 + 0.81\times0.77\times10.235\times1.186\times2.0\times10^{-3} - 3.19\times10^{-3} + 0.5\times\frac{0.099\times7.6\times36.86\times1.186}{3\ 828 + 2.38\times10^5\times0.799\times10^{-3}}}{0.099 + 0.5\times\frac{7.6\times36.86}{3\ 828 + 2.38\times10^5\times0.799\times10^{-3}}}$$

$$= 0.243\ 2$$

由式(5.51)得

$K_u \leqslant \gamma_f \frac{\varepsilon_{cu}}{\varepsilon_{cu} + \varepsilon_{fu} + \varepsilon_{fo}} = 1.12\times\frac{0.003\ 3}{0.003\ 3 + 0.01 + 0.799\times10^{-3}} = 0.262$，发生 CFRP 断裂的破坏形式。

$x = \beta_1 K_u h_0 = 0.8\times0.243\ 2\times211 = 41.1(\mathrm{mm}) < 2a'$，近似取 $x = 2a' = 70(\mathrm{mm})$。

$$P = \frac{2M}{l} = \frac{2[k_q f_y A_s \eta h_0 + \varphi_f \sigma_f A_f (h_f - a')]}{l}$$

$$= \frac{2\times[1.3\times374\times402\times0.87\times211 + 0.77\times0.81\times2.38\times10^5\times0.01\times150\times0.167\times3\times(250-35)]}{500}$$

$$= 239.5(\mathrm{kN})$$

5.5 试验资料中纤维布加固损伤钢筋混凝土梁抗弯承载力计算值与试验值比较

设 $X_1, X_2, \cdots, X_n$ 是来自总体 X 的样本，则称

$$\overline{X} = \frac{1}{n}\sum_{i=1}^{n} X_i$$

为样本均值。

设 $X_1, X_2, \cdots, X_n$ 是来自总体 X 的样本，则称

$$S^2 = \frac{1}{n-1}\sum_{i=1}^{n}(X_i - \overline{X})^2$$

为样本方差。称 $S=\sqrt{\frac{1}{n-1}\sum_{i=1}^{n}(X_i-\overline{X})^2}$ 为样本标准差。

将试验 1、试验 2、试验 3、试验 4 与试验 5 的加固损伤钢筋混凝土梁抗弯承载力的计算值和试验值比值作为总体 X 的样本，见表 5.1，则试验值/计算值的均值 $\overline{X}=1.015\ 182$，方差 $S^2=0.001\ 455$。

表 5.1　加固损伤试验梁抗弯承载力的计算值和试验值比较

<table>
<tr><th>试验</th><th>损伤情况</th><th>编号</th><th>计算值
/(kN·m)</th><th>试验值
/(kN·m)</th><th>试验值
/计算值</th></tr>
<tr><td rowspan="6">试验 1</td><td rowspan="6">初始荷载 $M_k<M_i<M_y$ 的卸载加固</td><td>L12-2</td><td>24.4</td><td>24.4</td><td>1.000</td></tr>
<tr><td>L12-3</td><td>23.5</td><td>23.0</td><td>0.979</td></tr>
<tr><td>L14-2</td><td>29.1</td><td>31.0</td><td>1.065</td></tr>
<tr><td>L14-3</td><td>28.2</td><td>29.0</td><td>1.028</td></tr>
<tr><td>L16-2</td><td>34.5</td><td>37.6</td><td>1.090</td></tr>
<tr><td>L16-3</td><td>33.7</td><td>34.6</td><td>1.027</td></tr>
<tr><td rowspan="3">试验 2</td><td rowspan="3">初始荷载 $M_k\leqslant M_i\leqslant M_y$ 的不卸载加固</td><td>RCFP-2</td><td>215.9</td><td>214.69</td><td>0.994</td></tr>
<tr><td>RCFP-3</td><td>227.3</td><td>229.24</td><td>1.009</td></tr>
<tr><td>RCFP-4</td><td>256.0</td><td>248.02</td><td>0.969</td></tr>
<tr><td rowspan="6">试验 3</td><td rowspan="6">初始荷载 $M_i=0$ 与初始荷载 $M_k\leqslant M_i<M_y$ 的不卸载加固</td><td>LA-0-1</td><td>75.3</td><td>76</td><td>1.009</td></tr>
<tr><td>LA-0-2</td><td>91.4</td><td>91</td><td>0.996</td></tr>
<tr><td>LB-1-1</td><td>77.5</td><td>76</td><td>0.981</td></tr>
<tr><td>LB-2-1</td><td>76.9</td><td>76</td><td>0.988</td></tr>
<tr><td>LB-2-2</td><td>91.1</td><td>93</td><td>1.021</td></tr>
<tr><td>LB-3-2</td><td>90.0</td><td>92</td><td>1.022</td></tr>
<tr><td rowspan="2">试验 4</td><td rowspan="2">初始荷载 M_k 加载至接近 M_y 的卸载加固</td><td>L2</td><td>78.5</td><td>80.6</td><td>1.027</td></tr>
<tr><td>L4</td><td>98.7</td><td>98.4</td><td>0.997</td></tr>
</table>

续表

试验	损伤情况	编号	计算值 /(kN·m)	试验值 /(kN·m)	试验值 /计算值
试验 5	初始荷载 $M_k>M_y$ 的卸载加固	L1	218.3	223.3	1.023
		L2	185	197.3	1.066
		L3	218.3	233.7	1.071
		L4	239.5	221.3	0.924
		L5	218.3	228.8	1.048

5.6 结论

通过“试验 4:初始荷载 M_k 加载至接近 M_y 的卸载加固的损伤钢筋混凝土试验梁情况”与“试验 5:初始荷载 $M_k>M_y$ 的卸载加固的损伤钢筋混凝土试验梁情况”中计算的碳纤维复合材料实际抗拉应变未充分利用的损伤折减系数分别为 0.84 与 0.81。

这与 $M_y/M_u=\frac{55.3}{65.5}=0.84$ 和 $M_y/M_u=\frac{120.3}{147.8}=0.81$ 计算结果相吻合,所以对于 $M_y\leqslant M_0<M_u$ 的钢筋混凝土梁损伤加固时,可以近似取碳纤维复合材料实际抗拉应变未充分利用的损伤折减系数为 $\varphi_{cf}=M_y/M_u(P_y/P_u)$。

采用本书提出的碳纤维布加固损伤钢筋混凝土梁抗弯承载力的计算公式与试验值误差较小,比较接近,可供工程人员参考。

第 6 章　低受压区高度的双筋混凝土梁抗弯性能试验与可靠度计算

在实际工程中，由于使用要求，截面高度受到限制不能增大，且混凝土强度等级因条件限制不能再提高时，为补充混凝土受压能力不足，在截面受压区配置纵向钢筋，形成双筋截面。受压钢筋的存在可减少混凝土梁的徐变变形和提高截面的延性，抗震设计中要求框架梁截面上部和下部必须配置一定比例纵向钢筋。因此在工程中双筋混凝土梁是普遍存在的，受压区高度一般较高。而在进行截面复核时，有可能存在受压区高度 $x<2a'$ 的情况，此时受压钢筋未能屈服，这种情况下的正截面抗弯承载力表达式是近似公式。本章分析低受压区的钢筋混凝土梁正截面受弯的受力全过程，目的是通过试验来验证受压区高度 $x<2a'$ 的钢筋混凝土梁正截面抗弯承载力与正常使用阶段挠度是否合理，并分析低受压区高度的钢筋混凝土梁可靠度指标是否满足《工程结构可靠性设计统一标准》(GB 50153—2008)规定。

6.1　试验概况

6.1.1　试件设计与试验准备

本次试验共设计了 11 根钢筋混凝土梁，其中试验梁尺寸 100 mm×250 mm×

2 600 mm，净跨为 2 400 mm。梁受拉钢筋为 2 Φ12，受压钢筋 2 Φ6.5，纯弯段箍筋Φ6.5@200，剪弯段为Φ6.5@50，采用 C30 商品细石混凝土，保护层厚度为 15 mm。试验梁尺寸及配筋图和加工制作图分别如图 6.1、图 6.2 所示。

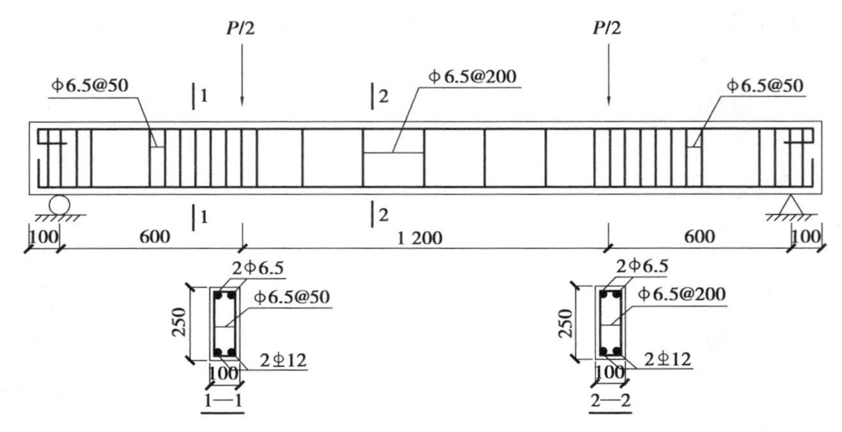

图 6.1　试验梁尺寸及配筋图

图 6.2　试验梁加工制作图

本批次的试验梁采用木模浇筑，置于室外环境下进行自然养护，室外温度 20 ℃左右，浇筑完成就洒水进行养护，并持续洒水，7 d 后拆模并洒水继续进行养护直至 28 d。在浇筑本批次试验梁的同时，在相同条件下，浇筑一组边长为 150 mm × 150 mm ×150 mm 的立方体混凝土试块，以测定混凝土的实际强度。试件在制作时预留的混凝土试块及钢筋，试验前进行材料性能试验，见表 6.1、表 6.2。

表6.1　钢筋的力学性能

直径/mm	屈服强度/MPa	极限强度/MPa	弹性模量/MPa
6.5	376.9	449.3	2.1×10^5
12	364.6	539.3	2.0×10^5

表6.2　混凝土的力学性能

混凝土等级	抗压强度/MPa	弹性模量/MPa
C30	53.2	3.0×10^4

6.1.2　加载方案与量测内容

试验采用在四分点两对称力加载方式，试验加载如图6.3所示。采用手动千斤顶进行加载，由千斤顶连接传感器施加压力，分配载荷，压力传感器配合静态电阻应变仪测定荷载值，梁两边支座端部各留出100 mm。在梁底面的跨中、加载点及支座位置处分别布置百分表测量梁的位移，在梁底纯弯段跨中位置布置应变片。在试验中主要测量试件跨中挠度、混凝土应变、纵向受拉钢筋应变、裂缝宽度等。

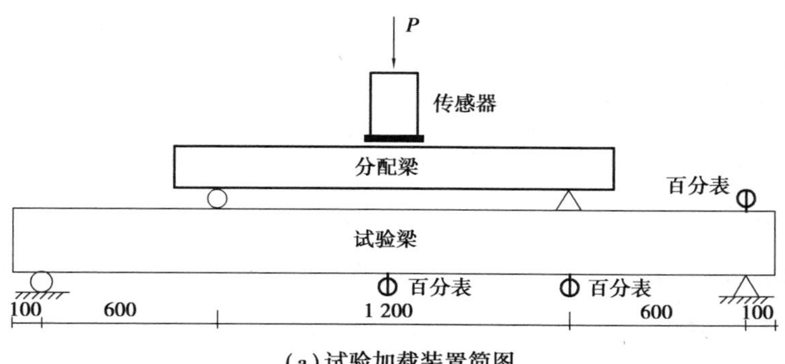

(a)试验加载装置简图

(b)试验加载装置示意

图 6.3　试验装置加载图

6.2　钢筋混凝土梁正截面受弯的受力全过程

6.2.1　适筋梁正截面受弯承载力的试验

本试验梁的配筋率$\rho=\dfrac{A_s}{bh_0}=\dfrac{226}{100\times222.5}=0.01$,满足$\max\left(0.2\%,0.45\dfrac{f_t}{f_y}\right)\leqslant$ $\rho\leqslant a_1\xi_b\dfrac{f_c}{f_y}=0.026$,属于适筋梁。

从纵向钢筋配筋率角度,该试验梁属于适筋梁。该钢筋混凝土简支梁设计的混凝土强度等级为 C30,为消除剪力对正截面受弯的影响,采用两点对称加载方式,使两个对称集中力之间成为纯弯区段。荷载是从 0 开始逐级施加的直至梁正截面受弯破坏。该试验的适筋梁正截面受弯的全过程可划分为 3 个阶段。第 1 阶段为混凝土开裂前的未裂阶段,即从 0 逐级加载至 22.2 kN 之前时,钢筋混凝土梁没有开裂。第 2 阶段为混凝土开裂后至钢筋屈服前的裂缝阶段,当加载至 22.2 kN 时,钢筋混凝土梁开始出现裂缝,随后逐级加载至 55.3 kN 时,其裂缝逐级增多,直至钢筋混凝土梁接近屈服。第 3 阶段为钢筋屈服至截面破坏的破坏阶段,钢筋屈服后继续逐级加载至 65.5 kN,梁的挠度突然增大,裂缝宽度也随之扩展并沿梁高向上延伸,直至荷载增长很小而挠度增加很大,裂缝宽度很大而破坏。

试验过程分析如下:从初始 0 级荷载开始至第 1 级荷载 6.1 kN,停止观察约 5 min;然后由第 1 级荷载加载至第 2 级荷载 16.1 kN,停止观察约 5 min,此时试验梁没有出现裂缝。为了便于观察裂缝的出现,从第 3 级荷载开始以每级约 2 kN 荷载增加,每级持荷 2 min,直至第 5 级荷载 22.2 kN 时,发现在纯弯段的跨中附近出现了裂缝,此时试验梁开裂,如图 6.4 所示。从开裂荷载继续加载,以每级平均 1.7 kN 荷载增加,每级持荷 2 min,直至第 10 级荷载 30.8 kN 时,发现裂缝条数增多,且最开始出现的裂缝长度向中和轴附近延伸。继续加载以每级平均约 1.6 kN 荷载增加,每级持荷 2 min,直至第 15 级荷载 38.6 kN 时,两集中荷载位置处出现裂缝,且跨中裂缝继续扩展并出现了斜裂缝。继续加载以每级平均约 1.9 kN 荷载增加,每级持荷 2 min,直至第 20 级荷载 47.6 kN 时,两集中荷载处裂缝继续出现且裂缝宽度加大。继续加载以每级平均约 1.5 kN 荷载增加,每级持荷 2 min,其中第 22 级荷载 51 kN 时,最大裂缝宽度达到 0.2 mm,直至第 25 级荷载 55.3 kN 时,此时裂缝宽度已接近 0.3 mm,继续加载至第 26 级荷载 55.6 kN 时,钢筋混凝土梁屈服,如图 6.5 所示。此时继续进行加载,以每级平均 0.71 kN 荷载增加,每级持荷 2min,直至第 40 级荷载 65.5 kN 时的极限荷载,发现此过程荷载值增加幅度减小,而其挠度值突然增加,最后钢筋混凝土梁的破坏始自受拉钢筋屈服后受压区边缘混凝土随后压碎的特征,如图 6.6 所示。

图 6.4　试验梁出现裂缝图

图 6.5　试验梁屈服图

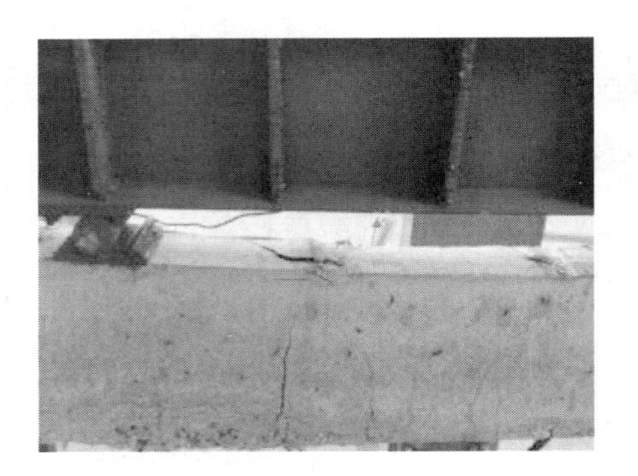

图 6.6　试验梁破坏图

6.2.2　荷载挠度曲线与试验梁破坏形式分析

试验梁荷载-挠度曲线如图 6.7 所示。

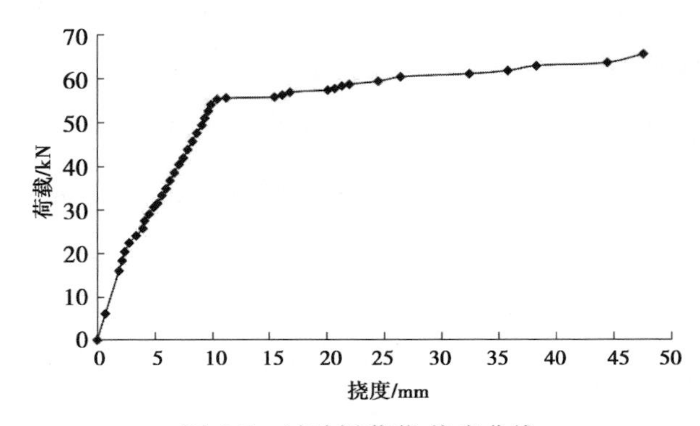

图 6.7　试验梁荷载-挠度曲线

6.3　钢筋混凝土梁正截面抗弯承载力计算

6.3.1　基本假定

①截面应变保持平面。

②不考虑混凝土的抗拉强度。

③混凝土的应力-应变关系、钢筋的应力-应变关系按《混凝土结构设计规范》(GB 50010—2010)取用。

6.3.2　钢筋混凝土梁正截面抗弯承载力的计算

根据力的平衡条件可得,

$$\alpha_1 f_c bx + \sigma_s' A_s' = f_y A_s \tag{6.1}$$

当混凝土受压区高度 $x<2a'$ 时,钢筋混凝土梁抗弯承载力可近似按下式计算:

$$M = f_y A_s (h_0 - a') \tag{6.2}$$

式中　M——钢筋混凝土梁的抗弯承载力;

f_y、σ_s'——受拉钢筋屈服强度、受压钢筋应力;

h_0、a'——截面有效高度、受压区纵向钢筋合力点至截面受压边缘的距离。

钢筋混凝土梁截面抵抗弯矩求出后,可由式(6.3)求出钢筋混凝土梁的承载力:

$$P = \frac{2M}{l_0} \tag{6.3}$$

式中　l_0——混凝土试验梁上集中荷载作用点至近端支座的距离。

$$P_y = \frac{2M_y}{l_0} = \frac{2\times 364.6\times 226\times(222.5-24.75)}{600} = 54.3(\mathrm{kN})$$

与 11 根试验梁屈服荷载的算术平均值 55.4 kN 较接近，误差仅为 1.99%。

6.4 钢筋混凝土梁正常使用阶段的挠度分析

根据《混凝土结构设计规范》的规定，钢筋混凝土受弯构件的短期刚度 B_s 按公式(6.4)计算：

$$B_s=\frac{E_sA_sh_0^2}{1.15\psi+0.2+\dfrac{6a_E\rho}{1+3.5r_f'}} \tag{6.4}$$

式中 ψ——裂缝间纵向受拉钢筋应变不均匀系数，$\psi=1.1-0.65\dfrac{f_{tk}}{\rho_{te}\sigma_{sk}}$，当 $\psi<0.2$ 时，取 $\psi=0.2$，当 $\psi>1$ 时，取 $\psi=1$，对直接承受重复荷载的构件，取 $\psi=1$；

r_f'——受压翼缘的加强系数，$r_f'=\dfrac{(b_f'-b)h_f'}{bh_0}$，本试验梁取 0。

6.4.1 试验梁的短期刚度 B_s 有关参数的计算

$$a_E\rho=\frac{E_S}{E_c}\cdot\frac{A_s}{bh_0}=\frac{20}{3}\times\frac{226}{100\times222.5}=0.068$$

$$\rho_{te}=\frac{A_s}{A_{te}}=\frac{226}{0.5\times100\times250}=0.018$$

$$\sigma_{sk}=\frac{M_k}{\eta h_0A_s}=\frac{364.6\times226\times(222.5-24.75)}{0.87\times222.5\times226}=372.5(\text{N/mm}^2)$$

$$\psi=1.1-0.65\frac{f_{tk}}{\rho_{te}\sigma_{sk}}=1.1-0.65\times\frac{2.01}{0.018\times372.5}=0.91$$

$$B_s=\frac{2.0\times10^5\times226\times222.5^2}{1.15\times0.91+0.2+6\times0.068}=1.35\times10^{12}(\text{N}\cdot\text{mm}^2)$$

6.4.2 试验梁挠度f的计算

对于本试验的钢筋混凝土简支梁,采用在四分点两对称力加载方式,挠度的计算公式为

$$f=2\times\frac{M(3l^2-4l_0^2)}{48B_s}=2\times\frac{M[3l^2-4(l/4)^2]}{48B_s}=\frac{5.5Ml^2}{48B_s} \tag{6.5}$$

$$f=s\frac{Ml^2}{B_s}=\frac{5.5}{48}\times\frac{364.6\times226\times(222.5-24.75)\times2\,400^2}{1.35\times10^{12}}=7.97(\text{mm})<f_{\text{lim}}=l/200=$$

12(mm),满足变形要求。

本次试验共进行了11根钢筋混凝土试验梁正常使用阶段的抗弯试验,对11根试验梁屈服之前的每级加载值与其对应挠度值,共221组数据统计并进行拟合得到数据的趋势公式(6.6),线性拟合关系如图6.8所示。按《混凝土结构设计规范》(GB 50010—2010)的要求,挠度验算满足$f\leqslant f_{\text{lim}}$,本试验取$f_{\text{lim}}=l/200$。

$$P=4.566f+9.130\,7 \tag{6.6}$$

$$f=\frac{P-9.130\,7}{4.566}=\frac{54.3-9.130\,7}{4.566}=9.89(\text{mm})<f_{\text{lim}}=l/200=12(\text{mm})$$,满足变形要形。

将式(6.3)代入式(6.6)得,

$$f=\frac{2M/l_0-9.130\,7}{4.566} \tag{6.7}$$

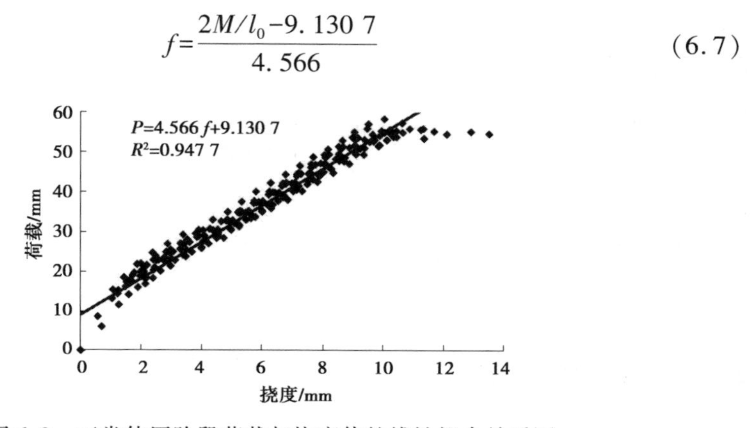

图6.8 正常使用阶段荷载与挠度值的线性拟合关系图

按拟合公式(6.7)计算的正常使用阶段挠度 f 比按规范计算的结果略大,但误差相对较小,计算值与试验值符合较好,且公式较简单,公式中仅表达了挠度 f 与 M/l_0 的关系,计算量相对较小。

6.5 钢筋混凝土梁可靠度计算

6.5.1 结构抗力统计参数

结构抗力指结构承受外加作用的能力。影响结构构件抗力的因素主要有:材料性能的不确定性 X_m、几何参数的不定性 X_A、计算模式的不定性 X_p,这些不定性一般可处理为随机变量,因此结构构件抗力是多元随机变量函数。我国对各种常用结构材料性能、结构构件几何尺寸以及各种结构构件承载力计算模式进行了大量统计研究分析,其统计参数参见相关文献。表 6.3 只给出了部分统计参数。

表 6.3 结构抗力统计参数

参数名称(分布类型)		平均值	变异系数
材料性能的不确定性 X_m(正态)	受拉钢筋强度 f_y 二级	1.14	0.07
几何参数的不定性 X_A(正态)	钢筋混凝土梁截面有效高度 h_0	1.00	0.03
	纵筋重心到截面近边距离	0.85	0.03
	受拉钢筋截面面积 A_s	1.00	0.03
计算模式的不定性 X_p(正态)	钢筋混凝土结构构件受弯	1.00	0.04

6.5.2 荷载统计参数

在实验室的条件下,荷载是实际的加载作用,其统计参数和分布类型根据实际加载情况确定。实际工程中,荷载统计参数与分布类型的确定要根据国家相关规范和实际工程所受的荷载情况综合确定。选择的荷载统计参数见表6.4,且为对数正态分布。

表6.4 荷载统计参数

参数名称(分布类型)	平均值	变异系数
荷载(对数正态)	1.00	0.01

6.5.3 结构可靠度指标

设构件抗力随机变量 R 为基本随机变量 $X_i(i=1,2,\cdots,n)$ 的函数,当 X_i 相互独立并已知其统计参数时,则 R 的平均值、标准差和变异系数为

$$\mu_{\mathrm{Y}}=\varphi(\mu_{X1},\mu_{X2},\cdots,\mu_{Xn}) \tag{6.8}$$

$$\sigma_{\mathrm{Y}}^{2}=\sum_{i=1}^{n}\left(\left.\frac{\partial\varphi}{\partial X_{i}}\right|_{m}\right)^{2}\cdot\sigma_{Xi}^{2} \tag{6.9}$$

$$\delta_{\mathrm{Y}}=\frac{\sigma_{\mathrm{Y}}}{\mu_{\mathrm{Y}}} \tag{6.10}$$

由概率论中的中心极限定理可知,若某函数由很多变量乘积构成,则这一函数近似服从对数正态分布。即抗力 $R=X_1\cdot X_2\cdot\cdots\cdot X_n$ 的概率分布类型近似服从对数正态分布,则 $\ln R$ 趋近于正态分布;若荷载 S 的概率分布类型也为对数正态分布,则 $\ln S$ 亦趋近于正态分布。所以可靠度指标 β 为

$$\beta=\frac{\mu_{\mathrm{Z}}}{\sigma_{\mathrm{Z}}}=\frac{\mu_{\ln R}-\mu_{\ln S}}{\sqrt{\sigma_{\ln R}^{2}+\sigma_{\ln S}^{2}}}=\frac{\ln\left(\frac{\mu_{\mathrm{R}}}{\mu_{\mathrm{S}}}\sqrt{\frac{1+\delta_{\mathrm{S}}^{2}}{1+\delta_{\mathrm{R}}^{2}}}\right)}{\sqrt{\ln[(1+\delta_{\mathrm{R}}^{2})(1+\delta_{\mathrm{S}}^{2})]}}$$

当 δ_{R} 和 δ_{S} 均小于0.3或者近似相等时,则上式可简化为

$$\beta=\frac{\ln\mu_{\mathrm{R}}-\ln\mu_{\mathrm{S}}}{\sqrt{\delta_{\mathrm{R}}^{2}+\delta_{\mathrm{S}}^{2}}}$$

以式(6.1)为依据计算钢筋混凝土梁,试验资料中经分析混凝土受压区高度 $x<2a'$。则计算结构抗力 R_p 为

$$R_P = f_y A_s (h_0 - a_s')$$

由式(6.8)、式(6.9)、式(6.10)经推导得

$$\delta_{R_P}^2 = \delta_{f_y}^2 + \delta_{A_s}^2 + \frac{\mu_{h_0}^2 \delta_{h_0}^2 + \mu_{a_s'}^2 \delta_{a_s'}^2}{(\mu_{h_0} - \mu_{a_s'})^2}$$

$$\delta_{R_p}^2 = 0.07^2 + 0.03^2 + \frac{222.5^2 \times 0.03^2 + (0.85 \times 24.75)^2 \times 0.03^2}{(222.5 - 0.85 \times 24.75)^2} = 6.91 \times 10^{-3}$$

$$\delta_R = \sqrt{\delta_{R_p}^2 + \delta_{X_p}^2} = \sqrt{6.91 \times 10^{-3} + 0.04^2} = 0.092$$

$$\mu_R = \frac{1.00 \times 1.14 \times 364.6 \times 226 \times (222.5 - 0.85 \times 24.75)}{335 \times 226 \times (222.5 - 0.85 \times 24.75)} = 1.24$$

因为 $\delta_R < 0.3, \delta_S < 0.3$

所以 $\beta = \dfrac{\ln \mu_R - \ln \mu_S}{\sqrt{\delta_R^2 + \delta_S^2}} = \dfrac{\ln 1.24 - \ln 1}{\sqrt{0.092^2 + 0.01^2}} = 2.32$

根据《工程结构可靠性设计统一标准》规定的房屋建筑结构构件延性破坏三级安全等级的可靠度指标 β 不应小于2.7,则

$$\beta = \frac{\ln \mu_R - \ln \mu_S}{\sqrt{\delta_R^2 + \delta_S^2}} \geqslant 2.7$$

经计算得,$\mu_R \geqslant 1.284$

该试验梁钢筋屈服强度至少为377.5 N/mm^2,即钢筋屈服强度至少再提高3.55%才能满足要求。此时按规范计算钢筋混凝土梁的挠度为8.25 mm,满足变形要求;按拟合公式(6.7)计算的挠度为12.31 mm,其值比按规范计算结果略大,但基本满足变形要求。

固定其他参数不变,分别改变受拉钢筋强度、受拉钢筋截面面积的变异系数,可靠度指标随其变化的规律如图6.9、图6.10所示。

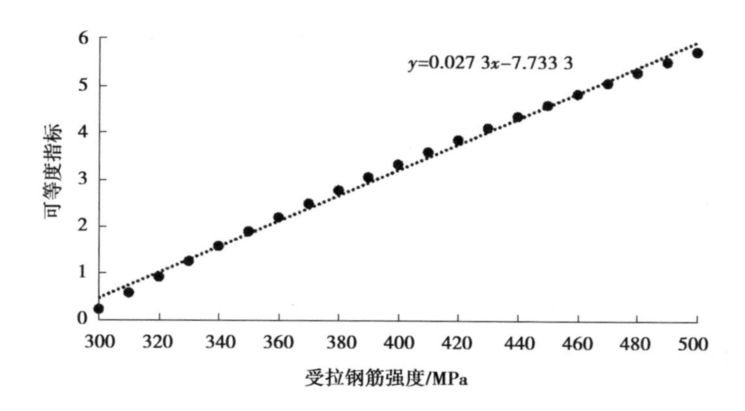

图 6.9　受拉钢筋强度对可靠度指标的影响

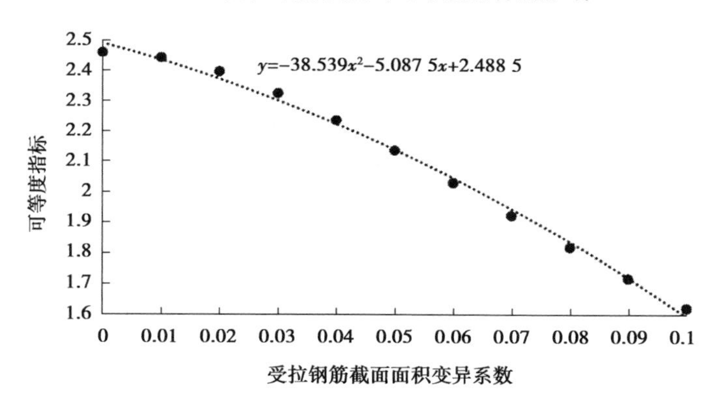

图 6.10　受拉钢筋截面面积变异系数对可靠度指标的影响

综合以上分析，可靠度指标随受拉钢筋强度的增大而增大，基本呈线性增长趋势；而可靠度指标随受拉钢筋截面面积变异系数的增大而降低。

6.6　结论

①本试验所设计的试验梁属于适筋梁，从破坏形态上看是有明显破坏预兆的延性破坏。这种梁的破坏始自受拉钢筋屈服，受压区边缘混凝土随后压碎，验证了适筋梁的破坏形态。

②本试验梁的受压区高度 $x<2a_s'$，其抗弯承载力近似计算公式计算出结果

与试验值误差较小,验证了该公式的合理性,可以用于工程设计。

③通过试验数据拟合出的挠度计算公式表达相对简单,误差较小,且计算量较小,计算结果满足工程要求。鉴于试验资料不足,仅考虑的是配筋率 $\rho=1\%$ 的适筋梁,故拟合的挠度公式还需进一步修正。

④钢筋混凝土梁可靠度指标随受拉钢筋强度的增大而增大,随受拉钢筋截面面积变异系数的增大而降低。该试验梁可靠度指标 β 为 2.32,小于《工程结构可靠性设计统一标准》(GB 50153—2008)的规定,建议提高钢筋屈服强度或进行加固补强。

第 7 章　CFRP 加固损伤钢筋混凝土梁可靠性分析

CFRP 加固损伤钢筋混凝土梁抗弯承载力分为屈服阶段计算与极限阶段计算两部分,而碳纤维布加固钢筋混凝土梁极限阶段受弯破坏形式分为 CFRP 断裂与受压区混凝土压碎两种。本章主要研究 CFRP 加固损伤钢筋混凝土梁极限阶段抗弯承载力计算。

本章针对如何分析碳纤维布加固损伤钢筋混凝土梁可靠性分析问题,基于一些碳纤维布加固损伤钢筋混凝土梁研究成果,大量检测验证得到了结构加固用碳纤维布力学指标的统计参数,并利用结构可靠度理论方法,通过碳纤维布加固损伤钢筋混凝土梁可靠指标计算比较分析研究了碳纤维布加固损伤钢筋混凝土梁可靠度水平。同时探讨了各随机变量均值及变异系数对碳纤维布加固损伤钢筋混凝土梁可靠指标的影响趋势及程度,为碳纤维布加固损伤钢筋混凝土梁的应用范围提供了判据。

7.1　CFRP 加固损伤钢筋混凝土梁极限阶段抗弯承载力计算

钢筋混凝土梁在初始荷载 M_i 的作用下,分为 $0<M_i \leqslant M_k$ 的零到开裂荷载微损伤阶段、$M_k<M_i<M_y$ 的开裂荷载到屈服荷载损伤阶段以及 $M_y \leqslant M_i<M_u$ 的屈服荷载到极限荷载重度损伤阶段。

7.1.1 初始荷载 $0 \leqslant M_i < M_k$ 的损伤钢筋混凝土梁

①若发生 CFEP 断裂破坏,受压区混凝土应力图形为三角形或梯形。抗弯承载力按下式计算:

$$M_u = f_y A_s\left(h_0 - \frac{x}{2}\right) + \varphi_f f_{fu} A_f\left(h_f - \frac{x}{2}\right) + f'_y A'_s\left(\frac{x}{2} - a'\right) \tag{7.1}$$

②若发生受压区混凝土压碎的破坏模式,抗弯承载力按下式计算:

$$M_u = f_y A_s\left(h_0 - \frac{x}{2}\right) + \varphi_f \sigma_f A_f\left(h_f - \frac{x}{2}\right) + f'_y A'_s\left(\frac{x}{2} - a'\right) \tag{7.2}$$

③当混凝土受压区高度小于 $2a'$ 时,抗弯承载力按下式计算:

$$M_u = f_y A_s(h_0 - a') + \varphi_f \sigma_{fu} A_f(h_f - a') \tag{7.3}$$

7.1.2 初始荷载 $M_k < M_i < M_y$ 的损伤钢筋混凝土梁

①若发生 CFEP 断裂破坏,受压区混凝土应力图形为三角形或梯形。抗弯承载力按下式计算:

$$M_u = f_y A_s \eta h_0 + \varphi_f f_{fu} A_f\left(h_f - \frac{x}{2}\right) + f'_y A'_s\left(\frac{x}{2} - a'\right) \tag{7.4}$$

②若发生受压区混凝土压碎的破坏模式,抗弯承载力按下式计算:

$$M_u = f_y A_s \eta h_0 + \varphi_f \sigma_f A_f\left(h_f - \frac{x}{2}\right) + f'_y A'_s\left(\frac{x}{2} - a'\right) \tag{7.5}$$

③当混凝土受压区高度小于 $2a'$ 时,抗弯承载力按下式计算:

$$M_u = f_y A_s \eta h_0 + \varphi_f \sigma_{fu} A_f(h_f - a') \tag{7.6}$$

7.1.3 初始荷载 $M_y \leqslant M_i < M_u$ 的损伤钢筋混凝土梁

①若发生 CFEP 断裂破坏,受压区混凝土应力图形为三角形或梯形,抗弯承

载力按下式计算：

$$M_u = k_q f_y A_s \eta h_0 + \varphi_f f_{fu} A_f\left(h_f - \frac{x}{2}\right) + f'_y A'_s\left(\frac{x}{2} - a'\right) \tag{7.7}$$

②若发生受压区混凝土压碎的破坏模式，抗弯承载力按下式计算：

$$M_u = k_q f_y A_s \eta h_0 + \varphi_f \sigma_f A_f\left(h_f - \frac{x}{2}\right) + f'_y A'_s\left(\frac{x}{2} - a'\right) \tag{7.8}$$

③当混凝土受压区高度小于 $2a'$ 时，抗弯承载力按下式计算：

$$M_u = k_q f_y A_s \eta h_0 + \varphi_f \sigma_{fu} A_f (h_f - a') \tag{7.9}$$

7.2 CFRP加固损伤钢筋混凝土梁可靠性计算分析

7.2.1 CFRP加固损伤钢筋混凝土梁抗弯承载力

结合CFRP加固损伤钢筋混凝土梁抗弯承载力分析章节的试验资料中不同损伤情况承载力计算，在计算抗弯承载力计算中，试验1与试验2中钢筋混凝土梁没有配置受压钢筋，试验3、试验4与试验5中计算的混凝土受压区高度 $x<2a'$，而且碳纤维布加固截面面积很小，此时为了简化计算，不考虑受压钢筋作用，近似取 $h_f \approx h$，分为以下3种情况：

1）初始荷载 $0 \leqslant M_i < M_k$ 的损伤钢筋混凝土梁

①若发生CFEP断裂破坏，受压区混凝土应力图形为三角形或梯形。抗弯承载力按下式计算：

$$M_u = f_y A_s\left(h_0 - \frac{x}{2}\right) + \varphi_f f_{fu} A_f\left(h - \frac{x}{2}\right) \tag{7.10}$$

②若发生受压区混凝土压碎的破坏模式，抗弯承载力按下式计算：

$$M_u = f_y A_s\left(h_0 - \frac{x}{2}\right) + \varphi_f \sigma_f A_f\left(h - \frac{x}{2}\right) \tag{7.11}$$

③当混凝土受压区高度小于 $2a'$ 时，抗弯承载力按下式计算：

$$M_u = f_y A_s(h_0 - a') + \varphi_f \sigma_f A_f(h - a') \tag{7.12}$$

2)初始荷载 $M_k < M_i < M_y$ 的损伤钢筋混凝土梁

①若发生 CFEP 断裂破坏,受压区混凝土应力图形为三角形或梯形。抗弯承载力按下式计算:

$$M_u = f_y A_s \eta h_0 + \varphi_f f_{fu} A_f\left(h - \frac{x}{2}\right) \tag{7.13}$$

②若发生受压区混凝土压碎的破坏模式,抗弯承载力按下式计算:

$$M_u = f_y A_s \eta h_0 + \varphi_f \sigma_f A_f\left(h - \frac{x}{2}\right) \tag{7.14}$$

③当混凝土受压区高度小于 $2a'$时,抗弯承载力按下式计算:

$$M_u = f_y A_s \eta h_0 + \varphi_f \sigma_f A_f(h - a') \tag{7.15}$$

3)初始荷载 $M_y \leqslant M_i < M_u$ 的损伤钢筋混凝土梁

①若发生 CFEP 断裂破坏,受压区混凝土应力图形为三角形或梯形。抗弯承载力按下式计算:

$$M_u = k_q f_y A_s \eta h_0 + \varphi_f f_{fu} A_f\left(h - \frac{x}{2}\right) \tag{7.16}$$

②若发生受压区混凝土压碎的破坏模式,抗弯承载力按下式计算:

$$M_u = k_q f_y A_s \eta h_0 + \varphi_f \sigma_f A_f\left(h - \frac{x}{2}\right) \tag{7.17}$$

③当混凝土受压区高度小于 $2a'$时,抗弯承载力按下式计算:

$$M_u = k_q f_y A_s \eta h_0 + \varphi_f \sigma_{fu} A_f(h - a') \tag{7.18}$$

7.2.2 CFRP 加固损伤混凝土梁抗力 R 变异系数的计算

设构件抗力随机变量 R 为基本随机变量 $X_i(i=1,2,\cdots,n)$ 的函数,当 X_i 相互独立并已知其统计参数时,则 R 的平均值、标准差和变异系数分别为

$$\mu_Y = \varphi(\mu_{X1}, \mu_{X2}, \cdots, \mu_{Xn})$$

$$\sigma_{\mathrm{Y}}^{2} = \sum_{i=1}^{n}\left(\left.\frac{\partial\varphi}{\partial X_{i}}\right|_{m}\right)^{2}\cdot\sigma_{\mathrm{X}i}^{2}$$

$$\delta_{\mathrm{Y}} = \frac{\sigma_{\mathrm{Y}}}{\mu_{\mathrm{Y}}}$$

①以式(7.10)为依据计算 CFRP 加固损伤钢筋混凝土梁结构抗力 R_{p}，则

$$R_{\mathrm{p}} = f_{\mathrm{y}}A_{\mathrm{s}}\left(h_{0}-\frac{x}{2}\right)+\varphi_{\mathrm{f}}f_{\mathrm{fu}}A_{\mathrm{f}}\left(h-\frac{x}{2}\right)$$

R_{p} 为 f_{y}、A_{s}、h_{0}、f_{fu}、A_{f}、h、x 的函数。

$$\mu_{R_{\mathrm{p}}} = \mu_{f_{\mathrm{y}}}\mu_{A_{\mathrm{s}}}\left(\mu_{h_0}-\frac{\mu_{x}}{2}\right)+\varphi_{\mathrm{f}}\mu_{f_{\mathrm{fu}}}\mu_{A_{\mathrm{f}}}\left(\mu_{\mathrm{h}}-\frac{\mu_{\mathrm{x}}}{2}\right)$$

$$\left.\frac{\partial R_{\mathrm{p}}}{\partial f_{\mathrm{y}}}\right|_{m} = \mu_{A_{\mathrm{s}}}\left(\mu_{h_0}-\frac{1}{2}\mu_{\mathrm{x}}\right),\ \left.\frac{\partial R_{\mathrm{p}}}{\partial A_{\mathrm{s}}}\right|_{m} = \mu_{f_{\mathrm{y}}}\left(\mu_{h_0}-\frac{1}{2}\mu_{\mathrm{x}}\right),\ \left.\frac{\partial R_{\mathrm{p}}}{\partial h_{0}}\right|_{m} = \mu_{f_{\mathrm{y}}}\ \mu_{A_{\mathrm{s}}},\ \left.\frac{\partial R_{\mathrm{p}}}{\partial f_{\mathrm{fu}}}\right|_{m} =$$

$$\varphi_{\mathrm{f}}\mu_{A_{\mathrm{f}}}\left(\mu_{\mathrm{h}}-\frac{1}{2}\mu_{\mathrm{x}}\right)$$

$$\left.\frac{\partial R_{\mathrm{p}}}{\partial A_{\mathrm{f}}}\right|_{m} = \varphi_{\mathrm{f}}\mu_{f_{\mathrm{fu}}}\left(\mu_{\mathrm{h}}-\frac{1}{2}\mu_{\mathrm{x}}\right),\ \left.\frac{\partial R_{\mathrm{p}}}{\partial h}\right|_{m} = \varphi_{\mathrm{f}}\mu_{f_{\mathrm{fu}}}\mu_{A_{\mathrm{f}}},\ \left.\frac{\partial R_{\mathrm{p}}}{\partial x}\right|_{m} = -\frac{1}{2}\mu_{f_{\mathrm{y}}}\mu_{A_{\mathrm{s}}}-\frac{1}{2}\varphi_{\mathrm{f}}\mu_{f_{\mathrm{fu}}}\mu_{A_{\mathrm{f}}}$$

因为 $\sigma_{R_{\mathrm{p}}}^{2} = \left(\left.\frac{\partial R_{\mathrm{p}}}{\partial f_{\mathrm{y}}}\right|_{m}\right)^{2}\sigma_{f_{\mathrm{y}}}^{2}+\left(\left.\frac{\partial R_{\mathrm{p}}}{\partial A_{\mathrm{s}}}\right|_{m}\right)^{2}\sigma_{A_{\mathrm{s}}}^{2}+\left(\left.\frac{\partial R_{\mathrm{p}}}{\partial h_{0}}\right|_{m}\right)^{2}\sigma_{h_0}^{2}+\left(\left.\frac{\partial R_{\mathrm{p}}}{\partial f_{\mathrm{fu}}}\right|_{m}\right)^{2}\sigma_{f_{\mathrm{fu}}}^{2}+$
$\left(\left.\frac{\partial R_{\mathrm{p}}}{\partial A_{\mathrm{f}}}\right|_{m}\right)^{2}\sigma_{A_{\mathrm{f}}}^{2}+\left(\left.\frac{\partial R_{\mathrm{p}}}{\partial h}\right|_{m}\right)^{2}\sigma_{\mathrm{h}}^{2}+\left(\left.\frac{\partial R_{\mathrm{p}}}{\partial x}\right|_{m}\right)^{2}\sigma_{\mathrm{x}}^{2}$

所以 $\sigma_{R_{\mathrm{p}}}^{2} = \left[\mu_{A_{\mathrm{s}}}\left(\mu_{h_0}-\frac{1}{2}\mu_{\mathrm{x}}\right)\right]^{2}\sigma_{f_{\mathrm{y}}}^{2}+\left[\mu_{f_{\mathrm{y}}}\left(\mu_{h_0}-\frac{1}{2}\mu_{\mathrm{x}}\right)\right]^{2}\sigma_{A_{\mathrm{s}}}^{2}+(\mu_{f_{\mathrm{y}}}\mu_{A_{\mathrm{s}}})^{2}\sigma_{h_0}^{2}+$
$\left[\varphi_{\mathrm{f}}\mu_{A_{\mathrm{f}}}\left(\mu_{h}-\frac{1}{2}\mu_{\mathrm{x}}\right)\right]^{2}\sigma_{f_{\mathrm{fu}}}^{2}+\left[\varphi_{\mathrm{f}}\mu_{f_{\mathrm{fu}}}\left(\mu_{\mathrm{h}}-\frac{1}{2}\mu_{\mathrm{x}}\right)\right]^{2}\sigma_{A_{\mathrm{f}}}^{2}+(\varphi_{\mathrm{f}}\mu_{f_{\mathrm{fu}}}\mu_{A_{\mathrm{f}}})^{2}\sigma_{\mathrm{h}}^{2}+$
$\frac{1}{4}(\mu_{f_{\mathrm{y}}}\mu_{A_{\mathrm{s}}}+\varphi_{\mathrm{f}}\mu_{f_{\mathrm{fu}}}\mu_{A_{\mathrm{f}}})^{2}\sigma_{\mathrm{x}}^{2}$

$$\delta_{R_{\mathrm{P}}}^{2} = \frac{\sigma_{R_{\mathrm{p}}}^{2}}{\mu_{R_{\mathrm{p}}}^{2}} = \frac{\left[\mu_{f_{\mathrm{y}}}\mu_{A_{\mathrm{s}}}\left(\mu_{h_0}-\frac{\mu_{\mathrm{x}}}{2}\right)\right]^{2}}{\left[\mu_{f_{\mathrm{y}}}\mu_{A_{\mathrm{s}}}\left(\mu_{h_0}-\frac{\mu_{\mathrm{x}}}{2}\right)+\varphi_{\mathrm{f}}\mu_{f_{\mathrm{fu}}}\mu_{A_{\mathrm{f}}}\left(\mu_{h}-\frac{\mu_{\mathrm{x}}}{2}\right)\right]^{2}}(\delta_{f_{\mathrm{y}}}^{2}+\delta_{A_{\mathrm{s}}}^{2})+$$

$$\frac{\left[\varphi_{\mathrm{f}}\mu_{f_{\mathrm{fu}}}\mu_{A_{\mathrm{f}}}\left(\mu_h-\frac{\mu_{\mathrm{x}}}{2}\right)\right]^2}{\left[\mu_{f_y}\mu_{A_{\mathrm{s}}}\left(\mu_{h_0}-\frac{\mu_{\mathrm{x}}}{2}\right)+\varphi_{\mathrm{f}}\mu_{f_{\mathrm{fu}}}\mu_{A_{\mathrm{f}}}\left(\mu_h-\frac{\mu_{\mathrm{x}}}{2}\right)\right]^2}(\delta_{f_{\mathrm{fu}}}^2+\delta_{A_{\mathrm{f}}}^2)+$$

$$\frac{(\mu_{f_y}\mu_{A_{\mathrm{s}}}\mu_{h_0})^2\delta_{h_0}^2+(\varphi_{\mathrm{f}}\mu_{f_{\mathrm{fu}}}\mu_{A_{\mathrm{f}}}\mu_h)^2\delta_h^2+\frac{1}{4}(\mu_{f_y}\mu_{A_{\mathrm{s}}}\mu_{\mathrm{x}}+\varphi_{\mathrm{f}}\mu_{f_{\mathrm{fu}}}\mu_{A_{\mathrm{f}}}\mu_{\mathrm{x}})^2\delta_x^2}{\left[\mu_{f_y}\mu_{A_{\mathrm{s}}}\left(\mu_{h_0}-\frac{\mu_{\mathrm{x}}}{2}\right)+\varphi_{\mathrm{f}}\mu_{f_{\mathrm{fu}}}\mu_{A_{\mathrm{f}}}\left(\mu_{\mathrm{h}}-\frac{\mu_{\mathrm{x}}}{2}\right)\right]^2} \tag{7.19}$$

②以式(7.11)为依据计算 CFRP 加固损伤钢筋混凝土梁结构抗力 R_{p}，则

$$M_{\mathrm{u}}=f_{\mathrm{y}}A_{\mathrm{s}}\left(h_0-\frac{x}{2}\right)+\varphi_{\mathrm{f}}\sigma_{\mathrm{f}}A_{\mathrm{f}}\left(h-\frac{x}{2}\right)=f_{\mathrm{y}}A_{\mathrm{s}}\left(h_0-\frac{x}{2}\right)+\varphi_{\mathrm{f}}E_{\mathrm{f}}\varepsilon_{\mathrm{f}}A_{\mathrm{f}}\left(h-\frac{x}{2}\right)$$

R_{p} 为 f_{y}、A_{s}、h_0、E_{f}、A_{f}、h、x 的函数。

$$\mu_{R_{\mathrm{p}}}=\mu_{f_{\mathrm{y}}}\mu_{A_{\mathrm{s}}}\left(\mu_{h_0}-\frac{\mu_{\mathrm{x}}}{2}\right)+\varphi_{\mathrm{f}}\varepsilon_{\mathrm{f}}\mu_{E_{\mathrm{f}}}\mu_{A_{\mathrm{f}}}\left(\mu_{\mathrm{h}}-\frac{\mu_{\mathrm{x}}}{2}\right)$$

$$\left.\frac{\partial R_{\mathrm{p}}}{\partial f_{\mathrm{y}}}\right|_m=\mu_{A_{\mathrm{s}}}\left(\mu_{h_0}-\frac{1}{2}\mu_{\mathrm{x}}\right),\left.\frac{\partial R_{\mathrm{p}}}{\partial A_{\mathrm{s}}}\right|_m=\mu_{f_{\mathrm{y}}}\left(\mu_{h_0}-\frac{1}{2}\mu_{\mathrm{x}}\right),\left.\frac{\partial R_{\mathrm{p}}}{\partial h_0}\right|_m=\mu_{f_y}\mu_{A_{\mathrm{s}}},\left.\frac{\partial R_{\mathrm{p}}}{\partial E_{\mathrm{f}}}\right|_m=\varphi_{\mathrm{f}}\varepsilon_{\mathrm{f}}\mu_{A_{\mathrm{f}}}\left(\mu_{\mathrm{h}}-\frac{1}{2}\mu_{\mathrm{x}}\right)$$

$$\left.\frac{\partial R_{\mathrm{p}}}{\partial A_{\mathrm{f}}}\right|_m=\varphi_{\mathrm{f}}\varepsilon_{\mathrm{f}}\mu_{E_{\mathrm{f}}}\left(\mu_{\mathrm{h}}-\frac{1}{2}\mu_{\mathrm{x}}\right),\left.\frac{\partial R_{\mathrm{p}}}{\partial h}\right|_m=\varphi_{\mathrm{f}}\varepsilon_{\mathrm{f}}\mu_{E_{\mathrm{f}}}\mu_{A_{\mathrm{f}}},\left.\frac{\partial R_{\mathrm{p}}}{\partial x}\right|_m=-\frac{1}{2}\mu_{f_y}\mu_{A_{\mathrm{s}}}-\frac{1}{2}\varphi_{\mathrm{f}}\varepsilon_{\mathrm{f}}\mu_{E_{\mathrm{f}}}\mu_{A_{\mathrm{f}}}$$

因为 $\sigma_{R_{\mathrm{p}}}^2=\left(\left.\frac{\partial R_{\mathrm{p}}}{\partial f_{\mathrm{y}}}\right|_m\right)^2\sigma_{f_{\mathrm{y}}}^2+\left(\left.\frac{\partial R_{\mathrm{p}}}{\partial A_{\mathrm{s}}}\right|_m\right)^2\sigma_{A_{\mathrm{s}}}^2+\left(\left.\frac{\partial R_{\mathrm{p}}}{\partial h_0}\right|_m\right)^2\sigma_{h_0}^2+\left(\left.\frac{\partial R_{\mathrm{p}}}{\partial E_{\mathrm{f}}}\right|_m\right)^2\sigma_{E_{\mathrm{f}}}^2+\left(\left.\frac{\partial R_{\mathrm{p}}}{\partial A_{\mathrm{f}}}\right|_m\right)^2\sigma_{A_{\mathrm{f}}}^2+\left(\left.\frac{\partial R_{\mathrm{p}}}{\partial h}\right|_m\right)^2\sigma_{\mathrm{h}}^2+\left(\left.\frac{\partial R_{\mathrm{p}}}{\partial x}\right|_m\right)^2\sigma_{\mathrm{x}}^2$

所以 $\sigma_{R_{\mathrm{p}}}^2=\left[\mu_{A_{\mathrm{s}}}\left(\mu_{h_0}-\frac{1}{2}\mu_{\mathrm{x}}\right)\right]^2\sigma_{f_{\mathrm{y}}}^2+\left[\mu_{f_{\mathrm{y}}}\left(\mu_{h_0}-\frac{1}{2}\mu_{\mathrm{x}}\right)\right]^2\sigma_{A_{\mathrm{s}}}^2+(\mu_{f_{\mathrm{y}}}\mu_{A_{\mathrm{s}}})^2\sigma_{h_0}^2+\left[\varphi_{\mathrm{f}}\varepsilon_{\mathrm{f}}\mu_{A_{\mathrm{f}}}\left(\mu_{\mathrm{h}}-\frac{1}{2}\mu_{\mathrm{x}}\right)\right]^2\sigma_{E_{\mathrm{f}}}^2+\left[\varphi_{\mathrm{f}}\varepsilon_{\mathrm{f}}\mu_{E_{\mathrm{f}}}\left(\mu_{\mathrm{h}}-\frac{1}{2}\mu_{\mathrm{x}}\right)\right]^2\sigma_{A_{\mathrm{f}}}^2+(\varphi_{\mathrm{f}}\varepsilon_{\mathrm{f}}\mu_{E_{\mathrm{f}}}\mu_{A_{\mathrm{f}}})^2\sigma_{\mathrm{h}}^2+\left(-\frac{1}{2}\mu_{f_y}\mu_{A_{\mathrm{s}}}-\frac{1}{2}\varphi_{\mathrm{f}}\varepsilon_{\mathrm{f}}\mu_{E_{\mathrm{f}}}\mu_{A_{\mathrm{f}}}\right)^2\sigma_{\mathrm{x}}^2$

$$\delta_{R_p}^2=\frac{\sigma_{R_p}^2}{\mu_{R_p}^2}=\frac{\left[\mu_{f_y}\mu_{A_s}\left(\mu_{h_0}-\frac{\mu_x}{2}\right)\right]^2}{\left[\mu_{f_y}\mu_{A_s}\left(\mu_{h_0}-\frac{\mu_x}{2}\right)+\varphi_f\varepsilon_f\mu_{E_f}\mu_{A_f}\left(\mu_h-\frac{\mu_x}{2}\right)\right]^2}(\delta_{f_y}^2+\delta_{A_s}^2)+$$

$$\frac{\left[\varphi_f\varepsilon_f\mu_{E_f}\mu_{A_f}\left(\mu_h-\frac{\mu_x}{2}\right)\right]^2}{\left[\mu_{f_y}\mu_{A_s}\left(\mu_{h_0}-\frac{\mu_x}{2}\right)+\varphi_f\varepsilon_f\mu_{E_f}\mu_{A_f}\left(\mu_h-\frac{\mu_x}{2}\right)\right]^2}(\delta_{E_f}^2+\delta_{A_f}^2)+$$

$$\frac{(\mu_{f_y}\mu_{A_s}\mu_{h_0})^2\delta_{h_0}^2+(\varphi_f\varepsilon_f\mu_{E_f}\mu_{A_f}\mu_h)^2\delta_h^2+\frac{1}{4}(\mu_{f_y}\mu_{A_s}\mu_x+\varphi_f\varepsilon_f\mu_{E_f}\mu_{A_f}\mu_x)^2\delta_x^2}{\left[\mu_{f_y}\mu_{A_s}\left(\mu_{h_0}-\frac{\mu_x}{2}\right)+\varphi_f\varepsilon_f\mu_{E_f}\mu_{A_f}\left(\mu_h-\frac{\mu_x}{2}\right)\right]^2}$$

(7.20)

③以式(7.12)为依据计算 CFRP 加固损伤钢筋混凝土梁结构抗力 R_p,则

$R_p=f_yA_s(h_0-a')+\varphi_f\sigma_fA_f(h-a')=f_yA_s(h_0-a')+\varphi_fE_f\varepsilon_fA_f(h-a')$

R_p 为 f_y、A_s、h_0、E_f、A_f、h、a'的函数。

$\mu_{R_p}=\mu_{f_y}\mu_{A_s}(\mu_{h_0}-\mu_{a'})+\varphi_f\varepsilon_f\mu_{E_f}\mu_{A_f}(\mu_h-\mu_{a'})$

$\left.\frac{\partial R_p}{\partial f_y}\right|_m=\mu_{A_s}(\mu_{h_0}-\mu_{a'})$, $\left.\frac{\partial R_p}{\partial A_s}\right|_m=\mu_{f_y}(\mu_{h_0}-\mu_{a'})$, $\left.\frac{\partial R_p}{\partial h_0}\right|_m=\mu_{f_y}\mu_{A_s}$, $\left.\frac{\partial R_p}{\partial a'}\right|_m=-\mu_{f_y}\mu_{A_s}-\varphi_f\varepsilon_f\mu_{E_f}\mu_{A_f}$

$\left.\frac{\partial R_p}{\partial E_f}\right|_m=\varphi_f\varepsilon_f\mu_{A_f}(\mu_h-\mu_{a'})$, $\left.\frac{\partial R_p}{\partial A_f}\right|_m=\varphi_f\varepsilon_f\mu_{E_f}(\mu_h-\mu_{a'})$, $\left.\frac{\partial R_p}{\partial h}\right|_m=\varphi_f\varepsilon_f\mu_{E_f}\mu_{A_f}$

因为 $\sigma_{R_p}^2=\left(\left.\frac{\partial R_p}{\partial f_y}\right|_m\right)^2\sigma_{f_y}^2+\left(\left.\frac{\partial R_p}{\partial A_s}\right|_m\right)^2\sigma_{A_s}^2+\left(\left.\frac{\partial R_p}{\partial h_0}\right|_m\right)^2\sigma_{h_0}^2+\left(\left.\frac{\partial R_p}{\partial a'}\right|_m\right)^2\sigma_{a'}^2+\left(\left.\frac{\partial R_p}{\partial E_f}\right|_m\right)^2\sigma_{E_f}^2+\left(\left.\frac{\partial R_p}{\partial A_f}\right|_m\right)^2\sigma_{A_f}^2+\left(\left.\frac{\partial R_p}{\partial h}\right|_m\right)^2\sigma_h^2$

所以 $\sigma_{R_p}^2=[\mu_{A_s}(\mu_{h_0}-\mu_{a'})]^2\sigma_{f_y}^2+[\mu_{f_y}(\mu_{h_0}-\mu_{a'})]^2\sigma_{A_s}^2+(\mu_{f_y}\mu_{A_s})^2\sigma_{h_0}^2+(\mu_{f_y}\mu_{A_s}+\varphi_f\varepsilon_f\mu_{E_f}\mu_{A_f})^2\sigma_{a'}^2+[\varphi_f\varepsilon_f\mu_{A_f}(\mu_h-\mu_{a'})]^2\sigma_{E_f}^2+[\varphi_f\varepsilon_f\mu_{E_f}(\mu_h-\mu_{a'})]^2\sigma_{A_f}^2+(\varphi_f\varepsilon_f\mu_{E_f}\mu_{A_f})^2\sigma_h^2$

$$\delta_{R_p}^2=\frac{\sigma_{R_p}^2}{\mu_{R_p}^2}=\frac{[\mu_{f_y}\mu_{A_s}(\mu_{h_0}-\mu_{a'})]^2}{[\mu_{f_y}\mu_{A_s}(\mu_{h_0}-\mu_{a'})+\varphi_f\varepsilon_f\mu_{E_f}\mu_{A_f}(\mu_h-\mu_{a'})]^2}(\delta_{f_y}^2+\delta_{A_s}^2)+$$

$$\frac{[\varphi_f\varepsilon_f\mu_{E_f}\mu_{A_f}(\mu_h-\mu_{a'})]^2}{[\mu_{f_y}\mu_{A_s}(\mu_{h_0}-\mu_{a'})+\varphi_f\varepsilon_f\mu_{E_f}\mu_{A_f}(\mu_h-\mu_{a'})]^2}(\delta_{E_f}^2+\delta_{A_f}^2)+$$

$$\frac{(\mu_{f_y}\mu_{A_s}\mu_{h_0})^2\delta_{h_0}^2+(\mu_{f_y}\mu_{A_s}\mu_{a'}+\varphi_f\varepsilon_f\mu_{E_f}\mu_{A_f}\mu_{a'})\delta_{a'}^2+(\varphi_f\varepsilon_f\mu_{E_f}\mu_{A_f}\mu_h)^2\delta_h^2}{[\mu_{f_y}\mu_{A_s}(\mu_{h_0}-\mu_{a'})+\varphi_f\varepsilon_f\mu_{E_f}\mu_{A_f}(\mu_h-\mu_{a'})]^2}\quad(7.21)$$

④以式(7.13)为依据计算 CFRP 加固损伤钢筋混凝土梁结构抗力 R_p,则

$$R_p=f_yA_s\eta h_0+\varphi_f f_{fu}A_f\left(h-\frac{x}{2}\right)$$

R_p 为 f_y、A_s、h_0、f_{fu}、A_f、h、x 的函数。

$$\mu_{R_p}=\eta\mu_{f_y}\mu_{A_s}\mu_{h_0}+\varphi_f\mu_{f_{fu}}\mu_{A_f}\left(\mu_h-\frac{1}{2}\mu_x\right)$$

$$\left.\frac{\partial R_p}{\partial f_y}\right|_m=\eta\mu_{A_s}\mu_{h_0},\left.\frac{\partial R_p}{\partial A_s}\right|_m=\eta\mu_{f_y}\mu_{h_0},\left.\frac{\partial R_p}{\partial h_0}\right|_m=\eta\mu_{f_y}\mu_{A_s},\left.\frac{\partial R_p}{\partial f_{fu}}\right|_m=\varphi_f\mu_{A_f}\left(\mu_h-\frac{1}{2}\mu_x\right)$$

$$\left.\frac{\partial R_p}{\partial A_f}\right|_m=\varphi_f\mu_{f_{fu}}\left(\mu_h-\frac{1}{2}\mu_x\right),\left.\frac{\partial R_p}{\partial h}\right|_m=\varphi_f\mu_{f_{fu}}\mu_{A_f},\left.\frac{\partial R_p}{\partial x}\right|_m=-\frac{1}{2}\varphi_f\mu_{f_{fu}}\mu_{A_f}$$

因为 $\sigma_{R_p}^2=\left(\left.\frac{\partial R_p}{\partial f_y}\right|_m\right)^2\sigma_{f_y}^2+\left(\left.\frac{\partial R_p}{\partial A_s}\right|_m\right)^2\sigma_{A_s}^2+\left(\left.\frac{\partial R_p}{\partial h_0}\right|_m\right)^2\sigma_{h_0}^2+\left(\left.\frac{\partial R_p}{\partial f_{fu}}\right|_m\right)^2\sigma_{f_{fu}}^2+\left(\left.\frac{\partial R_p}{\partial A_f}\right|_m\right)^2\sigma_{A_f}^2+\left(\left.\frac{\partial R_p}{\partial h}\right|_m\right)^2\sigma_h^2+\left(\left.\frac{\partial R_p}{\partial x}\right|_m\right)^2\sigma_x^2$

所以 $\sigma_{R_p}^2=(\eta\mu_{A_s}\mu_{h_0})^2\sigma_{f_y}^2+(\eta\mu_{f_y}\mu_{h_0})^2\sigma_{A_s}^2+(\eta\mu_{f_y}\mu_{A_s})^2\sigma_{h_0}^2+\left[\varphi_f\mu_{A_f}\left(\mu_h-\frac{1}{2}\mu_x\right)\right]^2\sigma_{f_{fu}}^2+\left[\varphi_f\mu_{f_{fu}}\left(\mu_h-\frac{1}{2}\mu_x\right)\right]^2\sigma_{A_f}^2+(\varphi_f\mu_{f_{fu}}\mu_{A_f})^2\sigma_h^2+\frac{1}{4}(\varphi_f\mu_{f_{fu}}\mu_{A_f})^2\sigma_x^2$

$$\delta_{R_p}^2=\frac{\sigma_{R_p}^2}{\mu_{R_p}^2}=\frac{[\eta\mu_{f_y}\mu_{A_s}\mu_{h_0}]^2\cdot(\delta_{f_y}^2+\delta_{A_s}^2+\delta_{h_0}^2)}{\left[\eta\mu_{f_y}\mu_{A_s}\mu_{h_0}+\varphi_f\mu_{f_{fu}}\mu_{A_f}\left(\mu_h-\frac{1}{2}\mu_x\right)\right]^2}+\frac{\left[\varphi_f\mu_{f_{fu}}\mu_{A_f}\left(\mu_h-\frac{\mu_x}{2}\right)\right]^2\cdot(\delta_{f_{fu}}^2+\delta_{A_f}^2)}{\left[\eta\mu_{f_y}\mu_{A_s}\mu_{h_0}+\varphi_f\mu_{f_{fu}}\mu_{A_f}\left(\mu_h-\frac{1}{2}\mu_x\right)\right]^2}$$

$$+\frac{(\varphi_f\mu_{f_{fu}}\mu_{A_f})^2\cdot\left(\mu_h^2\delta_h^2+\frac{1}{4}\mu_x^2\delta_x^2\right)}{\left[\eta\mu_{f_y}\mu_{A_s}\mu_{h_0}+\varphi_f\mu_{f_{fu}}\mu_{A_f}\left(\mu_h-\frac{1}{2}\mu_x\right)\right]^2}\quad(7.22)$$

⑤以式(7.14)为依据计算 CFRP 加固损伤钢筋混凝土梁结构抗力 R_p,则

$$M_u = f_y A_s \eta h_0 + \varphi_f \sigma_f A_f \left(h - \frac{x}{2}\right) = f_y A_s \eta h_0 + \varphi_f E_f \varepsilon_f A_f \left(h - \frac{x}{2}\right)$$

R_p 为 f_y、A_s、h_0、E_f、A_f、h、x 的函数。

$$\left.\frac{\partial R_p}{\partial f_y}\right|_m = \eta \mu_{A_s} \mu_{h_0}, \left.\frac{\partial R_p}{\partial A_s}\right|_m = \eta \mu_{f_y} \mu_{h_0}, \left.\frac{\partial R_p}{\partial h_0}\right|_m = \eta \mu_{f_y} \mu_{A_s}, \left.\frac{\partial R_p}{\partial E_f}\right|_m = \varphi_f \varepsilon_f \mu_{A_f} \left(\mu_h - \frac{1}{2}\mu_x\right)$$

$$\left.\frac{\partial R_p}{\partial A_f}\right|_m = \varphi_f \varepsilon_f \mu_{E_f} \left(\mu_h - \frac{1}{2}\mu_x\right), \left.\frac{\partial R_p}{\partial h}\right|_m = \varphi_f \varepsilon_f \mu_{E_f} \mu_{A_f}, \left.\frac{\partial R_p}{\partial x}\right|_m = -\frac{1}{2} \varphi_f \varepsilon_f \mu_{E_f} \mu_{A_f}$$

因为 $\sigma_{R_p}^2 = \left(\left.\frac{\partial R_p}{\partial f_y}\right|_m\right)^2 \sigma_{f_y}^2 + \left(\left.\frac{\partial R_p}{\partial A_s}\right|_m\right)^2 \sigma_{A_s}^2 + \left(\left.\frac{\partial R_p}{\partial h_0}\right|_m\right)^2 \sigma_{h_0}^2 + \left(\left.\frac{\partial R_p}{\partial E_f}\right|_m\right)^2 \sigma_{E_f}^2 + \left(\left.\frac{\partial R_p}{\partial A_f}\right|_m\right)^2 \sigma_{A_f}^2 + \left(\left.\frac{\partial R_p}{\partial h}\right|_m\right)^2 \sigma_h^2 + \left(\left.\frac{\partial R_p}{\partial x}\right|_m\right)^2 \sigma_x^2$

所以 $\sigma_{R_p}^2 = (\eta \mu_{A_s} \mu_{h_0})^2 \sigma_{f_y}^2 + (\eta \mu_{f_y} \mu_{h_0})^2 \sigma_{A_s}^2 + (\eta \mu_{f_y} \mu_{A_s})^2 \sigma_{h_0}^2 + \left[\varphi_f \varepsilon_f \mu_{A_f} \left(\mu_h - \frac{1}{2}\mu_x\right)\right]^2 \sigma_{E_f}^2 + \left[\varphi_f \varepsilon_f \mu_{E_f} \left(\mu_h - \frac{1}{2}\mu_x\right)\right]^2 \sigma_{A_f}^2 + (\varphi_f \varepsilon_f \mu_{E_f} \mu_{A_f})^2 \sigma_h^2 + \left(-\frac{1}{2} \varphi_f \varepsilon_f \mu_{E_f} \mu_{A_f}\right)^2 \sigma_x^2$

$$\mu_{R_p} = \eta \mu_{f_y} \mu_{A_s} \mu_{h_0} + \varphi_f \varepsilon_f \mu_{E_f} \mu_{A_f} \left(\mu_h - \frac{\mu_x}{2}\right)$$

$$\delta_{R_p}^2 = \frac{\sigma_{R_p}^2}{\mu_{R_p}^2} = \frac{(\eta \mu_{f_y} \mu_{A_s} \mu_{h_0})^2 \cdot (\delta_{f_y}^2 + \delta_{A_s}^2 + \delta_{h_0}^2)}{\left[\eta \mu_{f_y} \mu_{A_s} \mu_{h_0} + \varphi_f \varepsilon_f \mu_{E_f} \mu_{A_f} \left(\mu_h - \frac{1}{2}\mu_x\right)\right]^2} + \frac{\left[\varphi_f \varepsilon_f \mu_{E_f} \mu_{A_f} \left(\mu_h - \frac{\mu_x}{2}\right)\right]^2 \cdot (\delta_{E_f}^2 + \delta_{A_f}^2)}{\left[\eta \mu_{f_y} \mu_{A_s} \mu_{h_0} + \varphi_f \varepsilon_f \mu_{E_f} \mu_{A_f} \left(\mu_h - \frac{1}{2}\mu_x\right)\right]^2} + \frac{(\varphi_f \varepsilon_f \mu_{E_f} \mu_{A_f})^2 \cdot \left(\mu_h^2 \delta_h^2 + \frac{1}{4} \mu_x^2 \delta_x^2\right)}{\left[\eta \mu_{f_y} \mu_{A_s} \mu_{h_0} + \varphi_f \varepsilon_f \mu_{E_f} \mu_{A_f} \left(\mu_h - \frac{1}{2}\mu_x\right)\right]^2} \quad (7.23)$$

⑥以式(7.15)为依据计算 CFRP 加固损伤钢筋混凝土梁结构抗力 R_p，则

$$R_p = f_y A_s \eta h_0 + \varphi_f \sigma_f A_f (h - a') = f_y A_s \eta h_0 + \varphi_f E_f \varepsilon_f A_f (h - a')$$

R_p 为 f_y、A_s、h_0、E_f、A_f、h、a'的函数。

$$\mu_{R_p} = \eta \mu_{f_y} \mu_{A_s} \mu_{h_0} + \varphi_f \varepsilon_f \mu_{E_f} \mu_{A_f} (\mu_h - \mu_{a'})$$

$$\left.\frac{\partial R_p}{\partial f_y}\right|_m = \eta \mu_{A_s} \mu_{h_0}, \left.\frac{\partial R_p}{\partial A_s}\right|_m = \eta \mu_{f_y} \mu_{h_0}, \left.\frac{\partial R_p}{\partial h_0}\right|_m = \eta \mu_{f_y} \mu_{A_s}, \left.\frac{\partial R_p}{\partial E_f}\right|_m = \varphi_f \varepsilon_f \mu_{A_f} (\mu_h - \mu_{a'})$$

$$\left.\frac{\partial R_p}{\partial A_f}\right|_m=\varphi_f\varepsilon_f\mu_{E_f}(\mu_h-\mu_{a'}),\left.\frac{\partial R_p}{\partial h}\right|_m=\varphi_f\varepsilon_f\mu_{E_f}\mu_{A_f},\left.\frac{\partial R_p}{\partial a'}\right|_m=-\varphi_f\varepsilon_f\mu_{E_f}\mu_{A_f}$$

因为 $\sigma_{R_p}^2=\left(\left.\frac{\partial R_p}{\partial f_y}\right|_m\right)^2\sigma_{f_y}^2+\left(\left.\frac{\partial R_p}{\partial A_s}\right|_m\right)^2\sigma_{A_s}^2+\left(\left.\frac{\partial R_p}{\partial h_0}\right|_m\right)^2\sigma_{h_0}^2+\left(\left.\frac{\partial R_p}{\partial E_f}\right|_m\right)^2\sigma_{E_f}^2+\left(\left.\frac{\partial R_p}{\partial A_f}\right|_m\right)^2\sigma_{A_f}^2+\left(\left.\frac{\partial R_p}{\partial h}\right|_m\right)^2\sigma_h^2+\left(\left.\frac{\partial R_p}{\partial a'}\right|_m\right)^2\sigma_{a'}^2$

所以 $\sigma_{R_p}^2=(\eta\mu_{A_s}\mu_{h_0})^2\sigma_{f_y}^2+(\eta\mu_{f_y}\mu_{h_0})^2\sigma_{A_s}^2+(\eta\mu_{f_y}\mu_{A_s})^2\sigma_{h_0}^2+[\varphi_f\varepsilon_f\mu_{A_f}(\mu_h-\mu_{a'})]^2\sigma_{E_f}^2+[\varphi_f\varepsilon_f\mu_{E_f}(\mu_h-\mu_{a'})]^2\sigma_{A_f}^2+(\varphi_f\varepsilon_f\mu_{E_f}\mu_{A_f})^2\sigma_h^2+(\varphi_f\varepsilon_f\mu_{E_f}\mu_{A_f})^2\sigma_{a'}^2$

$$\delta_{R_p}^2=\frac{\sigma_{R_p}^2}{\mu_{R_p}^2}=\frac{(\eta\mu_{f_y}\mu_{A_s}\mu_{h_0})^2\cdot(\delta_{f_y}^2+\delta_{A_s}^2+\delta_{h_0}^2)}{[\eta\mu_{f_y}\mu_{A_s}\mu_{h_0}+\varphi_f\varepsilon_f\mu_{E_f}\mu_{A_f}(\mu_h-\mu_{a'})]^2}+\frac{[\varphi_f\varepsilon_f\mu_{E_f}\mu_{A_f}(\mu_h-\mu_{a'})]^2\cdot(\delta_{E_f}^2+\delta_{A_f}^2)}{[\eta\mu_{f_y}\mu_{A_s}\mu_{h_0}+\varphi_f\varepsilon_f\mu_{E_f}\mu_{A_f}(\mu_h-\mu_{a'})]^2}+\frac{(\varphi_f\varepsilon_f\mu_{E_f}\mu_{A_f})^2\cdot(\mu_h^2\delta_h^2+\mu_{a'}^2\delta_{a'}^2)}{[\eta\mu_{f_y}\mu_{A_s}\mu_{h_0}+\varphi_f\varepsilon_f\mu_{E_f}\mu_{A_f}(\mu_h-\mu_{a'})]^2}\tag{7.24}$$

⑦以式(7.16)为依据计算 CFRP 加固损伤钢筋混凝土梁结构抗力 R_p，则

$$R_p=k_q f_y A_s\eta h_0+\varphi_f f_{fu}A_f\left(h-\frac{x}{2}\right)$$

R_p 为 f_y、A_s、h_0、f_{fu}、A_f、h、x 的函数。

$$\mu_{R_p}=k_q\eta\mu_{f_y}\mu_{A_s}\mu_{h_0}+\varphi_f\mu_{f_{fu}}\mu_{A_f}\left(\mu_h-\frac{1}{2}\mu_x\right)$$

$$\left.\frac{\partial R_p}{\partial f_y}\right|_m=k_q\eta\mu_{A_s}\mu_{h_0},\left.\frac{\partial R_p}{\partial A_s}\right|_m=k_q\eta\mu_{f_y}\mu_{h_0},\left.\frac{\partial R_p}{\partial h_0}\right|_m=k_q\eta\mu_{f_y}\mu_{A_s},\left.\frac{\partial R_p}{\partial f_{fu}}\right|_m=\varphi_f\mu_{A_f}\left(\mu_h-\frac{1}{2}\mu_x\right)$$

$$\left.\frac{\partial R_p}{\partial A_f}\right|_m=\varphi_f\mu_{f_{fu}}\left(\mu_h-\frac{1}{2}\mu_x\right),\left.\frac{\partial R_p}{\partial h}\right|_m=\varphi_f\mu_{f_{fu}}\mu_{A_f},\left.\frac{\partial R_p}{\partial x}\right|_m=-\frac{1}{2}\varphi_f\mu_{f_{fu}}\mu_{A_f}$$

因为 $\sigma_{R_p}^2=\left(\left.\frac{\partial R_p}{\partial f_y}\right|_m\right)^2\sigma_{f_y}^2+\left(\left.\frac{\partial R_p}{\partial A_s}\right|_m\right)^2\sigma_{A_s}^2+\left(\left.\frac{\partial R_p}{\partial h_0}\right|_m\right)^2\sigma_{h_0}^2+\left(\left.\frac{\partial R_p}{\partial f_{fu}}\right|_m\right)^2\sigma_{f_{fu}}^2+\left(\left.\frac{\partial R_p}{\partial A_f}\right|_m\right)^2\sigma_{A_f}^2+\left(\left.\frac{\partial R_p}{\partial h}\right|_m\right)^2\sigma_h^2+\left(\left.\frac{\partial R_p}{\partial x}\right|_m\right)^2\sigma_x^2$

所以 $\sigma_{R_p}^2=(k_q\eta\mu_{A_s}\mu_{h_0})^2\sigma_{f_y}^2+(k_q\eta\mu_{f_y}\mu_{h_0})^2\sigma_{A_s}^2+(k_q\eta\mu_{f_y}\mu_{A_s})^2\sigma_{h_0}^2+\left[\varphi_f\mu_{A_f}\left(\mu_h-\frac{1}{2}\mu_x\right)\right]^2\sigma_{f_{fu}}^2+\left[\varphi_f\mu_{f_{fu}}\left(\mu_h-\frac{1}{2}\mu_x\right)\right]^2\sigma_{A_f}^2+(\varphi_f\mu_{f_{fu}}\mu_{A_f})^2\sigma_h^2+\frac{1}{4}(\varphi_f\mu_{f_{fu}}\mu_{A_f})^2\sigma_x^2$

$$\delta_{R_p}^2=\frac{\sigma_{R_p}^2}{\mu_{R_p}^2}=\frac{[k_q\eta\mu_{f_y}\mu_{A_s}\mu_{h_0}]^2\cdot(\delta_{f_y}^2+\delta_{A_s}^2+\delta_{h_0}^2)}{\left[k_q\eta\mu_{f_y}\mu_{A_s}\mu_{h_0}+\varphi_f\mu_{f_{fu}}\mu_{A_f}\left(\mu_h-\frac{1}{2}\mu_x\right)\right]^2}+\frac{\left[\varphi_f\mu_{f_{fu}}\mu_{A_f}\left(\mu_h-\frac{\mu_x}{2}\right)\right]^2\cdot(\delta_{f_{fu}}^2+\delta_{A_f}^2)}{\left[k_q\eta\mu_{f_y}\mu_{A_s}\mu_{h_0}+\varphi_f\mu_{f_{fu}}\mu_{A_f}\left(\mu_h-\frac{1}{2}\mu_x\right)\right]^2}+$$

$$\frac{(\varphi_f\mu_{f_{fu}}\mu_{A_f})^2\cdot\left(\mu_h^2\delta_h^2+\frac{1}{4}\mu_x^2\delta_x^2\right)}{\left[k_q\eta\mu_{f_y}\mu_{A_s}\mu_{h_0}+\varphi_f\mu_{f_{fu}}\mu_{A_f}\left(\mu_h-\frac{1}{2}\mu_x\right)\right]^2}\tag{7.25}$$

⑧以式(7.17)为依据计算 CFRP 加固损伤钢筋混凝土梁结构抗力 R_p，则

$$R_p=k_qf_yA_s\eta h_0+\varphi_f\sigma_fA_f\left(h-\frac{x}{2}\right)=k_qf_yA_s\eta h_0+\varphi_fE_f\varepsilon_fA_f\left(h-\frac{x}{2}\right)$$

R_p 为 f_y、A_s、h_0、f_{fu}、A_f、h、x 的函数。

$$\mu_{R_p}=k_q\eta\mu_{f_y}\mu_{A_s}\mu_{h_0}+\varphi_f\varepsilon_f\mu_{E_f}\mu_{A_f}\left(\mu_h-\frac{1}{2}\mu_x\right)$$

$$\left.\frac{\partial R_p}{\partial f_y}\right|_m=k_q\eta\mu_{A_s}\mu_{h_0},\left.\frac{\partial R_p}{\partial A_s}\right|_m=k_q\eta\mu_{f_y}\mu_{h_0},\left.\frac{\partial R_p}{\partial h_0}\right|_m=k_q\eta\mu_{f_y}\mu_{A_s},\left.\frac{\partial R_p}{\partial E_f}\right|_m$$

$$=\varphi_f\varepsilon_f\mu_{A_f}\left(\mu_h-\frac{1}{2}\mu_x\right)$$

$$\left.\frac{\partial R_p}{\partial A_f}\right|_m=\varphi_f\varepsilon_f\mu_{E_f}\left(\mu_h-\frac{1}{2}\mu_x\right),\left.\frac{\partial R_p}{\partial h}\right|_m=\varphi_f\varepsilon_f\mu_{E_f}\mu_{A_f},\left.\frac{\partial R_p}{\partial x}\right|_m=-\frac{1}{2}\varphi_f\varepsilon_f\mu_{E_f}\mu_{A_f}$$

因为 $\sigma_{R_p}^2=\left(\left.\frac{\partial R_p}{\partial f_y}\right|_m\right)^2\sigma_{f_y}^2+\left(\left.\frac{\partial R_p}{\partial A_s}\right|_m\right)^2\sigma_{A_s}^2+\left(\left.\frac{\partial R_p}{\partial h_0}\right|_m\right)^2\sigma_{h_0}^2+\left(\left.\frac{\partial R_p}{\partial E_f}\right|_m\right)^2\sigma_{E_f}^2+\left(\left.\frac{\partial R_p}{\partial A_f}\right|_m\right)^2\sigma_{A_f}^2+\left(\left.\frac{\partial R_p}{\partial h}\right|_m\right)^2\sigma_h^2+\left(\left.\frac{\partial R_p}{\partial x}\right|_m\right)^2\sigma_x^2$

所以 $\sigma_{R_p}^2=(k_q\eta\mu_{A_s}\mu_{h_0})^2\sigma_{f_y}^2+(k_q\eta\mu_{f_y}\mu_{h_0})^2\sigma_{A_s}^2+(k_q\eta\mu_{f_y}\mu_{A_s})^2\sigma_{h_0}^2+\left[\varphi_f\varepsilon_f\mu_{A_f}\left(\mu_h-\frac{1}{2}\mu_x\right)\right]^2\sigma_{E_f}^2+\left[\varphi_f\varepsilon_f\mu_{E_f}\left(\mu_h-\frac{1}{2}\mu_x\right)\right]^2\sigma_{A_f}^2+(\varphi_f\varepsilon_f\mu_{E_f}\mu_{A_f})^2\sigma_h^2+\frac{1}{4}(\varphi_f\varepsilon_f\mu_{E_f}\mu_{A_f})^2\sigma_x^2$

$$\delta_{R_p}^2=\frac{\sigma_{R_p}^2}{\mu_{R_p}^2}=\frac{[k_q\eta\mu_{f_y}\mu_{A_s}\mu_{h_0}]^2\cdot(\delta_{f_y}^2+\delta_{A_s}^2+\delta_{h_0}^2)}{\left[k_q\eta\mu_{f_y}\mu_{A_s}\mu_{h_0}+\varphi_f\varepsilon_f\mu_{E_f}\mu_{A_f}\left(\mu_h-\frac{1}{2}\mu_x\right)\right]^2}+\frac{\left[\varphi_f\varepsilon_f\mu_{E_f}\mu_{A_f}\left(\mu_h-\frac{\mu_x}{2}\right)\right]^2\cdot(\delta_{E_f}^2+\delta_{A_f}^2)}{\left[k_q\eta\mu_{f_y}\mu_{A_s}\mu_{h_0}+\varphi_f\varepsilon_f\mu_{E_f}\mu_{A_f}\left(\mu_h-\frac{1}{2}\mu_x\right)\right]^2}+$$

$$\frac{(\varphi_f\varepsilon_f\mu_{E_f}\mu_{A_f})^2\cdot\left(\mu_h^2\delta_h^2+\frac{1}{4}\mu_x^2\delta_x^2\right)}{\left[k_q\eta\mu_{f_y}\mu_{A_s}\mu_{h_0}+\varphi_f\varepsilon_f\mu_{E_f}\mu_{A_f}\left(\mu_h-\frac{1}{2}\mu_x\right)\right]^2} \tag{7.26}$$

⑨以式(7.18)为依据计算 CFRP 加固损伤钢筋混凝土梁结构抗力 R_p，则

$$R_p=k_qf_yA_s\eta h_0+\varphi_f\sigma_fA_f(h-a')=k_qf_yA_s\eta h_0+\varphi_fE_f\varepsilon_fA_f(h-a')$$

R_p 为 f_y、A_s、h_0、E_f、A_f、h、a'的函数。

$$\mu_{R_p}=k_q\eta\mu_{f_y}\mu_{A_s}\mu_{h_0}+\varphi_f\varepsilon_f\mu_{E_f}\mu_{A_f}(\mu_h-\mu_{a'})$$

$$\left.\frac{\partial R_p}{\partial f_y}\right|_m=k_q\eta\mu_{A_s}\mu_{h_0},\left.\frac{\partial R_p}{\partial A_s}\right|_m=k_q\eta\mu_{f_y}\mu_{h_0},\left.\frac{\partial R_p}{\partial h_0}\right|_m=k_q\eta\mu_{f_y}\mu_{A_s},\left.\frac{\partial R_p}{\partial E_f}\right|_m=\varphi_f\varepsilon_f\mu_{A_f}(\mu_h-\mu_{a'})$$

$$\left.\frac{\partial R_p}{\partial A_f}\right|_m=\varphi_f\varepsilon_f\mu_{E_f}(\mu_h-\mu_{a'}),\left.\frac{\partial R_p}{\partial h}\right|_m=\varphi_f\varepsilon_f\mu_{E_f}\mu_{A_f},\left.\frac{\partial R_p}{\partial a'}\right|_m=-\varphi_f\varepsilon_f\mu_{E_f}\mu_{A_f}$$

因为 $\sigma_{R_p}^2=\left(\left.\frac{\partial R_p}{\partial f_y}\right|_m\right)^2\sigma_{f_y}^2+\left(\left.\frac{\partial R_p}{\partial A_s}\right|_m\right)^2\sigma_{A_s}^2+\left(\left.\frac{\partial R_p}{\partial h_0}\right|_m\right)^2\sigma_{h_0}^2+\left(\left.\frac{\partial R_p}{\partial E_f}\right|_m\right)^2\sigma_{E_f}^2+\left(\left.\frac{\partial R_p}{\partial A_f}\right|_m\right)^2\sigma_{A_f}^2+\left(\left.\frac{\partial R_p}{\partial h}\right|_m\right)^2\sigma_h^2+\left(\left.\frac{\partial R_p}{\partial a'}\right|_m\right)^2\sigma_a^{2}{}'$

所以 $\sigma_{R_p}^2=(k_q\eta\mu_{A_s}\mu_{h_0})^2\sigma_{f_y}^2+(k_q\eta\mu_{f_y}\mu_{h_0})^2\sigma_{A_s}^2+(k_q\eta\mu_{f_y}\mu_{A_s})^2\sigma_{h_0}^2+[\varphi_f\varepsilon_f\mu_{A_f}(\mu_h-\mu_{a'})]^2\sigma_{E_f}^2+[\varphi_f\varepsilon_f\mu_{E_f}(\mu_h-\mu_{a'})]^2\sigma_{A_f}^2+(\varphi_f\varepsilon_f\mu_{E_f}\mu_{A_f})^2\sigma_h^2+(\varphi_f\varepsilon_f\mu_{E_f}\mu_{A_f})^2\sigma_a^{2}{}'$

$$\delta_{R_p}^2=\frac{\sigma_{R_p}^2}{\mu_{R_p}^2}=\frac{(k_q\eta\mu_{f_y}\mu_{A_s}\mu_{h_0})^2\cdot(\delta_{f_y}^2+\delta_{A_s}^2+\delta_{h_0}^2)}{[k_q\eta\mu_{f_y}\mu_{A_s}\mu_{h_0}+\varphi_f\varepsilon_f\mu_{E_f}\mu_{A_f}(\mu_h-\mu_{a'})]^2}+\frac{[\varphi_f\varepsilon_f\mu_{E_f}\mu_{A_f}(\mu_h-\mu_{a'})]^2\cdot(\delta_{E_f}^2+\delta_{A_f}^2)}{[k_q\eta\mu_{f_y}\mu_{A_s}\mu_{h_0}+\varphi_f\varepsilon_f\mu_{E_f}\mu_{A_f}(\mu_h-\mu_{a'})]^2}+$$

$$\frac{(\varphi_f\varepsilon_f\mu_{E_f}\mu_{A_f})^2\cdot(\mu_h^2\delta_h^2+\mu_{a'}^2\delta_{a'}^2)}{[k_q\eta\mu_{f_y}\mu_{A_s}\mu_{h_0}+\varphi_f\varepsilon_f\mu_{E_f}\mu_{A_f}(\mu_h-\mu_{a'})]^2} \tag{7.27}$$

$$\delta_R=\sqrt{\delta_{R_p}^2+\delta_{X_p}^2} \tag{7.28}$$

7.2.3 CFRP 加固损伤混凝土梁可靠指标 β 的计算

$$\mu_R=\frac{\mu_{X_p}\mu_{R_p}}{R_k}$$

式中 R_k——由规范规定的材料性能值及设计几何参数计算得到的抗力标准值。

由概率论中的中心极限定理可知,若某函数由很多变量乘积构成,则这一函数近似服从对数正态分布。即抗力 $R=X_1 \cdot X_2 \cdot \cdots \cdot X_n$ 的概率分布类型近似服从对数正态分布,则 $\ln R$ 趋近于正态分布;若荷载 S 的概率分布类型也为对数正态分布,则 $\ln S$ 亦趋近于正态分布。所以可靠度指标 β 为

$$\beta=\frac{\mu_Z}{\sigma_Z}=\frac{\mu_{\ln R}-\mu_{\ln S}}{\sqrt{\sigma_{\ln R}^2+\sigma_{\ln S}^2}}=\frac{\ln\left(\frac{\mu_R}{\mu_S}\sqrt{\frac{1+\delta_S^2}{1+\delta_R^2}}\right)}{\sqrt{\ln[(1+\delta_R^2)(1+\delta_S^2)]}}$$

当 δ_R 和 δ_S 均小于0.3或者近似相等时,则上式可简化为

$$\beta=\frac{\ln\mu_R-\ln\mu_S}{\sqrt{\delta_R^2+\delta_S^2}}$$

7.2.4 结构抗力统计参数

碳纤维布材料统计参数见表7.1,结构抗力统计参数见表7.2。

表7.1 碳纤维布材料统计参数

参数名称(分布类型)	平均值	变异系数
碳纤维布强度 f_{cf}(正态)	1.09	0.06
碳纤维布弹性模量 E_{cf}(正态)	1.00	0.02
碳纤维布截面面积 A_{cf}(正态)	1.00	0.02

表7.2 结构抗力统计参数

参数名称(分布类型)		平均值	变异系数
材料性能的不确定性 X_m(正态)	受拉钢筋强度 f_y 二级	1.14	0.07
	受拉钢筋强度 f_y 三级	1.09	0.06
	混凝土强度 f_c	1.00	0.03

续表

参数名称(分布类型)		平均值	变异系数
几何参数的不定性 X_A(正态)	钢筋混凝土梁截面高度 h	1.00	0.02
	钢筋混凝土梁截面宽度 b	1.00	0.02
	混凝土受压区高度 x	1.00	0.03
	钢筋混凝土梁截面有效高度 h_0	1.00	0.03
	受压钢筋截面重心至混凝土受压区边缘距离 a_s	1.00	0.02
	受拉钢筋截面面积 A_s	1.00	0.03
计算模式的不定性 X_p(正态)	钢筋混凝土结构构件受弯	1.00	0.04

7.2.5 荷载统计参数

在实验室的条件下,荷载是实际的加载作用,其统计参数和分布类型根据实际加载情况确定。而在实际工程中,荷载统计参数与分布类型的确定要根据国家相关规范和实际工程所受的荷载情况综合确定。本节选择的荷载统计参数见表7.3,且为对数正态分布。

表7.3 荷载统计参数

参数名称(分布类型)	平均值	变异系数
荷载(对数正态)	1.00	0.01

按照现行国家标准《建筑结构可靠性设计统一标准》(GB 50068—2018)规定,碳纤维布的强度标准值取不小于95%的保证率的性能指标值,即可按下式计算确定:

$$f_k = \mu_f - 1.645\sigma_f = \mu_f(1 - 1.645\delta_f)$$

式中 f_k、μ_f、σ_f、δ_f——抗拉强度的标准值、均值、标准差、变异系数。

$$\frac{\varepsilon_{均值}}{\varepsilon_{标准值}}=\frac{\mu_f}{f_k}=\frac{E_f\varepsilon_{均值}}{E_f\varepsilon_{标准值}}=\frac{1}{1-1.645\delta_f}=\frac{1}{1-1.645\times0.06}=1.11$$

根据标准正态分布表，碳纤维布的强度标准值取不小于 96% 的保证率的性能指标值，即可按下式计算确定：

$$f_k=\mu_f-1.75\sigma_f=\mu_f(1-1.75\delta_f)$$

$$\frac{\varepsilon_{均值}}{\varepsilon_{标准值}}=\frac{\mu_f}{f_k}=\frac{E_f\varepsilon_{均值}}{E_f\varepsilon_{标准值}}=\frac{1}{1-1.75\delta_f}=\frac{1}{1-1.75\times0.06}=1.12$$

根据标准正态分布表，碳纤维布的强度标准值取不小于 97% 的保证率的性能指标值，即可按下式计算确定：

$$f_k=\mu_f-1.89\sigma_f=\mu_f(1-1.89\delta_f)$$

$$\frac{\varepsilon_{均值}}{\varepsilon_{标准值}}=\frac{\mu_f}{f_k}=\frac{E_f\varepsilon_{均值}}{E_f\varepsilon_{标准值}}=\frac{1}{1-1.89\delta_f}=\frac{1}{1-1.89\times0.06}=1.13$$

根据标准正态分布表，碳纤维布的强度标准值取不小于 98% 的保证率的性能指标值，即可按下式计算确定：

$$f_k=\mu_f-2.06\sigma_f=\mu_f(1-2.06\delta_f)$$

$$\frac{\varepsilon_{均值}}{\varepsilon_{标准值}}=\frac{\mu_f}{f_k}=\frac{E_f\varepsilon_{均值}}{E_f\varepsilon_{标准值}}=\frac{1}{1-2.06\delta_f}=\frac{1}{1-2.06\times0.06}=1.14$$

根据标准正态分布表，碳纤维布的强度标准值取不小于 99% 的保证率的性能指标值，即可按下式计算确定：

$$f_k=\mu_f-2.33\sigma_f=\mu_f(1-2.33\delta_f)$$

$$\frac{\varepsilon_{均值}}{\varepsilon_{标准值}}=\frac{\mu_f}{f_k}=\frac{E_f\varepsilon_{均值}}{E_f\varepsilon_{标准值}}=\frac{1}{1-2.33\delta_f}=\frac{1}{1-2.33\times0.06}=1.16$$

根据标准正态分布表，碳纤维布的强度标准值取不小于 99.87% 的保证率的性能指标值，即可按下式计算确定：

$$f_k=\mu_f-3\sigma_f=\mu_f(1-3\delta_f)$$

$$\frac{\varepsilon_{均值}}{\varepsilon_{标准值}}=\frac{\mu_f}{f_k}=\frac{E_f\varepsilon_{均值}}{E_f\varepsilon_{标准值}}=\frac{1}{1-3\delta_f}=\frac{1}{1-3\times0.06}=1.22$$

7.3 试验资料中纤维布加固损伤钢筋混凝土梁可靠度计算

试验 1 卸载加固的损伤程度为 $M_k<M_i<M_y$ 的试验梁，王梓鉴共设计了 9 根钢筋混凝土梁，L12、L14、L16(数字为底部纵筋的直径)各 3 根，其截面形式为矩形。钢筋混凝土梁试件的截面尺寸为 1 600 mm×150 mm×200 mm；底部纵筋均采用 HRB400 级钢筋；架立筋采用 2 根直径为 10 mm 的 HRB400 钢筋；箍筋为 ϕ6@50，配筋图如图 5.6 所示。混凝土的强度为 C30，保护层厚度为 20 mm。将 9 根钢筋混凝土梁(配筋率分别为 0.52%、0.75%、1.02%)分为 3 组，同一配筋率之间加载历程分别为未预加载、预加载至 $0.3P_u$、预加载至 $0.6P_u$，未预加载的为对比梁，其余为二次受力试验梁。

(1)试验 1：初始荷载 $M_k<M_i<M_y$ 的卸载加固损伤钢筋混凝土梁情况

①试验梁 L12-2 预先加载至 $0.3P_u$，完全卸载后再加固，CFRP 层数为 1 层，因为抗弯承载力按式(7.10)计算，所以由式(7.19)得

$$\delta_{R_P}^2=\frac{\sigma_{R_P}^2}{\mu_{R_P}^2}=\frac{\left[1.09\times405\times226.2\times\left(168-\frac{24.86}{2}\right)\right]^2}{\left[1.09\times405\times226.2\times\left(168-\frac{24.86}{2}\right)+1.09\times3\ 587.2\times15\times\left(200-\frac{24.86}{2}\right)\right]^2}\times(0.06^2+0.03^2)+$$

$$\frac{\left[1.09\times3\ 587.2\times15\times\left(200-\frac{24.86}{2}\right)\right]^2}{\left[1.09\times405\times226.2\times\left(168-\frac{24.86}{2}\right)+1.09\times3\ 587.2\times15\times\left(200-\frac{24.86}{2}\right)\right]^2}\times(0.06^2+0.02^2)+$$

$$\frac{(1.09\times405\times226.2\times168)^2\times0.03^2+(1.09\times3\ 587.2\times15\times200)^2\times0.02^2+\frac{1}{4}\times(1.09\times405\times226.2\times24.86+1.09\times3\ 587.2\times15\times24.86)^2\times0.03^2}{\left[1.09\times405\times226.2\times\left(168-\frac{24.86}{2}\right)+1.09\times3\ 587.2\times15\times\left(200-\frac{24.86}{2}\right)\right]^2}$$

$$=1.542\times10^{-3}+6.875\times10^{-4}+4.428\times10^{-4}=2.672\times10^{-3}$$

$$\delta_R=\sqrt{\delta_{R_p}^2+\delta_{X_p}^2}=\sqrt{2.672\times10^{-3}+0.04^2}=0.065$$

$$\mu_R=\frac{1.00\times\left[1.09\times405\times226.2\times\left(168-\frac{24.86}{2}\right)+1.09\times3\ 587.2\times15\times\left(200-\frac{24.86}{2}\right)\right]}{335\times226.2\times\left(168-\frac{24.86}{2}\right)+3\ 400\times15\times\left(200-\frac{24.86}{2}\right)}=1.243$$

因为 $\delta_R<0.3$，$\delta_S<0.3$

所以 $\beta=\dfrac{\ln\mu_R-\ln\mu_S}{\sqrt{\delta_R^2+\delta_S^2}}=\dfrac{\ln 1.243-\ln 1}{\sqrt{0.065^2+0.01^2}}=3.31$

②试验梁 L12-3 预先加载至 $0.6P_u$，完全卸载后再加固，CFRP 层数为 1 层，因为抗弯承载力按式(7.13)计算，所以由式(7.22)得

$$\delta_{R_P}^2=\frac{\sigma_{R_P}^2}{\mu_{R_P}^2}=\frac{[0.87\times1.09\times405\times226.2\times168]^2\times(0.06^2+0.03^2+0.03^2)}{\left[0.87\times1.09\times405\times226.2\times168+1.09\times3\,587.2\times15\times\left(200-\frac{24.86}{2}\right)\right]^2}+$$

$$\frac{\left[1.09\times3\,587.2\times15\times\left(200-\frac{24.86}{2}\right)\right]^2\times(0.06^2+0.02^2)}{\left[0.87\times1.09\times405\times226.2\times168+1.09\times3\,587.2\times15\times\left(200-\frac{24.86}{2}\right)\right]^2}+$$

$$\frac{(1.09\times3\,587.2\times15)^2\times\left(200^2\times0.02^2+\frac{1}{4}\times24.86^2\times0.03^2\right)}{\left[0.87\times1.09\times405\times226.2\times168+1.09\times3\,587.2\times15\times\left(200-\frac{24.86}{2}\right)\right]^2}$$

$$=1.756\times10^{-3}+7.389\times10^{-4}+8.474\times10^{-5}=2.58\times10^{-3}$$

$$\delta_R=\sqrt{\delta_{R_p}^2+\delta_{X_p}^2}=\sqrt{2.58\times10^{-3}+0.04^2}=0.065$$

$$\mu_R=\frac{1.00\times\left[1.09\times405\times226.2\times0.87\times168+1.09\times3\,587.2\times15\times\left(200-\frac{24.86}{2}\right)\right]}{335\times226.2\times0.87\times168+3\,400\times15\times\left(200-\frac{24.86}{2}\right)}=1.240$$

因为 $\delta_R<0.3$，$\delta_S<0.3$

所以 $\beta=\dfrac{\ln\mu_R-\ln\mu_S}{\sqrt{\delta_R^2+\delta_S^2}}=\dfrac{\ln 1.240-\ln 1}{\sqrt{0.065^2+0.01^2}}=3.27$

③试验梁 L14-2 预先加载至 $0.3P_u$，完全卸载后再加固，CFRP 层数为 1 层，因为抗弯承载力按式(7.10)计算，所以由式(7.19)得

$$\delta_{R_P}^2=\frac{\sigma_{R_p}^2}{\mu_{R_p}^2}=\frac{\left[1.09\times406\times307.8\times\left(167-\frac{28.86}{2}\right)\right]^2}{\left[1.09\times406\times307.8\times\left(167-\frac{28.86}{2}\right)+1.09\times3\,587.2\times15\times\left(200-\frac{28.86}{2}\right)\right]^2}\times(0.06^2+0.03^2)+$$

$$\frac{\left[1.09\times3\,587.2\times15\times\left(200-\frac{28.86}{2}\right)\right]^2}{\left[1.09\times406\times307.8\times\left(167-\frac{28.86}{2}\right)+1.09\times3\,587.2\times15\times\left(200-\frac{28.86}{2}\right)\right]^2}\times(0.06^2+0.02^2)+$$

$$\frac{(1.09\times406\times307.8\times167)^2\times0.03^2+(1.09\times3\ 587.2\times15\times200)^2\times0.02^2+\frac{1}{4}\times(1.09\times406\times307.8\times28.86+1.09\times3\ 587.2\times15\times28.86)^2\times0.03^2}{\left[1.09\times406\times307.8\times\left(167-\frac{28.86}{2}\right)+1.09\times3\ 587.2\times15\times\left(200-\frac{28.86}{2}\right)\right]^2}$$

$$=1.938\times10^{-3}+4.725\times10^{-4}+5.264\times10^{-4}=2.937\times10^{-3}$$

$$\delta_R=\sqrt{\delta_{R_p}^2+\delta_{X_p}^2}=\sqrt{2.937\times10^{-3}+0.04^2}=0.067$$

$$\mu_R=\frac{1.00\times\left[1.09\times406\times307.8\times\left(167-\frac{28.86}{2}\right)+1.09\times3\ 587.2\times15\times\left(200-\frac{28.86}{2}\right)\right]}{335\times307.8\times\left(167-\frac{28.86}{2}\right)+3\ 400\times15\times\left(200-\frac{28.86}{2}\right)}$$

$$=1.257$$

因为 $\delta_R<0.3$，$\delta_S<0.3$

所以 $\beta=\frac{\ln\mu_R-\ln\mu_S}{\sqrt{\delta_R^2+\delta_S^2}}=\frac{\ln 1.257-\ln 1}{\sqrt{0.067^2+0.01^2}}=3.38$

④试验梁 L14-3 预先加载至 $0.6P_u$，完全卸载后再加固，CFRP 层数为 1 层，因为抗弯承载力按式(7.13)计算，所以由式(7.22)得

$$\delta_{R_p}^2=\frac{\sigma_{R_p}^2}{\mu_{R_p}^2}=\frac{[0.87\times1.09\times406\times307.8\times167]^2\times(0.06^2+0.03^2+0.03^2)}{\left[0.87\times1.09\times406\times307.8\times167+1.09\times3\ 587.2\times15\times\left(200-\frac{28.86}{2}\right)\right]^2}+$$

$$\frac{\left[1.09\times3\ 587.2\times15\times\left(200-\frac{28.86}{2}\right)\right]^2\times(0.06^2+0.02^2)}{\left[0.87\times1.09\times406\times307.8\times167+1.09\times3\ 587.2\times15\times\left(200-\frac{28.86}{2}\right)\right]^2}+$$

$$\frac{(1.09\times3\ 587.2\times15)^2\times\left(200^2\times0.02^2+\frac{1}{4}\times28.86^2\times0.03^2\right)}{\left[0.87\times1.09\times406\times307.8\times167+1.09\times3\ 587.2\times15\times\left(200-\frac{28.86}{2}\right)\right]^2}$$

$$=2.248\times10^{-3}+5.036\times10^{-4}+5.918\times10^{-5}=2.811\times10^{-3}$$

$$\delta_R=\sqrt{\delta_{R_p}^2+\delta_{X_p}^2}=\sqrt{2.811\times10^{-3}+0.04^2}=0.066\ 4$$

$$\mu_R=\frac{1.00\times\left[1.09\times406\times307.8\times0.87\times167+1.09\times3\ 587.2\times15\times\left(200-\frac{28.86}{2}\right)\right]}{335\times307.8\times0.87\times167+3\ 400\times15\times\left(200-\frac{28.86}{2}\right)}$$

$=1.255$

因为 $\delta_R<0.3$，$\delta_S<0.3$

所以 $\beta=\dfrac{\ln\mu_R-\ln\mu_S}{\sqrt{\delta_R^2+\delta_S^2}}=\dfrac{\ln 1.255-\ln 1}{\sqrt{0.0664^2+0.01^2}}=3.38$

⑤试验梁 L16-2 预先加载至 $0.3P_u$，完全卸载后再加固，CFRP 层数为 1 层，因为抗弯承载力按式(7.10)计算，所以由式(7.19)得

$$\delta_{R_p}^2=\frac{\sigma_{R_p}^2}{\mu_{R_p}^2}=\frac{\left[1.09\times410\times402.2\times\left(166-\frac{33.73}{2}\right)\right]^2}{\left[1.09\times410\times402.2\times\left(166-\frac{33.73}{2}\right)+1.09\times3\,587.2\times15\times\left(200-\frac{33.73}{2}\right)\right]^2}\times(0.06^2+0.03^2)+$$

$$\frac{\left[1.09\times3\,587.2\times15\times\left(200-\frac{33.73}{2}\right)\right]^2}{\left[1.09\times410\times402.2\times\left(166-\frac{33.73}{2}\right)+1.09\times3\,587.2\times15\times\left(200-\frac{33.73}{2}\right)\right]^2}\times(0.06^2+0.02^2)+$$

$$\frac{(1.09\times410\times402.2\times166)^2\times0.03^2+(1.09\times3\,587.2\times15\times200)^2\times0.02^2+\frac{1}{4}\times(1.09\times410\times402.2\times33.73+1.09\times3\,587.2\times15\times33.73)^2\times0.03^2}{\left[1.09\times410\times402.2\times\left(166-\frac{33.73}{2}\right)+1.09\times3\,587.2\times15\times\left(200-\frac{33.73}{2}\right)\right]^2}$$

$$=2.294\times10^{-3}+3.273\times10^{-4}+6.177\times10^{-4}=3.239\times10^{-3}$$

$$\delta_R=\sqrt{\delta_{R_p}^2+\delta_{X_p}^2}=\sqrt{3.239\times10^{-3}+0.04^2}=0.07$$

$$\mu_R=\frac{1.00\times\left[1.09\times410\times402.2\times\left(166-\frac{33.73}{2}\right)+1.09\times3\,587.2\times15\times\left(200-\frac{33.73}{2}\right)\right]}{335\times402.2\times\left(166-\frac{33.73}{2}\right)+3\,400\times15\times\left(200-\frac{33.73}{2}\right)}$$

$=1.276$

因为 $\delta_R<0.3$，$\delta_S<0.3$

所以 $\beta=\dfrac{\ln\mu_R-\ln\mu_S}{\sqrt{\delta_R^2+\delta_S^2}}=\dfrac{\ln 1.276-\ln 1}{\sqrt{0.07^2+0.01^2}}=3.45$

⑥试验梁 L16-3 预先加载至 $0.6P_u$，完全卸载后再加固，CFRP 层数为 1 层，因为抗弯承载力按式(7.13)计算，所以由式(7.22)得

$$\delta_{R_p}^2=\frac{\sigma_{R_p}^2}{\mu_{R_p}^2}=\frac{[0.87\times1.09\times410\times402.2\times166]^2\times(0.06^2+0.03^2+0.03^2)}{\left[0.87\times1.09\times410\times402.2\times166+1.09\times3\,587.2\times15\times\left(200-\frac{33.73}{2}\right)\right]^2}+$$

$$\frac{\left[1.09\times3\ 587.2\times15\times\left(200-\frac{33.73}{2}\right)\right]^{2}\times(0.06^{2}+0.02^{2})}{\left[0.87\times1.09\times410\times402.2\times166+1.09\times3\ 587.2\times15\times\left(200-\frac{33.73}{2}\right)\right]^{2}}+$$

$$\frac{(1.09\times3\ 587.2\times15)^{2}\times\left(200^{2}\times0.02^{2}+\frac{1}{4}\times33.73^{2}\times0.03^{2}\right)}{\left[0.87\times1.09\times410\times402.2\times166+1.09\times3\ 587.2\times15\times\left(200-\frac{33.73}{2}\right)\right]^{2}}$$

$$=2.7\times10^{-3}+3.426\times10^{-4}+4.152\times10^{-5}=3.084\times10^{-3}$$

$$\delta_{R}=\sqrt{\delta_{R_p}^{2}+\delta_{X_p}^{2}}=\sqrt{3.084\times10^{-3}+0.04^{2}}=0.068\ 4$$

$$\mu_{R}=\frac{1.00\times\left[1.09\times410\times402.2\times0.87\times166+1.09\times3\ 587.2\times15\times\left(200-\frac{33.73}{2}\right)\right]}{335\times402.2\times0.87\times166+3\ 400\times15\times\left(200-\frac{33.73}{2}\right)}$$

$$=1.274$$

因为 $\delta_{R}<0.3$，$\delta_{S}<0.3$

所以 $\beta=\frac{\ln\mu_{R}-\ln\mu_{S}}{\sqrt{\delta_{R}^{2}+\delta_{S}^{2}}}=\frac{\ln 1.274-\ln 1}{\sqrt{0.068\ 4^{2}+0.01^{2}}}=3.50$

试验 2 不卸载加固的不同损伤程度钢筋混凝土试验梁，卜良桃等设计制作钢筋混凝土矩形截面梁试件 4 根，其中 RCFP-1 为未加固的对比试件，RCFP-2、RCFP-3、RCFP-4 为碳纤维板加固试件。RCFP-1 ~ RCFP-4 的配筋情况相同（配筋率为 0.54%），受拉钢筋均为 2 Φ 22，箍筋Φ 6。梁的截面尺寸均为 250 mm×600 mm，长 7 200 mm，跨度 7 000 mm。

（2）试验 2：初始荷载 $M_{k}\leqslant M_{i}\leqslant M_{y}$ 的不卸载加固的不同损伤程度钢筋混凝土试验梁情况

①试验梁 RCFP-2 为不卸载加固的二次受力试件，在加固前首先对钢筋混凝土梁进行加载，当荷载加至试件临近开裂但还未开裂时，然后保持荷载不变，用碳纤维板进行加固，因为抗弯承载力按式（7.14）计算，所以由式（7.23）得：

$x=0.738\times167=123.25(\text{mm})$

$$\delta_{R_P}^2=\frac{\sigma_{R_P}^2}{\mu_{R_P}^2}=\frac{(0.87\times1.14\times345\times760\times563)^2\times(0.07^2+0.03^2+0.03^2)}{\left[0.87\times1.14\times345\times760\times563+0.393\times0.01\times1.65\times10^5\times1\times250\times\left(600-\frac{1}{2}\times123.25\right)\right]^2}+$$

$$\frac{\left[0.393\times0.01\times1.65\times10^5\times1\times250\times\left(600-\frac{1}{2}\times123.25\right)\right]^2\times(0.02^2+0.02^2)}{\left[0.87\times1.14\times345\times760\times563+0.393\times0.01\times1.65\times10^5\times1\times250\times\left(600-\frac{1}{2}\times123.25\right)\right]^2}+$$

$$\frac{(0.393\times0.01\times1.65\times10^5\times1\times250)^2\times(600^2\times0.02^2+\frac{1}{4}\times123.25^2\times0.03^2)}{\left[0.87\times1.14\times345\times760\times563+0.393\times0.01\times1.65\times10^5\times1\times250\times\left(600-\frac{1}{2}\times123.25\right)\right]^2}$$

$$=2.63\times10^{-3}+1.116\times10^{-4}+7.094\times10^{-5}=2.812\times10^{-3}$$

$$\delta_R=\sqrt{\delta_{R_P}^2+\delta_{X_P}^2}=\sqrt{2.812\times10^{-3}+0.04^2}=0.066$$

$$\mu_R=\frac{1.00\times\left[1.14\times345\times760\times0.87\times563+0.393\times1.11\times1.65\times10^5\times0.01\times1\times250\times\left(600-\frac{123.25}{2}\right)\right]}{300\times760\times0.87\times563+0.393\times1.6\times10^5\times0.01\times1\times250\times\left(600-\frac{123.25}{2}\right)}$$

$$=1.239$$

因为 $\delta_R<0.3$，$\delta_S<0.3$

所以 $\beta=\frac{\ln\mu_R-\ln\mu_S}{\sqrt{\delta_R^2+\delta_S^2}}=\frac{\ln 1.239-\ln 1}{\sqrt{0.066^2+0.01^2}}=3.21$

②试验梁RCFP-3为不卸载加固的二次受力试件，在加固前首先对钢筋混凝土梁进行加载，当荷载加至试件最大裂缝宽度为0.1 mm时，然后保持荷载不变，用碳纤维板进行加固，因为抗弯承载力按式(7.14)计算，所以由式(7.23)得

$$x=0.756\times162=122.47(\text{mm})$$

$$\delta_{R_P}^2=\frac{\sigma_{R_P}^2}{\mu_{R_P}^2}=\frac{(0.87\times1.14\times345\times760\times563)^2\times(0.07^2+0.03^2+0.03^2)}{\left[0.87\times1.14\times345\times760\times563+0.444\times0.01\times1.65\times10^5\times1\times250\times\left(600-\frac{1}{2}\times122.47\right)\right]^2}+$$

$$\frac{\left[0.444\times0.01\times1.65\times10^5\times1\times250\times\left(600-\frac{1}{2}\times122.47\right)\right]^2\times(0.02^2+0.02^2)}{\left[0.87\times1.14\times345\times760\times563+0.444\times0.01\times1.65\times10^5\times1\times250\times\left(600-\frac{1}{2}\times122.47\right)\right]^2}+$$

$$\frac{(0.444\times0.01\times1.65\times10^5\times1\times250)^2\times\left(600^2\times0.02^2+\frac{1}{4}\times122.47^2\times0.03^2\right)}{\left[0.87\times1.14\times345\times760\times563+0.444\times0.01\times1.65\times10^5\times1\times250\times\left(600-\frac{1}{2}\times122.47\right)\right]^2}$$

$$=2.391\times10^{-3}+1.297\times10^{-4}+8.23\times10^{-5}=2.6\times10^{-3}$$

$$\delta_{\mathrm{R}}=\sqrt{\delta_{R_{\mathrm{p}}}^{2}+\delta_{X_{\mathrm{p}}}^{2}}=\sqrt{2.6\times10^{-3}+0.04^{2}}=0.064\ 8$$

$$\mu_{\mathrm{R}}=\frac{1.00\times\left[1.14\times345\times760\times0.87\times563+0.444\times1.11\times1.65\times10^{5}\times0.01\times1\times250\times\left(600-\frac{122.47}{2}\right)\right]}{300\times760\times0.87\times563+0.444\times1.6\times10^{5}\times0.01\times1\times250\times\left(600-\frac{122.47}{2}\right)}$$

$$=1.234$$

因为 $\delta_{\mathrm{R}}<0.3$，$\delta_{\mathrm{S}}<0.3$

所以 $\beta=\frac{\ln\mu_{\mathrm{R}}-\ln\mu_{\mathrm{S}}}{\sqrt{\delta_{\mathrm{R}}^{2}+\delta_{\mathrm{S}}^{2}}}=\frac{\ln 1.234-\ln 1}{\sqrt{0.064\ 8^{2}+0.01^{2}}}=3.21$

③试验梁 RCFP-4 为不卸载加固的二次受力试件，在加固前首先对钢筋混凝土梁进行加载，当荷载加至试件最大裂缝宽度大于 0.3 mm，钢筋接近屈服但尚未屈服时，然后保持荷载不变，用碳纤维板进行加固，因为抗弯承载力按式(7.14)计算，所以由式(7.23)得，

$x=0.799\times163=130.24(\mathrm{mm})$

$$\delta_{R_{\mathrm{p}}}^{2}=\frac{\sigma_{R_{\mathrm{p}}}^{2}}{\mu_{R_{\mathrm{p}}}^{2}}=\frac{(0.87\times1.14\times345\times760\times563)^{2}\times(0.07^{2}+0.03^{2}+0.03^{2})}{\left[0.87\times1.14\times345\times760\times563+0.577\times0.01\times1.65\times10^{5}\times1\times250\times\left(600-\frac{1}{2}\times130.24\right)\right]^{2}}+$$

$$\frac{\left[0.577\times0.01\times1.65\times10^{5}\times1\times250\times\left(600-\frac{1}{2}\times130.24\right)\right]^{2}\times(0.02^{2}+0.02^{2})}{\left[0.87\times1.14\times345\times760\times563+0.577\times0.01\times1.65\times10^{5}\times1\times250\times\left(600-\frac{1}{2}\times130.24\right)\right]^{2}}+$$

$$\frac{(0.577\times0.01\times1.65\times10^{5}\times1\times250)^{2}\times\left(600^{2}\times0.02^{2}+\frac{1}{4}\times130.24^{2}\times0.03^{2}\right)}{\left[0.87\times1.14\times345\times760\times563+0.577\times0.01\times1.65\times10^{5}\times1\times250\times\left(600-\frac{1}{2}\times130.24\right)\right]^{2}}$$

$$=1.917\times10^{-3}+1.731\times10^{-4}+1.118\times10^{-4}=2.202\times10^{-3}$$

$$\delta_{\mathrm{R}}=\sqrt{\delta_{R_{\mathrm{p}}}^{2}+\delta_{X_{\mathrm{p}}}^{2}}=\sqrt{2.202\times10^{-3}+0.04^{2}}=0.0617$$

$$\mu_{\mathrm{R}}=\frac{1.00\times\left[1.14\times345\times760\times0.87\times563+0.577\times1.11\times1.65\times10^{5}\times0.01\times1\times250\times\left(600-\frac{130.24}{2}\right)\right]}{300\times760\times0.87\times563+0.577\times1.6\times10^{5}\times0.01\times1\times250\times\left(600-\frac{130.24}{2}\right)}$$

$$=1.224$$

因为 $\delta_R<0.3$，$\delta_S<0.3$

所以 $\beta=\dfrac{\ln\mu_R-\ln\mu_S}{\sqrt{\delta_R^2+\delta_S^2}}=\dfrac{\ln 1.224-\ln 1}{\sqrt{0.0617^2+0.01^2}}=3.23$

试验3 不卸载加固的损伤钢筋混凝土试验梁，黄楠共设计了7根尺寸为200 mm×200 mm×2 600 mm 钢筋混凝土梁，其中1根为无加固钢筋混凝土对比梁，所有构件采用相同的配筋。梁底受拉钢筋采用3根直径为12 mm的HRB400级钢筋，纯弯段箍筋为Φ6@200，混凝土等级为C30，钢筋保护层厚度为20 mm。

（3）试验3：初始荷载 $M_i=0$ 与初始荷载 $M_k\leqslant M_i<M_y$ 的不卸载加固的不同损伤程度钢筋混凝土试验梁情况

①试验梁 LA-0-1 为无预加载的钢筋混凝土梁，CFRP 尺寸为 2 200 mm×100 mm×0.167 mm，因为抗弯承载力按式(7.12)计算，所以由式(7.21)得

$$\delta_{R_p}^2=\frac{\sigma_{R_p}^2}{\mu_{R_p}^2}=\frac{[1.09\times380\times339\times(168-30)]^2\times(0.06^2+0.03^2)}{[1.09\times380\times339\times(168-30)+0.77\times0.01\times2.2\times10^5\times1\times100\times0.167\times(200-30)]^2}+$$

$$\frac{[0.77\times0.01\times2.2\times10^5\times1\times100\times0.167\times(200-30)]^2\times(0.02^2+0.02^2)}{[1.09\times380\times339\times(168-30)+0.77\times0.01\times2.2\times10^5\times1\times100\times0.167\times(200-30)]^2}+$$

$$\frac{(1.09\times380\times339\times168)^2\times0.03^2+(1.09\times380\times339\times30+0.77\times0.01\times2.2\times10^5\times1\times100\times0.167\times30)^2\times0.02^2}{[1.09\times380\times339\times(168-30)+0.77\times0.01\times2.2\times10^5\times1\times100\times0.167\times(200-30)]^2}+$$

$$\frac{(0.77\times0.01\times2.2\times10^5\times1\times100\times0.167\times200)^2\times0.02^2}{[1.09\times380\times339\times(168-30)+0.77\times0.01\times2.2\times10^5\times1\times100\times0.167\times(200-30)]^2}$$

$$=0.6419\times(0.06^2+0.03^2)+0.0395\times(0.02^2+0.02^2)+8.995\times10^{-4}=3.816\times10^{-3}$$

$$\delta_R=\sqrt{\delta_{R_p}^2+\delta_{X_p}^2}=\sqrt{3.816\times10^{-3}+0.04^2}=0.0736$$

$$\mu_R=\frac{1.00\times[1.09\times380\times339\times(168-30)+0.77\times1.11\times2.2\times10^5\times0.01\times1\times100\times0.167\times(200-30)]}{335\times339\times(168-30)+0.77\times2.0\times10^5\times0.01\times1\times100\times0.167\times(200-30)}$$

$$=1.233$$

因为 $\delta_R<0.3$，$\delta_S<0.3$

所以 $\beta=\dfrac{\ln\mu_R-\ln\mu_S}{\sqrt{\delta_R^2+\delta_S^2}}=\dfrac{\ln 1.233-\ln 1}{\sqrt{0.0736^2+0.01^2}}=2.82$

②试验梁 LA-0-2 为无预加载的钢筋混凝土梁，CFRP 尺寸为 2 200 mm×

200 mm×0.167 mm,因为抗弯承载力按式(7.12)计算,所以由式(7.21)得

$$\delta_{R_p}^2=\frac{\sigma_{R_p}^2}{\mu_{R_p}^2}=\frac{[1.09\times380\times339\times(168-30)]^2\times(0.06^2+0.03^2)}{[1.09\times380\times339\times(168-30)+0.77\times0.01\times2.2\times10^5\times1\times200\times0.167\times(200-30)]^2}+$$

$$\frac{[0.77\times0.01\times2.2\times10^5\times1\times200\times0.167\times(200-30)]^2\times(0.02^2+0.02^2)}{[1.09\times380\times339\times(168-30)+0.77\times0.01\times2.2\times10^5\times1\times200\times0.167\times(200-30)]^2}+$$

$$\frac{(1.09\times380\times339\times168)^2\times0.03^2+(1.09\times380\times339\times30+0.77\times0.01\times2.2\times10^5\times1\times200\times0.167\times30)^2\times0.02^2}{[1.09\times380\times339\times(168-30)+0.77\times0.01\times2.2\times10^5\times1\times200\times0.167\times(200-30)]^2}+$$

$$\frac{(0.77\times0.01\times2.2\times10^5\times1\times200\times0.167\times200)^2\times0.02^2}{[1.09\times380\times339\times(168-30)+0.77\times0.01\times2.2\times10^5\times1\times200\times0.167\times(200-30)]^2}$$

$$=0.446\,6\times(0.06^2+0.03^2)+0.11\times(0.02^2+0.02^2)+6.732\times10^{-4}=2.771\times10^{-3}$$

$$\delta_R=\sqrt{\delta_{R_p}^2+\delta_{X_p}^2}=\sqrt{2.771\times10^{-3}+0.04^2}=0.066$$

$$\mu_R=\frac{1.00\times[1.09\times380\times339\times(168-30)+0.77\times1.11\times2.2\times10^5\times0.01\times1\times200\times0.167\times(200-30)]}{335\times339\times(168-30)+0.77\times2.0\times10^5\times0.01\times1\times200\times0.167\times(200-30)}$$

$$=1.231$$

因为 $\delta_R<0.3$,$\delta_S<0.3$

所以 $\beta=\frac{\ln\mu_R-\ln\mu_S}{\sqrt{\delta_R^2+\delta_S^2}}=\frac{\ln 1.231-\ln 1}{\sqrt{0.066^2+0.01^2}}=3.11$

③试验梁 LB-1-1 为预加载至 $0.32M_u$ 的钢筋混凝土梁,CFRP 尺寸为 2 200 mm×100 mm×0.167 mm,保持荷载贴纤维布,待其和梁结合良好后,加载至破坏,因为抗弯承载力按式(7.15)计算,所以由式(7.24)得

$$\delta_{R_p}^2=\frac{\sigma_{R_p}^2}{\mu_{R_p}^2}=\frac{(0.87\times1.09\times380\times339\times168)^2\times(0.06^2+0.03^2+0.03^2)}{[0.87\times1.09\times380\times339\times168+0.705\,75\times0.01\times2.2\times10^5\times1\times100\times0.167\times(200-30)]^2}+$$

$$\frac{[0.705\,75\times0.01\times2.2\times10^5\times1\times100\times0.167\times(200-30)]^2\times(0.02^2+0.02^2)}{[0.87\times1.09\times380\times339\times168+0.705\,75\times0.01\times2.2\times10^5\times1\times100\times0.167\times(200-30)]^2}+$$

$$\frac{(0.705\,75\times0.01\times2.2\times10^5\times1\times100\times0.167)^2\times(200^2\times0.02^2+30^2\times0.02^2)}{[0.87\times1.09\times380\times339\times168+0.705\,75\times0.01\times2.2\times10^5\times1\times100\times0.167\times(200-30)]^2}$$

$$=0.677\,6\times(0.06^2+0.03^2+0.03^2)+0.031\times(0.02^2+0.02^2)+1.77\times10^{-5}=3.7\times10^{-3}$$

$$\delta_R=\sqrt{\delta_{R_p}^2+\delta_{X_p}^2}=\sqrt{3.7\times10^{-3}+0.04^2}=0.072\,8$$

$$\mu_R=\frac{1.00\times[1.09\times380\times339\times0.87\times168+0.705\,75\times1.11\times2.2\times10^5\times0.01\times1\times100\times0.167\times(200-30)]}{335\times339\times0.87\times168+0.705\,75\times2.0\times10^5\times0.01\times1\times100\times0.167\times(200-30)}$$

$$=1.233$$

因为 $\delta_R<0.3$，$\delta_S<0.3$

$$\text{所以}\ \beta=\frac{\ln\mu_R-\ln\mu_S}{\sqrt{\delta_R^2+\delta_S^2}}=\frac{\ln 1.233-\ln 1}{\sqrt{0.0728^2+0.01^2}}=2.85$$

④试验梁 LB-2-1 为预加载至 $0.45M_u$ 的钢筋混凝土梁，CFRP 尺寸为 2 200 mm×100 mm×0.167 mm，保持荷载贴纤维布，待其和梁结合良好后，加载至破坏，因为抗弯承载力按式(7.15)计算，所以由式(7.24)得

$$\delta_{R_p}^2=\frac{\sigma_{R_p}^2}{\mu_{R_p}^2}=\frac{(0.87\times1.09\times380\times339\times168)^2\times(0.06^2+0.03^2+0.03^2)}{[0.87\times1.09\times380\times339\times168+0.67964\times0.01\times2.2\times10^5\times1\times100\times0.167\times(200-30)]^2}+$$

$$\frac{[0.67964\times0.01\times2.2\times10^5\times1\times100\times0.167\times(200-30)]^2\times(0.02^2+0.02^2)}{[0.87\times1.09\times380\times339\times168+0.67964\times0.01\times2.2\times10^5\times1\times100\times0.167\times(200-30)]^2}+$$

$$\frac{(0.67964\times0.01\times2.2\times10^5\times1\times100\times0.167)^2\times(200^2\times0.02^2+30^2\times0.02^2)}{[0.87\times1.09\times380\times339\times168+0.67964\times0.01\times2.2\times10^5\times1\times100\times0.167\times(200-30)]^2}$$

$$=0.6866\times(0.06^2+0.03^2+0.03^2)+0.029\times(0.02^2+0.02^2)+1.66\times10^{-5}=3.748\times10^{-3}$$

$$\delta_R=\sqrt{\delta_{R_p}^2+\delta_{X_p}^2}=\sqrt{3.748\times10^{-3}+0.04^2}=0.07313$$

$$\mu_R=\frac{1.00\times[1.09\times380\times339\times0.87\times168+0.67964\times1.11\times2.2\times10^5\times0.01\times1\times100\times0.167\times(200-30)]}{335\times339\times0.87\times168+0.67964\times2.0\times10^5\times0.01\times1\times100\times0.167\times(200-30)}$$

$$=1.2335$$

因为 $\delta_R<0.3$，$\delta_S<0.3$

$$\text{所以}\ \beta=\frac{\ln\mu_R-\ln\mu_S}{\sqrt{\delta_R^2+\delta_S^2}}=\frac{\ln 1.2335-\ln 1}{\sqrt{0.07313^2+0.01^2}}=2.84$$

⑤试验梁 LB-2-2 为预加载至 $0.45M_u$ 的钢筋混凝土梁，CFRP 尺寸为 2 200 mm×200 mm×0.167 mm，保持荷载贴纤维布，待其和梁结合良好后，加载至破坏，因为抗弯承载力按式(7.15)计算，所以由式(7.24)得

$$\delta_{R_p}^2=\frac{\sigma_{R_p}^2}{\mu_{R_p}^2}=\frac{(0.87\times1.09\times380\times339\times168)^2\times(0.06^2+0.03^2+0.03^2)}{[0.87\times1.09\times380\times339\times168+0.67964\times0.01\times2.2\times10^5\times1\times200\times0.167\times(200-30)]^2}+$$

$$\frac{[0.67964\times0.01\times2.2\times10^5\times1\times200\times0.167\times(200-30)]^2\times(0.02^2+0.02^2)}{[0.87\times1.09\times380\times339\times168+0.67964\times0.01\times2.2\times10^5\times1\times200\times0.167\times(200-30)]^2}+$$

$$\frac{(0.67964\times0.01\times2.2\times10^5\times1\times200\times0.167)^2\times(200^2\times0.02^2+30^2\times0.02^2)}{[0.87\times1.09\times380\times339\times168+0.67964\times0.01\times2.2\times10^5\times1\times200\times0.167\times(200-30)]^2}$$

$$=0.5004\times(0.06^2+0.03^2+0.03^2)+0.086\times(0.02^2+0.02^2)+4.847\times10^{-5}=2.819\times10^{-3}$$

$$\delta_R=\sqrt{\delta_{R_p}^2+\delta_{X_p}^2}=\sqrt{2.819\times10^{-3}+0.04^2}=0.066\ 5$$

$$\mu_R=\frac{1.00\times[1.09\times380\times339\times0.87\times168+0.679\ 64\times1.11\times2.2\times10^5\times0.01\times1\times200\times0.167\times(200-30)]}{335\times339\times0.87\times168+0.679\ 64\times2.0\times10^5\times0.01\times1\times200\times0.167\times(200-30)}$$

$$=1.231\ 5$$

因为 $\delta_R<0.3,\delta_S<0.3$

所以 $\beta=\frac{\ln\mu_R-\ln\mu_S}{\sqrt{\delta_R^2+\delta_S^2}}=\frac{\ln 1.231\ 5-\ln 1}{\sqrt{0.066\ 5^2+0.01^2}}=3.10$

⑥试验梁 LB-3-2 为预加载至 $0.58M_u$ 的钢筋混凝土梁，CFRP 尺寸为 2 200 mm×200 mm×0.167 mm，保持荷载贴纤维布，待其和梁结合良好后，加载至破坏，因为抗弯承载力按式(7.15)计算，所以由式(7.24)得

$$\delta_{R_p}^2=\frac{\sigma_{R_p}^2}{\mu_{R_p}^2}=\frac{(0.87\times1.09\times380\times339\times168)^2\times(0.06^2+0.03^2+0.03^2)}{[0.87\times1.09\times380\times339\times168+0.653\ 5\times0.01\times2.2\times10^5\times1\times200\times0.167\times(200-30)]^2}+$$

$$\frac{[0.653\ 5\times0.01\times2.2\times10^5\times1\times200\times0.167\times(200-30)]^2\times(0.02^2+0.02^2)}{[0.87\times1.09\times380\times339\times168+0.653\ 5\times0.01\times2.2\times10^5\times1\times200\times0.167\times(200-30)]^2}+$$

$$\frac{(0.653\ 5\times0.01\times2.2\times10^5\times1\times200\times0.167)^2\times(200^2\times0.02^2+30^2\times0.02^2)}{[0.87\times1.09\times380\times339\times168+0.653\ 5\times0.01\times2.2\times10^5\times1\times200\times0.167\times(200-30)]^2}$$

$$=0.511\ 8\times(0.06^2+0.03^2+0.03^2)+0.081\times(0.02^2+0.02^2)+4.584\times10^{-5}=2.874\times10^{-3}$$

$$\delta_R=\sqrt{\delta_{R_p}^2+\delta_{X_p}^2}=\sqrt{2.874\times10^{-3}+0.04^2}=0.067$$

$$\mu_R=\frac{1.00\times[1.09\times380\times339\times0.87\times168+0.653\ 5\times1.11\times2.2\times10^5\times0.01\times1\times200\times0.167\times(200-30)]}{335\times339\times0.87\times168+0.653\ 5\times2.0\times10^5\times0.01\times1\times200\times0.167\times(200-30)}$$

$$=1.232$$

因为 $\delta_R<0.3,\delta_S<0.3$

所以 $\beta=\frac{\ln\mu_R-\ln\mu_S}{\sqrt{\delta_R^2+\delta_S^2}}=\frac{\ln 1.232-\ln 1}{\sqrt{0.067^2+0.01^2}}=3.08$

试验 4 卸载加固的损伤程度为接近屈服试验梁，刘相共设计了 5 根钢筋混凝土简支梁，其中 1 根为对比梁，其余 4 根为受损钢筋混凝土简支梁（加载至其跨中最大裂缝宽度达 0.2～0.3 mm 后卸载），然后利用碳纤维布对其进行加固。试验梁尺寸均为 100 mm×250 mm×2 600 mm，净跨 2 400 mm。梁受拉钢筋均为 2Φ12，受压钢筋 2Φ6.5，纯弯段箍筋Φ6.5@200，剪弯段为Φ6.5@50，采用 C30

商品细石混凝土，保护层厚度为 15 mm。

（4）试验 4：初始荷载 M_k 加载至接近 M_y 的卸载加固的损伤钢筋混凝土试验梁情况

①试验梁 L2 为预先加载至裂缝宽度达到 0.2～0.3 mm，然后卸载的损伤钢筋混凝土梁，粘贴 1 层碳纤维布加固，待其和梁结合良好后，加载至破坏，因为抗弯承载力按式(7.18)计算，所以由式(7.27)得

$$\delta_{R_p}^2=\frac{\sigma_{R_p}^2}{\mu_{R_p}^2}=\frac{(0.87\times1.14\times364.6\times226\times222.5)^2\times(0.07^2+0.03^2+0.03^2)}{[0.87\times1.14\times364.6\times226\times222.5+0.84\times0.01\times2.4\times10^5\times1\times100\times0.167\times(250-24.75)]^2}+$$

$$\frac{[0.84\times0.01\times2.4\times10^5\times1\times100\times0.167\times(250-24.75)]^2\times(0.02^2+0.02^2)}{[0.87\times1.14\times364.6\times226\times222.5+0.84\times0.01\times2.4\times10^5\times1\times100\times0.167\times(250-24.75)]^2}+$$

$$\frac{(0.84\times0.01\times2.4\times10^5\times1\times100\times0.167)^2\times(250^2\times0.02^2+24.75^2\times0.02^2)}{[0.87\times1.14\times364.6\times226\times222.5+0.84\times0.01\times2.4\times10^5\times1\times100\times0.167\times(250-24.75)]^2}$$

$$=0.498\times(0.07^2+0.03^2+0.03^2)+0.0866\times(0.02^2+0.02^2)+4.31\times10^{-5}=3.449\times10^{-3}$$

$$\delta_R=\sqrt{\delta_{R_p}^2+\delta_{X_p}^2}=\sqrt{3.449\times10^{-3}+0.04^2}=0.071$$

$$\delta_R=\sqrt{\delta_{R_p}^2+\delta_{X_p}^2}=\sqrt{2.425\times10^{-3}+0.04^2}=0.0634$$

$$\mu_R=\frac{1.00\times[1.14\times364.6\times226\times0.87\times222.5+0.84\times1.11\times2.4\times10^5\times0.01\times1\times100\times0.167\times(250-24.75)]}{335\times226\times0.87\times222.5+0.84\times2.3\times10^5\times0.01\times1\times100\times0.167\times(250-24.75)}$$

$$=1.213$$

因为 $\delta_R<0.3$，$\delta_S<0.3$

所以 $\beta=\dfrac{\ln\mu_R-\ln\mu_S}{\sqrt{\delta_R^2+\delta_S^2}}=\dfrac{\ln 1.213-\ln 1}{\sqrt{0.071^2+0.01^2}}=2.69$

②试验梁 L4 为预先加载至裂缝宽度达到 0.2～0.3 mm，然后卸载的损伤钢筋混凝土梁，粘贴 2 层碳纤维布加固，待其和梁结合良好后，加载至破坏，因为抗弯承载力按式(7.18)计算，所以由式(7.27)得

$$\delta_{R_p}^2=\frac{\sigma_{R_p}^2}{\mu_{R_p}^2}=\frac{(0.87\times1.14\times364.6\times226\times222.5)^2\times(0.07^2+0.03^2+0.03^2)}{[0.87\times1.14\times364.6\times226\times222.5+0.84\times0.9\times0.01\times2.4\times10^5\times2\times100\times0.167\times(250-24.75)]^2}+$$

$$\frac{[0.84\times0.9\times0.01\times2.4\times10^5\times2\times100\times0.167\times(250-24.75)]^2\times(0.02^2+0.02^2)}{[0.87\times1.14\times364.6\times226\times222.5+0.84\times0.9\times0.01\times2.4\times10^5\times2\times100\times0.167\times(250-24.75)]^2}+$$

$$\frac{(0.84\times0.9\times0.01\times2.4\times10^5\times2\times100\times0.167)^2\times(250^2\times0.02^2+24.75^2\times0.02^2)}{[0.87\times1.14\times364.6\times226\times222.5+0.84\times0.9\times0.01\times2.4\times10^5\times2\times100\times0.167\times(250-24.75)]^2}$$

$$=0.326\ 3\times(0.07^2+0.03^2+0.03^2)+0.183\ 9\times(0.02^2+0.02^2)+9.149\times10^{-5}=2.425\times10^{-3}$$

$$\delta_R=\sqrt{\delta_{R_p}^2+\delta_{X_p}^2}=\sqrt{2.425\times10^{-3}+0.04^2}=0.063\ 4$$

$$\mu_R=\frac{1.00\times[1.14\times364.6\times226\times0.87\times222.5+0.84\times0.9\times1.11\times2.4\times10^5\times0.01\times2\times100\times0.167\times(250-24.75)]}{335\times226\times0.87\times222.5+0.84\times0.9\times2.3\times10^5\times0.01\times2\times100\times0.167\times(250-24.75)}$$

$$=1.2$$

因为 $\delta_R<0.3$，$\delta_S<0.3$

所以 $\beta=\dfrac{\ln\mu_R-\ln\mu_S}{\sqrt{\delta_R^2+\delta_S^2}}=\dfrac{\ln 1.2-\ln 1}{\sqrt{0.063\ 4^2+0.01^2}}=2.84$

试验 5 卸载加固的损伤程度为钢筋屈服后试验梁，王逢朝等共设计了 6 根钢筋混凝土简支梁，其中 1 根为对比梁（L0）；其余 5 根梁（L1 ~ L5）分别加载至 1 ~3 倍的屈服位移后卸载，然后再利用碳纤维布加固。试验梁截面尺寸为 150 mm×250 mm，跨度 2 200 mm（净跨 2 000 mm），梁底纵筋采用 2 根直径 16 mm 的 HRB335 级钢筋，纯弯段箍筋为Φ6@250，剪弯区为Φ6@100，采用 C30 商品混凝土，保护层厚度为 25 mm。

（5）试验 5：初始荷载 $M_k>M_y$ 的卸载加固的损伤钢筋混凝土试验梁情况

①试验梁 L1、L3 与 L5 分别为加载至屈服、加载至两倍屈服位移与加载至三倍屈服位移，然后卸载损伤钢筋混凝土梁，粘贴 2 层碳纤维布加固，待其和梁结合良好后，加载至破坏，因为抗弯承载力按式(7.18)计算，所以由式(7.27)得

$$\delta_{R_p}^2=\frac{\sigma_{R_p}^2}{\mu_{R_p}^2}=\frac{(1.3\times0.87\times1.14\times374\times402\times211)^2\times(0.07^2+0.03^2+0.03^2)}{[1.3\times0.87\times1.14\times374\times402\times211+0.81\times0.9\times0.01\times2.38\times10^5\times2\times150\times0.167\times(250-35)]^2}+$$

$$\frac{[0.81\times0.9\times0.01\times2.38\times10^5\times2\times150\times0.167\times(250-35)]^2\times(0.02^2+0.02^2)}{[1.3\times0.87\times1.14\times374\times402\times211+0.81\times0.9\times0.01\times2.38\times10^5\times2\times150\times0.167\times(250-35)]^2}+$$

$$\frac{(0.81\times0.9\times0.01\times2.38\times10^5\times2\times150\times0.167)^2\times(250^2\times0.02^2+35^2\times0.02^2)}{[1.3\times0.87\times1.14\times374\times402\times211+0.81\times0.9\times0.01\times2.38\times10^5\times2\times150\times0.167\times(250-35)]^2}$$

$$=0.471\ 1\times(0.07^2+0.03^2+0.03^2)+0.098\times(0.02^2+0.02^2)+5.424\times10^{-5}=3.289\times10^{-3}$$

$$\delta_R=\sqrt{\delta_{R_p}^2+\delta_{X_p}^2}=\sqrt{3.289\times10^{-3}+0.04^2}=0.07$$

$$\mu_R=\frac{1.00\times[1.14\times1.3\times374\times402\times0.87\times211+0.81\times0.9\times1.11\times2.38\times10^5\times0.01\times2\times150\times0.167\times(250-35)]}{1.3\times335\times402\times0.87\times211+0.81\times0.9\times2.3\times10^5\times0.01\times2\times150\times0.167\times(250-35)}$$

$$=1.228$$

因为 $\delta_R<0.3,\delta_S<0.3$

所以 $\beta=\dfrac{\ln\mu_R-\ln\mu_S}{\sqrt{\delta_R^2+\delta_S^2}}=\dfrac{\ln 1.228-\ln 1}{\sqrt{0.07^2+0.01^2}}=2.9$

②试验梁 L2 为加载至两倍屈服位移，然后卸载损伤钢筋混凝土梁，粘贴1层碳纤维布加固，待其和梁结合良好后，加载至破坏，因为抗弯承载力按式(7.18)计算，所以由式(7.27)得

$$\delta_{R_p}^2=\frac{\sigma_{R_p}^2}{\mu_{R_p}^2}=\frac{(1.3\times0.87\times1.14\times374\times402\times211)^2\times(0.07^2+0.03^2+0.03^2)}{[1.3\times0.87\times1.14\times374\times402\times211+0.81\times0.01\times2.38\times10^5\times1\times150\times0.167\times(250-35)]^2}+$$

$$\frac{[0.81\times0.01\times2.38\times10^5\times1\times150\times0.167\times(250-35)]^2\times(0.02^2+0.02^2)}{[1.3\times0.87\times1.14\times374\times402\times211+0.81\times0.01\times2.38\times10^5\times1\times150\times0.167\times(250-35)]^2}+$$

$$\frac{(0.81\times0.01\times2.38\times10^5\times1\times150\times0.167)^2\times(250^2\times0.02^2+35^2\times0.02^2)}{[1.3\times0.87\times1.14\times374\times402\times211+0.81\times0.01\times2.38\times10^5\times1\times150\times0.167\times(250-35)]^2}$$

$$=0.6361\times(0.07^2+0.03^2+0.03^2)+0.041\times(0.02^2+0.02^2)+2.26\times10^{-5}=4.317\times10^{-3}$$

$$\delta_R=\sqrt{\delta_{R_p}^2+\delta_{X_p}^2}=\sqrt{4.317\times10^{-3}+0.04^2}=0.077$$

$$\mu_R=\frac{1.00\times[1.14\times1.3\times374\times402\times0.87\times211+0.81\times1.11\times2.38\times10^5\times0.01\times1\times150\times0.167\times(250-35)]}{1.3\times335\times402\times0.87\times211+0.81\times2.3\times10^5\times0.01\times1\times150\times0.167\times(250-35)}$$

$$=1.243$$

因为 $\delta_R<0.3,\delta_S<0.3$

所以 $\beta=\dfrac{\ln\mu_R-\ln\mu_S}{\sqrt{\delta_R^2+\delta_S^2}}=\dfrac{\ln 1.243-\ln 1}{\sqrt{0.077^2+0.01^2}}=2.8$

③试验梁 L4 为加载至两倍屈服位移，然后卸载损伤钢筋混凝土梁，粘贴3层碳纤维布加固，待其和梁结合良好后，加载至破坏，因为抗弯承载力按式(7.18)计算，所以由式(7.27)得

$$\delta_{R_p}^2=\frac{\sigma_{R_p}^2}{\mu_{R_p}^2}=\frac{(1.3\times0.87\times1.14\times374\times402\times211)^2\times(0.07^2+0.03^2+0.03^2)}{[1.3\times0.87\times1.14\times374\times402\times211+0.81\times0.77\times0.01\times2.38\times10^5\times3\times150\times0.167\times(250-35)]^2}+$$

$$\frac{[0.81\times0.77\times0.01\times2.38\times10^5\times3\times150\times0.167\times(250-35)]^2\times(0.02^2+0.02^2)}{[1.3\times0.87\times1.14\times374\times402\times211+0.81\times0.77\times0.01\times2.38\times10^5\times3\times150\times0.167\times(250-35)]^2}+$$

$$\frac{(0.81\times0.77\times0.01\times2.38\times10^5\times3\times150\times0.167)^2\times(250^2\times0.02^2+35^2\times0.02^2)}{[1.3\times0.87\times1.14\times374\times402\times211+0.81\times0.77\times0.01\times2.38\times10^5\times3\times150\times0.167\times(250-35)]^2}$$

$$=0.3974\times(0.07^2+0.03^2+0.03^2)+0.1366\times(0.02^2+0.02^2)+7.534\times10^{-5}=2.847\times10^{-3}$$

$$\delta_R=\sqrt{\delta_{R_p}^2+\delta_{X_p}^2}=\sqrt{2.847\times10^{-3}+0.04^2}=0.067$$

$$\mu_R=\frac{1.00\times[1.14\times1.3\times374\times402\times0.87\times211+0.81\times0.77\times1.11\times2.38\times10^5\times0.01\times3\times150\times0.167\times(250-35)]}{1.3\times335\times402\times0.87\times211+0.81\times0.77\times2.3\times10^5\times0.01\times3\times150\times0.167\times(250-35)}$$

$$=1.221$$

因为 $\delta_R<0.3,\delta_S<0.3$

所以 $\beta=\dfrac{\ln\mu_R-\ln\mu_S}{\sqrt{\delta_R^2+\delta_S^2}}=\dfrac{\ln 1.221-\ln 1}{\sqrt{0.067^2+0.01^2}}=2.95$

由表 7.4 的计算结果可知,存在初始荷载 M_i 时,对于 $M_k<M_i<M_y$ 卸载加固的损伤情况,此时虽然钢筋混凝土梁存在损伤,但由于卸载得到了恢复,使得碳纤维复合材料实际抗拉应变未充分利用的损伤折减系数计算为 1,碳纤维加固损伤钢筋混凝土梁的可靠度指标,基本上随着初始荷载 M_i 的增大呈现逐渐减小的趋势,但相差不大。在损伤程度相同的情况下,随着受拉钢筋配筋率的增加,加固钢筋混凝土梁的可靠度也增加。

对于 $M_k<M_i<M_y$ 不卸载加固的损伤情况,此时钢筋混凝土梁存在损伤,初始荷载 M_i 越大,碳纤维加固损伤钢筋混凝土梁的可靠度指标越小,碳纤维加固损伤钢筋混凝土梁的可靠度指标随着损伤折减系数增大而增大,但不明显。

对于 M_k 加载至接近 M_y 或 $M_k>M_y$ 的卸载加固的情况,碳纤维加固损伤钢筋混凝土梁的可靠度指标随着碳纤维布加固量的增大而增大。

表 7.4　碳纤维加固损伤钢筋混凝土梁可靠度指标

试验	损伤情况	编号	可靠度指标
试验 1	初始荷载 M_i,$M_k<M_i<M_y$ 的卸载加固	L12-2	3.31
		L12-3	3.27
		L14-2	3.38
		L14-3	3.38
		L16-2	3.45
		L16-3	3.50

续表

试验	损伤情况	编号	可靠度指标
试验 2	初始荷载 M_i,$M_k \leqslant M_i \leqslant M_y$ 的不卸载加固	RCFP-2	3.21
		RCFP-3	3.21
		RCFP-4	3.23
试验 3	初始荷载 M_i,$M_i=0$ 与 $M_k \leqslant M_i<M_y$ 的不卸载加固	LA-0-1	2.82
		LA-0-2	3.11
		LB-1-1	2.85
		LB-2-1	2.84
		LB-2-2	3.10
		LB-3-2	3.08
试验 4	初始荷载 M_i,M_k 加载至接近 M_y 的卸载加固	L2	2.69
		L4	2.84
试验 5	初始荷载 M_i,$M_k>M_y$ 的卸载加固	L1	2.90
		L2	2.80
		L3	2.90
		L4	2.95
		L5	2.90

7.4　结论

对于 $M_k<M_i<M_y$ 不卸载加固的损伤情况，此时钢筋混凝土梁存在损伤，初始荷载 M_i 越大，碳纤维加固损伤钢筋混凝土梁的可靠度指标越小，碳纤维加固损伤钢筋混凝土梁的可靠度指标随着损伤折减系数增大而增大，但不明显。

对于 M_k 加载至接近 M_y 或 $M_k>M_y$ 的卸载加固情况，碳纤维加固损伤钢筋混凝土梁的可靠度指标随着碳纤维布加固量的增大而增大。

由图 7.1 可知，初始荷载 $M_k < M_i < M_y$ 卸载加固损伤钢筋混凝土梁，在其他因素不变的情况下，CFRP 加固损伤钢筋混凝土梁的可靠度指标随着配筋率 ρ 的增大而增大；而损伤程度越大的钢筋混凝土梁，CFRP 加固后的钢筋混凝土梁可靠度指标并不一定比损伤程度小的 CFRP 加固钢筋混凝土可靠度指标小。从试验 1 的实验结果结合计算分析，并进行线性拟合可得，当 $\rho_{min} \leqslant \rho \leqslant 0.011\ 465$ 时，CFRP 加固损伤程度小的钢筋混凝土梁可靠度指标比 CFRP 加固损伤程度大的钢筋混凝土梁可靠度指标要大；当 $0.011\ 465 \leqslant \rho \leqslant \rho_{max}$ 时，CFRP 加固损伤程度大的钢筋混凝土梁可靠度指标比 CFRP 加固损伤程度小的钢筋混凝土梁可靠度指标要大。由于试验资料有限，还有待进一步研究。

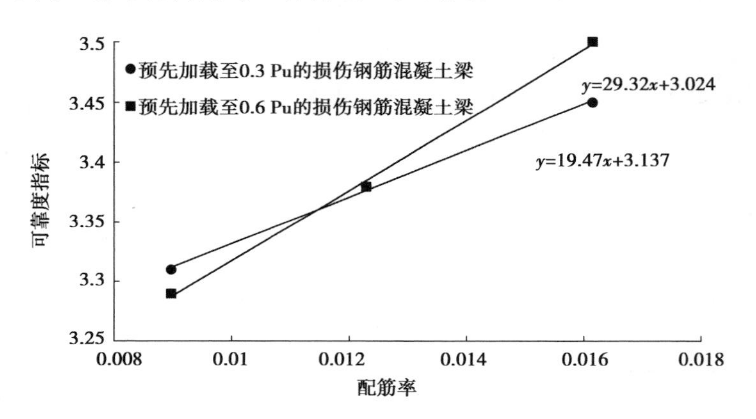

图 7.1　配筋率对 CFRP 加固损伤钢筋混凝土梁可靠度指标的影响

由图 7.2 可知，对于初始荷载 $M_k \leqslant M_i \leqslant M_y$ 的不卸载加固的不同损伤程度钢筋混凝土试验梁，在其他因素不变的条件下，不同的初始荷载加载导致不同的损伤程度，进而影响碳纤维板的强度利用系数，随着碳纤维板的强度利用系数提高，加固后钢筋混凝土梁的可靠度指标也逐渐提高。

由图 7.3 可知，对于该试验不卸载加固的损伤钢筋混凝土试验梁，包括无预加荷载、预加载至 $0.32M_u$、预加载至 $0.45M_u$、预加载至 $0.58M$u 的钢筋混凝土梁。在无预加荷载的钢筋混凝土梁情况下，采用公式(7.21)计算可靠度指标；而在预加载至 $0.32M_u$、$0.45M_u$ 和 $0.58M_u$ 的损伤钢筋混凝土梁情况下，采

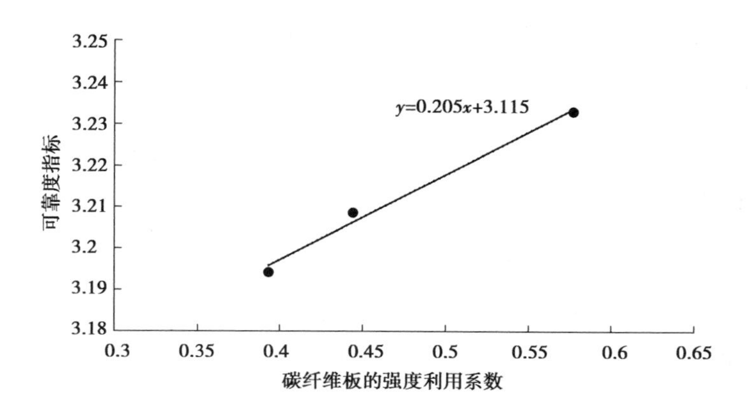

图7.2　碳纤维板的强度利用系数对加固损伤钢筋混凝土梁可靠度指标的影响

用公式(7.24)计算可靠度指标。这里分别用这两种计算公式对碳纤维布加固梁进行分析,通过计算结果可知,相同加固量的情况按公式(7.24)比按公式(7.21)计算结果要大。在其他因素不变的条件下,碳纤维布加固量越大,其可靠度指标越大。在其他因素不变的条件下,不同的初始荷载加载导致不同的损伤程度,进而影响碳纤维布的强度利用系数,随着碳纤维布的强度利用系数提高,加固后钢筋混凝土梁的可靠度指标也逐渐提高。

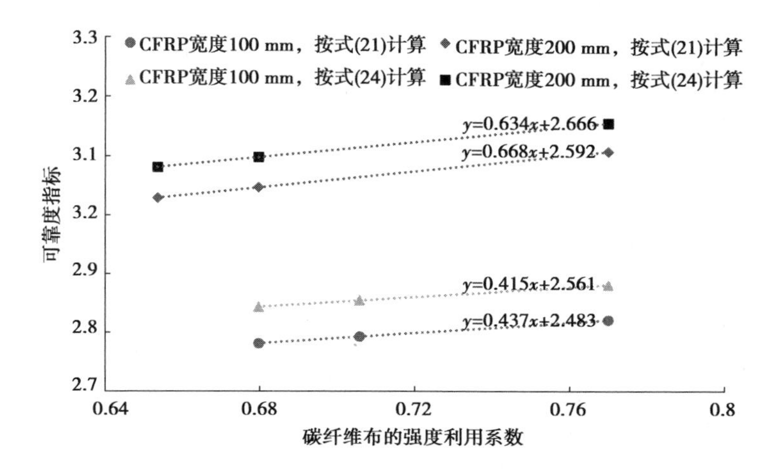

图7.3　不同公式、碳纤维布加固量以及碳纤维布的强度利用系数对加固损伤钢筋混凝土梁可靠度指标的影响

由图 7.4 可知，在 M_k 加载至接近 M_y 的卸载加固，在其他因素不变的情况下，随着碳纤维布强度标准值的保证率的性能指标值和加固层数增加，加固后钢筋混凝土梁的可靠度指标逐渐提高。图 7.5 可知，碳纤维布加固量为 1 层，CFRP 弹性模量增大 30% 时，可靠度指标约提高 1.26，即 47.6%；碳纤维布加固量为 2 层，CFRP 弹性模量增大 30% 时，可靠度指标约提高 1.92，即 67.6%。这说明碳纤维布加固量 2 层比碳纤维布加固量 1 层，在弹性模量增大相同时，可靠度指标提高幅度要大，且可靠度指标随弹性模量增大近似呈线性提高。

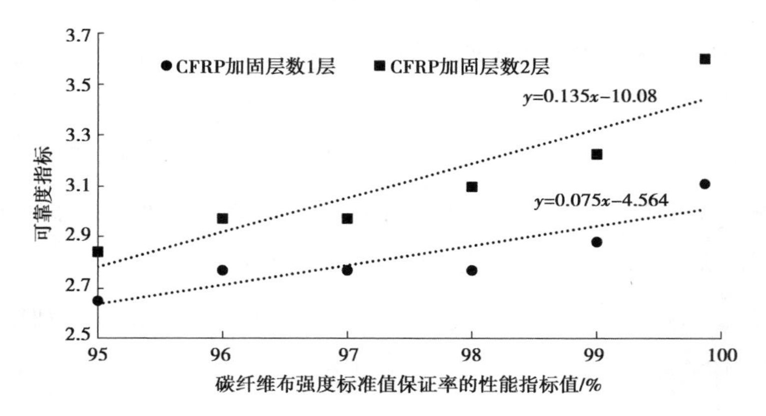

图 7.4　碳纤维布强度标准值保证率的性能指标值对加固损伤钢筋混凝土梁可靠度指标的影响

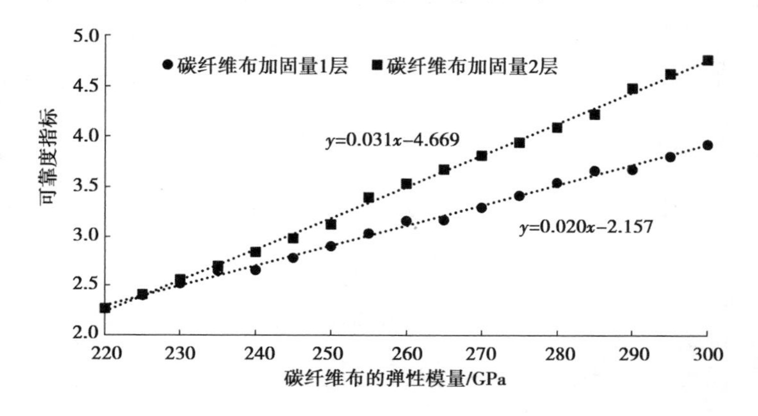

图 7.5　碳纤维布弹性模量对可靠度指标的影响

固定其他参数不变，分别改变碳纤维布弹性模量与截面面积的变异系数，可靠度指标随其变化的规律如图 7.6、图 7.7 所示。经分析可知，可靠度指标均随变异系数的增大而降低，对于 CFRP 弹性模量与截面面积而言，当 CFRP 加固 1 层，其变异系数小于 0.07 时，可靠度指标降低幅度很小，变异系数超过 0.07 后，可靠度指标降低幅度变大；当 CFRP 加固 2 层，其变异系数小于 0.03 时，可靠度指标降低幅度很小，变异系数超过 0.03 后，可靠度指标降低幅度变大；且当变异系数大于 0.08 时，CFRP 加固 2 层比 CFRP 加固 1 层的可靠度指标降低幅度要大。

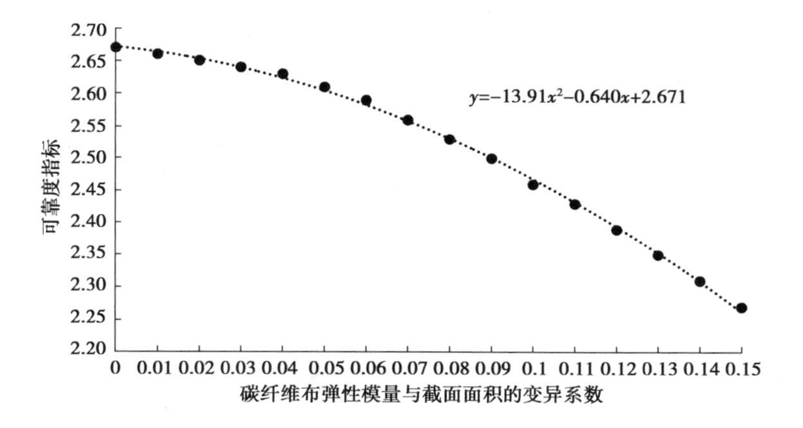

图 7.6　加固量 1 层碳纤维布弹性模量与截面面积的变异系数对可靠度指标的影响

由于钢筋经加载屈服后卸载，钢筋得到了强化，其屈服强度得到了提高，提高幅度为 25% ~ 30%。为了观察变化，此处将提高幅度扩大至 20% ~ 35%。由图 7.8 可知，在 M_k 加载至 $M_k>M_y$ 的卸载加固，其他因素不变的情况下，随着钢筋屈服后的强化系数增加，加固后钢筋混凝土梁的可靠度指标逐渐降低。且在其他因素不变，相同钢筋屈服后的强化系数的情况下，随着加固层数增加，加固后钢筋混凝土梁的可靠度指标也增加。

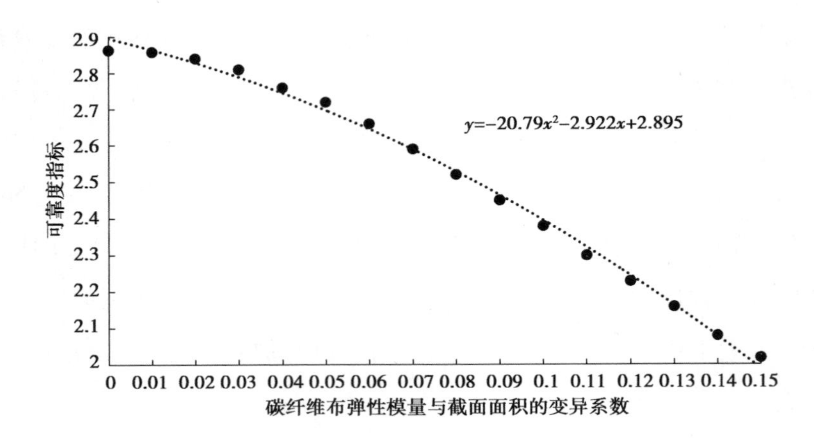

图 7.7　加固量 2 层碳纤维布弹性模量与截面面积的变异系数对可靠度指标的影响

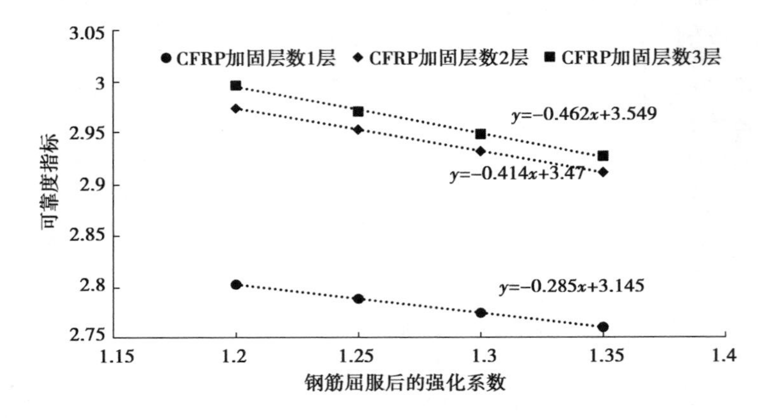

图 7.8　钢筋屈服后的强化系数变化对加固损伤钢筋混凝土梁可靠度指标的影响

通过分析可知，各随机变量的均值、变异系数都会影响可靠度指标的大小，钢筋混凝土梁的配筋率、碳纤维布加固量、碳纤维布的强度利用系数、碳纤维布强度标准值的保证率的性能指标值以及钢筋屈服后的强化系数等因素都对加固损伤钢筋混凝土梁可靠度指标产生影响。

第8章 混凝土矩形截面梁经济配筋率与造价探讨分析

混凝土梁等受弯构件在结构工程中的应用相当普遍，并且占工程结构的比重也很大，其截面尺寸与配筋设计的合理与否对其结构造价的影响起到至关重要的作用。在选择截面时，除应当满足刚度要求外，适筋条件又显得非常重要。在实际工程中，截面尺寸的选用往往只要满足 $\rho_{\min} \leqslant \rho \leqslant \rho_{\max}$ 即可，这样的配筋既能够满足承载力等要求，也能避免浪费，所以如何确定合理的截面尺寸即确定一个合适的配筋率使其总造价最经济就显得尤为重要。但经济配筋率是一个比较复杂的问题，涉及很多因素比如结构形式、材料单价、施工条件等。一般梁的经济配筋率为0.6%～1.5%，当 ρ 在经济配筋率附近变动时对总造价影响不是很敏感，国内外相关的研究成果也不多。本章以应变协调条件和混凝土梁正截面承载力计算方法为基础，运用高等数学中条件极值的知识在考虑材料价格等因素的条件下从 P_s/P_c 比值范围的角度去确定是否存在经济配筋率，即把材料价格引入配筋率中，更加符合工程实际。实际工程中即使浪费很小，积少成多可能对国家所造成的经济损失也是很大的，在提倡勤俭节约的背景下，研究钢筋混凝土梁的经济配筋率与造价分析的问题也是必要的。

8.1 经济配筋率 ρ_E 的确定

8.1.1 基本假定

①钢筋混凝土梁符合平截面假定。

②不考虑混凝土的抗拉强度,全部拉力由纵向受拉钢筋承担。

③混凝土受压时应力和应变成正比,钢筋受拉时应力和应变成正比。

④不考虑国民经济发展、施工条件等客观因素。

8.1.2 基本公式

由单筋矩形截面梁的应力应变简图(图 8.1)可得相关计算公式:

$$\frac{\varepsilon_c}{\varepsilon_s}=\frac{x}{h_0-x}, \alpha_1\beta f_c bx=f_y A_s,$$

$$M\leqslant\alpha_1\beta f_c bx\left(h_0-\frac{\beta x}{2}\right),\text{令 } a_E=\frac{E_s}{E_c},$$

因为 $f_c=E_c\varepsilon_c, f_y=E_s\varepsilon_s, \rho=\dfrac{A_s}{bh_0}$

所以 $\alpha_1\beta bxE_c\varepsilon_c=E_s\varepsilon_s A_s$,即 $\alpha_1\beta bx\dfrac{x}{h_0-x}=a_E A_s$,

整理得 $\alpha_1\beta x^2+a_E\rho h_0 x-a_E\rho h_0^2=0$

解得 $x=\dfrac{\sqrt{(a_E\rho)^2+4\alpha_1\beta a_E\rho}-a_E\rho}{2\alpha_1\beta}h_0$

$$A_s=\frac{\alpha_1\beta f_c b}{f_y}x=\frac{\alpha_1\beta f_c bh_0}{f_y}\cdot\frac{\sqrt{(a_E\rho)^2+4\alpha_1\beta a_E\rho}-a_E\rho}{2\alpha_1\beta}$$

$$M\leqslant\alpha_1\beta f_c bx\left(h_0-\frac{\beta x}{2}\right)=\alpha_1\beta f_c bh_0 x\left(1-\frac{\beta x}{2h_0}\right)$$

$$=\alpha_1\beta f_c bh_0^2\frac{\sqrt{(a_E\rho)^2+4\alpha_1\beta a_E\rho}-a_E\rho}{2\alpha_1\beta}\left(1-\beta\frac{\sqrt{(a_E\rho)^2+4\alpha_1\beta a_E\rho}-a_E\rho}{4\alpha_1\beta}\right),$$

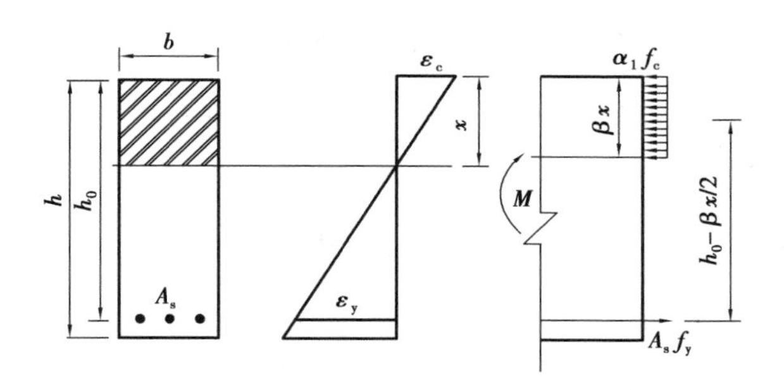

图 8.1　单筋矩形截面梁应力、应变(简)图

为了简化,可令

$$f_{(\rho)}=\frac{\sqrt{(a_E\rho)^2+4\alpha_1\beta a_E\rho}-a_E\rho}{2\alpha_1\beta},$$

则 $M\leqslant\alpha_1\beta f_c bh_0^2\left(f_{(\rho)}-\frac{\beta f_{(\rho)}^2}{2}\right)$

式中　M——弯矩设计值,kN · m;

f_c——混凝土轴心抗压强度设计值,N/mm^2;

f_y——普通钢筋抗拉强度设计值,N/mm^2;

A_s——受拉区纵向钢筋面积,mm^2;

b——矩形截面的宽度;

h_0——截面有效高度,$h_0=h-a$;

α_1——矩形应力图的应力与轴心受压强度设计值 f_c 的比值,当混凝土强度等级不超过 C50 时,α_1 取为 1.0;

β——计算受压高度与实际受压高度的比值,当混凝土强度等级不超过 C50 时,β 取为 0.8;

E_s——钢筋的弹性模量,×10^5 N/mm^2;

E_c——混凝土的弹性模量,×10^4 N/mm^2。

8.1.3　设计变量

在实际工程中,钢筋混凝土梁的配筋率没有考虑材料价格这一重要因素,其设计结果并不能保证设计费用最低,即不是相对最优方案。从工程实际应用出发,把材料价格引入钢筋混凝土梁的配筋率中,即经济配筋率。经济配筋率作为衡量结构设计经济性的标准,其受诸多因素(如结构形式、材料价格和施工条件等)影响,其经济性在一定程度上只是相对的。本章为简化经济配筋率的计算,作了如下一些简化处理:

①钢筋混凝土梁截面宽度 b,一般实际工程中通常由构造要求确定,不作为设计变量。

②不考虑设置受压钢筋、弯起钢筋和箍筋的作用,即不将受压钢筋、弯起钢筋和箍筋作为设计变量。

③不考虑正常使用极限状态的影响,即不将其作为约束条件考虑。因为对于一般钢筋混凝土梁均能满足上述要求,且这样处理对结果影响不大,能使计算过程相对简化。

④为了进一步简化计算过程,减少设计变量,本章对梁的斜截面受弯承载力不作为约束条件来考虑,因为这一条件通常由构造措施来保证。

本章只考虑钢筋和混凝土价格以及钢筋和混凝土强度等级来构造目标函数,不考虑相应的措施费及模板等费用,如果考虑可分别合并为相应的综合费用:

$$P_E=P_cA_c+P_sA_s=P_c(bh-A_s)+P_sA_s=P_cbh+(P_s-P_c)A_s=P_cbh_0+P_cba+(P_s-P_c)A_s$$

$$P_E=P_cbh+(P_s-P_c)\frac{\alpha_1\beta f_c bh_0}{f_y}\cdot\frac{\sqrt{(a_E\rho)^2+4\alpha_1\beta a_E\rho}-a_E\rho}{2\alpha_1\beta}$$

$$=P_cbh_0+P_cba+(P_s-P_c)\frac{\alpha_1\beta f_c bh_0}{f_y}f_{(\rho)}$$

式中 P_s——每 t 钢筋单价,7.85 元/t;

P_c——混凝土单价,元/m^3。

8.1.4　约束条件

（1）正截面受弯承载力的约束条件

$Y_1 = M - \alpha_1 \beta f_c bx\left(h_0 - \frac{\beta x}{2}\right) \leqslant 0$

即 $Y_1 = M - \alpha_1 \beta f_c bh_0^2\left(f_{(\rho)} - \frac{\beta f_{(\rho)}^2}{2}\right) \leqslant 0$

（2）最小配筋率的约束条件

$Y_2 = \rho - \rho_{\min} \geqslant 0$

即 $Y_2 = \rho - \max\left\{0.45\frac{f_t}{f_y}, 0.002\right\} \geqslant 0$

（3）最大配筋率的约束条件

$Y_3 = \rho - \rho_{\max} \leqslant 0$

即 $Y_3 = \rho - \xi_b \cdot \frac{\alpha_1 f_c}{f_y} \leqslant 0$，

其中，$\xi_b = \frac{\beta}{1 + \frac{f_y}{\varepsilon_{cu} E_s}}$

8.1.5　求解方法

将约束条件（1）和目标函数写成拉格朗日函数表达式为

$$F(h_0, \rho, \lambda) = P_E + \lambda\left[M - \alpha_1 \beta f_c bh_0^2\left(f_{(\rho)} - \frac{\beta f_{(\rho)}^2}{2}\right)\right]$$

即 $F(h_0, \rho, \lambda) = P_c bh + (P_s - P_c)\frac{\alpha_1 \beta f_c bh_0}{f_y} f_{(\rho)} + \lambda\left[M - \alpha_1 \beta f_c bh_0^2\left(f_{(\rho)} - \frac{\beta f_{(\rho)}^2}{2}\right)\right]$

$$= P_c bh_0 + P_c ba + (P_s - P_c)\frac{\alpha_1 \beta f_c bh_0}{f_y} f_{(\rho)} + \lambda\left[M - \alpha_1 \beta f_c bh_0^2\left(f_{(\rho)} - \frac{\beta f_{(\rho)}^2}{2}\right)\right]$$

对上述拉格朗日函数求极小值得：

$$F'_{h_0}=P_{c}b+(P_{s}-P_{c})\frac{\alpha_1\beta f_{c}b}{f_{y}}f_{(\rho)}-\lambda\left[2\alpha_1\beta f_{c}bh_0(f_{(\rho)}-\frac{\beta f_{(\rho)}^2}{2})\right] \tag{8.1}$$

$$F'_{\rho}=(P_{s}-P_{c})\frac{\alpha_1\beta f_{c}bh_0}{f_{y}}f'_{(\rho)}-\lambda[\alpha_1\beta f_{c}bh_0^2(f'_{(\rho)}-\beta f_{(\rho)}f'_{(\rho)})] \tag{8.2}$$

$$F'_{\lambda}=M-\alpha_1\beta f_{c}bh_0^2(f_{(\rho)}-\frac{\beta f_{(\rho)}^2}{2}) \tag{8.3}$$

由式(8.2)得，

$$\lambda=\frac{P_{s}-P_{c}}{f_{y}}\times\frac{1}{h_0(1-\beta f_{(\rho)})}$$

把 $\lambda=\frac{P_{s}-P_{c}}{f_{y}}\times\frac{1}{h_0(1-\beta f_{(\rho)})}$ 代入式(8.1)整理后得，

$$\left(\frac{P_{s}-P_{c}}{P_{c}}\times\frac{\alpha_1\beta f_{c}}{f_{y}}+\beta\right)f_{(\rho)}=1$$

解得

$$\rho_{e}=\frac{\alpha_1\beta}{a_{E}\left[\left(\frac{P_{s}-P_{c}}{P_{c}}\cdot\frac{\alpha_1\beta f_{c}}{f_{y}}+\beta-\frac{1}{2}\right)^2-\frac{1}{4}\right]}$$

由式(8.3)得，

$$h_0=\sqrt{\frac{M}{f_{c}b\left(\frac{\sqrt{(a_{E}\rho_{e})^2+4\alpha_1\beta a_{E}\rho_{e}}-a_{E}\rho_{e}}{2}-\frac{(\sqrt{(a_{E}\rho_{e})^2+4\alpha_1\beta a_{E}\rho_{e}}-a_{E}\rho_{e})^2}{8\alpha_1}\right)}}$$

此时，

$$P_{E(\rho)}=\frac{P_{c}\sqrt{\frac{bM}{f_{c}}}+(P_{s}-P_{c})\frac{f_{c}}{2f_{y}}\sqrt{\frac{bM}{f_{c}}}(\sqrt{(a_{E}\rho)^2+4\alpha_1\beta a_{E}\rho}-a_{E}\rho)}{\sqrt{\frac{\sqrt{(a_{E}\rho)^2+4\alpha_1\beta a_{E}\rho}-a_{E}\rho}{2}-\frac{(\sqrt{(a_{E}\rho)^2+4\alpha_1\beta a_{E}\rho}-a_{E}\rho)^2}{8\alpha_1}}}+P_{c}ba$$

$$=P_{c}\left\{\sqrt{\frac{bM}{f_{c}}}\left[(\sqrt{(a_{E}\rho)^2+4\alpha_1\beta a_{E}\rho}-a_{E}\rho)^{-1}\times\left(\frac{1}{2}\times(\sqrt{(a_{E}\rho)^2+4\alpha_1\beta a_{E}\rho}-a_{E}\rho)^{-1}-\frac{1}{8\alpha_1}\right)^{-\frac{1}{2}}+\right.\right.$$

$$\left.\left.\frac{P_{s}-P_{c}}{P_{c}}\frac{f_{c}}{2f_{y}}\times\left(\frac{1}{2}\times(\sqrt{(a_{E}\rho)^2+4\alpha_1\beta a_{E}\rho}-a_{E}\rho)^{-1}-\frac{1}{8\alpha_1}\right)^{-\frac{1}{2}}\right]+ba\right\}$$

当 $\rho=\rho_e$ 时，$P_{E(\rho)}$ 最小。对于目标函数 $P_{E(\rho)}$ 而言，由于其表达式比较烦琐，通过分析可知在适筋率范围内 $\left(\sqrt{(a_E\rho)^2+4\alpha_1\beta a_E\rho}-a_E\rho\right)^{-1}\times\left(\frac{1}{2}\times\left(\sqrt{(a_E\rho)^2+4\alpha_1\beta a_E\rho}-a_E\rho\right)^{-1}-\frac{1}{8\alpha_1}\right)^{-\frac{1}{2}}$ 和 $\left(\frac{1}{2}\times\left(\sqrt{(a_E\rho)^2+4\alpha_1\beta a_E\rho}-a_E\rho\right)^{-1}-\frac{1}{8\alpha_1}\right)^{-\frac{1}{2}}$ 分别呈递减和递增规律。则目标函数 $P_{E(\rho)}$ 可以看成由 $P_c\sqrt{\frac{bM}{f_c}}\times f_1(\rho)_{减}$、$(P_s-P_c)\frac{\sqrt{f_c}}{2f_y}\sqrt{bM}f_2(\rho)_{增}$ 与 $P_c ba$ 三项组成。$\sqrt{bM}$ 值在已知的情况下，即当 P_s/P_c 满足存在经济配筋率范围时，若钢筋级别越高，混凝土强度等级越低，$\sqrt{f_c}/(2f_y)$ 越小，此时 P_s/P_c 越小，第二项随 ρ 增大不明显，此时目标函数 $P_{E(\rho)}$ 随 ρ 增大变化不是很敏感；而 $1/\sqrt{f_c}$ 越大，第一项随 ρ 减小明显，所以 $P_{E(\rho)}$ 随 ρ 减小变化相对敏感。若钢筋级别越低，混凝土强度等级越高，$\sqrt{f_c}/(2f_y)$ 越大，此时 P_s/P_c 越大，第二项随 ρ 增大明显；而 $1/\sqrt{f_c}$ 越小，第一项随 ρ 减小不明显，所以 $P_{E(\rho)}$ 随 ρ 增大变化相对敏感。

将约束条件(2)和(3)联合得，

$$\rho_{min}\leqslant\rho_e\leqslant\rho_{max},\max\{0.45f_t/f_y,0.002\}\leqslant\rho_e\leqslant\xi_b\cdot\frac{\alpha_1 f_c}{f_y}$$

一般情况下 $P_s>P_c$，经计算分析可得，

$$\left(\frac{1-2\beta+\sqrt{1+\frac{4\beta}{a_E\xi_b}\frac{f_y}{f_c}}}{2\alpha_1\beta}\right)\frac{f_y}{f_c}+1\leqslant\frac{P_s}{P_c}\leqslant\left(\frac{1-2\beta+\sqrt{1+\frac{4\alpha_1\beta}{a_E\rho_{min}}}}{2\alpha_1\beta}\right)\frac{f_y}{f_c}+1$$

一般当混凝土强度等级不超过 C50 时，则取 $\alpha_1=1.0$，$\beta=0.8$，则

$$\rho_e=\frac{0.8}{a_E\left[\left(\frac{P_s-P_c}{P_c}\cdot\frac{0.8f_c}{f_y}+0.3\right)^2-\frac{1}{4}\right]}\tag{8.4}$$

$$h_0=\sqrt{\frac{M}{f_c b\left(\frac{\sqrt{(a_E\rho_e)^2+3.2a_E\rho_e}-a_E\rho_e}{2}-\frac{\left(\sqrt{(a_E\rho_e)^2+3.2a_E\rho_e}-a_E\rho_e\right)^2}{8}\right)}}$$

$$P_E=\frac{P_c\sqrt{\frac{bM}{f_c}}+(P_s-P_c)\frac{f_c}{2f_y}\sqrt{\frac{bM}{f_c}}\left(\sqrt{(a_E\rho)^2+3.2a_E\rho}-a_E\rho\right)}{\sqrt{\frac{\sqrt{(a_E\rho)^2+3.2a_E\rho}-a_E\rho}{2}-\frac{\left(\sqrt{(a_E\rho)^2+3.2a_E\rho}-a_E\rho\right)^2}{8\alpha_1}}}+P_cba$$

$$\left(\frac{\sqrt{1+\frac{3.2}{a_E\xi_b}\frac{f_y}{f_c}}-0.6}{1.6}\right)\frac{f_y}{f_c}+1\leqslant\frac{P_s}{P_c}\leqslant\left(\frac{\sqrt{1+\frac{3.2}{a_E\rho_{min}}}-0.6}{1.6}\right)\frac{f_y}{f_c}+1 \tag{8.5}$$

根据式(8.5)计算出的不同级别钢筋与不同混凝土强度等级(≤C50)相组配的钢筋混凝土梁所对应的 P_s/P_c 取值范围见表 8.1。若实际工程中 P_s/P_c 取值范围超出表 8.1 所示的取值范围时,这时就不存在经济配筋率。

表 8.1　P_s/P_c 计算表

钢筋牌号	混凝土强度等级	a_E	ξ_b	P_s/P_c
HPB300	C20	8.24	0.576	68.99~236.03
	C25	7.50	0.576	52.33~194.17
	C30	7.00	0.576	41.10~157.89
	C35	6.67	0.576	33.37~132.05
	C40	6.46	0.576	27.75~112.51
	C45	6.27	0.576	24.29~100.82
	C50	6.09	0.576	21.56~91.25
HRB335 HRBF335	C20	7.84	0.550	85.34~268.98
	C25	7.14	0.550	64.68~227.94
	C30	6.67	0.550	50.74~189.66
	C35	6.35	0.550	41.18~158.89
	C40	6.15	0.550	34.20~135.27
	C45	5.97	0.550	29.92~121.19
	C50	5.80	0.550	26.53~109.65

续表

钢筋牌号	混凝土强度等级	a_E	ξ_b	P_s/P_c
HRB400 HRBF400 RRB400	C20	7.84	0.518	116.48～322.58
	C25	7.14	0.518	88.22～273.33
	C30	6.67	0.518	69.15～235.76
	C35	6.35	0.518	56.07～207.20
	C40	6.15	0.518	46.53～178.10
	C45	5.97	0.518	40.66～159.53
	C50	5.80	0.518	36.02～144.32
HRB500 HRBF500	C20	7.84	0.482	161.71～389.57
	C25	7.14	0.482	122.43～330.06
	C30	6.67	0.482	95.92～284.67
	C35	6.35	0.482	77.74～250.16
	C40	6.15	0.482	64.46～222.49
	C45	5.97	0.482	56.30～204.60
	C50	5.80	0.482	49.83～189.77

8.2　算例

①设有钢筋混凝土矩形截面简支梁，$M=220$ kN·m，$b=250$ mm，根据某地市场价格调查，钢筋牌号 HRB335，其市场价格在 3500 元/t；混凝土强度等级 C30，其单价的市场价格为 370 元/m³。$\alpha_1=1.0$，$\beta=0.8$，$\alpha_s=35$ mm，确定其经济配筋率与最低造价。

$$\frac{P_s}{P_c}=\frac{3\ 500\times7.85}{370}=74.3$$

其中 P_s/P_c 范围没有超过表 8.1 所示的值，存在经济配筋率。

依据推导出的经济配筋率公式，得

$$\rho_e = \frac{\alpha_1\beta}{a_E\left[\left(\frac{P_s-P_c}{P_c}\cdot\frac{\alpha_1\beta f_c}{f_y}+\beta-\frac{1}{2}\right)^2-\frac{1}{4}\right]}$$

$$=\frac{1.0\times0.8}{\frac{2.0\times10^5}{3.00\times10^4}\times\left[\left(\frac{3\ 500\times7.85-370}{370}\times\frac{1.0\times0.8\times14.3}{300}+0.8-\frac{1}{2}\right)^2-\frac{1}{4}\right]}$$

$$=\frac{0.8}{62.132\ 618\ 3}=0.0128\ 756\ 84$$

$$\sqrt{(a_E\rho)^2+4\alpha_1\beta a_E\rho}-a_E\rho$$

$$=\sqrt{\left(\frac{2.0\times10^5}{3.00\times10^4}\times0.012\ 875\ 684\right)^2+4\times1.0\times0.8\times\frac{2.0\times10^5}{3.00\times10^4}\times0.012\ 875\ 684}-$$

$$\frac{2.0\times10^5}{3.00\times10^4}\times0.012\ 875\ 684$$

$$=0.445\ 245\ 341$$

$$P_{E(\rho)}=\frac{P_c\sqrt{\frac{bM}{f_c}}+(P_s-P_c)\frac{f_c}{2f_y}\sqrt{\frac{bM}{f_c}}\left(\sqrt{(a_E\rho)^2+4\alpha_1\beta a_E\rho}-a_E\rho\right)}{\sqrt{\frac{\sqrt{(a_E\rho)^2+4\alpha_1\beta a_E\rho}-a_E\rho}{2}-\frac{\left(\sqrt{(a_E\rho)^2+4\alpha_1\beta a_E\rho}-a_E\rho\right)^2}{8\alpha_1}}}+P_cba$$

$$=\frac{370\times\sqrt{\frac{250\times220\times10^6}{14.3}}+(3\ 500\times7.85-370)\times\frac{14.3}{2\times300}\times\sqrt{\frac{250\times220\times10^6}{14.3}}\times0.445\ 245\ 341}{\sqrt{\frac{0.445\ 245\ 341}{2}-\frac{(0.445\ 245\ 341)^2}{8\times1.0}}}\div$$

$$10^6+\frac{370\times250\times35}{10^6}$$

$$=94.93\ 元/m$$

②设有钢筋混凝土矩形截面简支梁，$M=220$ kN·m，$b=250$ mm，根据某地市场价格调查，钢筋单价的市场价格在（3 000～4 000）元/t 之间波动，其中钢筋牌号分别有 HPB300、HRB335、HRB400、HRB500 四种。不同强度等级混凝土单

价的市场价格波动范围见表8.2。$\alpha_1=1.0$，$\beta=0.8$，$\alpha_s=35$ mm，确定其经济配筋率。

先通过式(8.5)计算或表8.1查出 P_s/P_c 存在经济配筋率的范围，若 P_s/P_c 在存在经济配筋率的范围内，则根据式(8.4)计算出的经济配筋率范围的结果见表8.2，本算例每种组配中分别给出了 $P_{s(max)}/P_{c(max)}$、$P_{s(max)}/P_{c(min)}$、$P_{s(mid)}/P_{c(mid)}$、$P_{s(min)}/P_{c(max)}$、$P_{s(min)}/P_{c(min)}$ 几种情况下，目标函数 $P_{E(\rho)}$ 随 ρ 变化规律如图8.2—图8.25所示。

表8.2 钢筋混凝土梁经济配筋率计算表

钢筋牌号	混凝土强度等级	混凝土单价/(元·m^{-3})	经济配筋率/%
HPB300	C20	300～360	0.94～2.05
	C25	320～370	0.78～1.76
	C30	350～390	0.70～1.49
	C35	370～420	0.61～1.35
	C40	390～450	0.54～1.24
	C45	430～480	0.56～1.20
	C50	470～520	0.58～1.21
HRB335 HRBF335	C20	300～360	1.20～1.76
	C25	320～370	1.00～2.18
	C30	350～390	0.90～1.90
	C35	370～420	0.79～1.72
	C40	390～450	0.70～1.58
	C45	430～480	0.72～1.53
	C50	470～520	0.74～1.55

续表

钢筋牌号	混凝土强度等级	混凝土单价/(元·m^{-3})	经济配筋率/%
HRB400 HRBF400 RRB400	C20	300～360	—
	C25	320～370	1.40～1.71
	C30	350～390	1.27～2.06
	C35	370～420	1.11～2.40
	C40	390～450	0.98～2.21
	C45	430～480	1.01～2.14
	C50	470～520	1.04～2.16
HRB500 HRBF500	C20	300～360	—
	C25	320～370	—
	C30	350～390	—
	C35	370～420	1.57～1.85
	C40	390～450	1.40～2.12
	C45	430～480	1.44～2.34
	C50	470～520	1.48～2.56

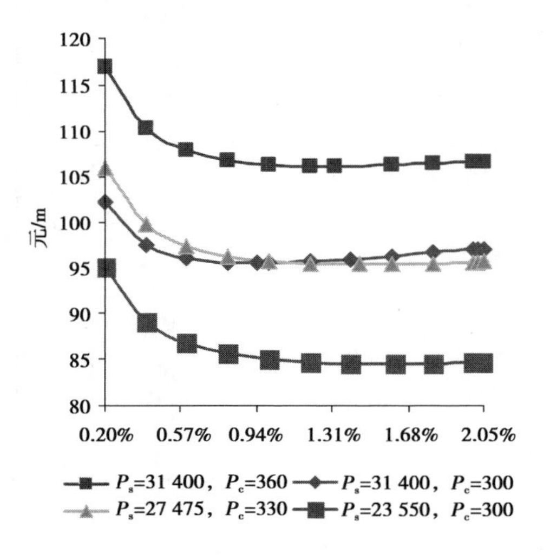

图 8.2　HPB300 和 C20 组配

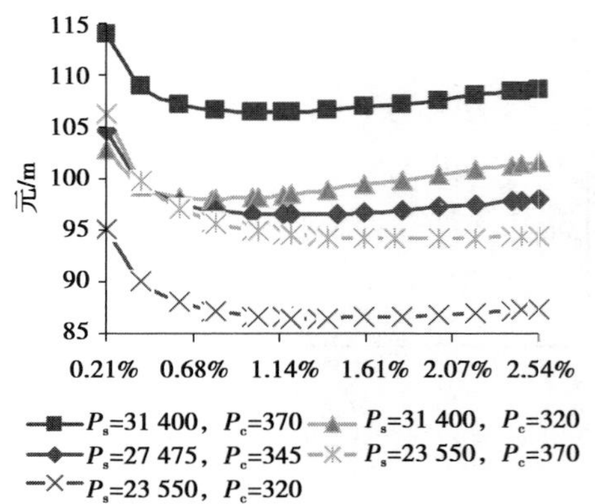

图 8.3　HPB300 和 C25 组配

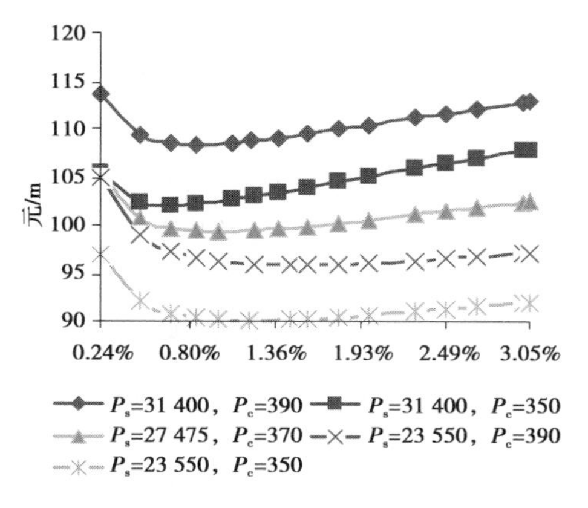

图 8.4　HPB300 和 C30 组配

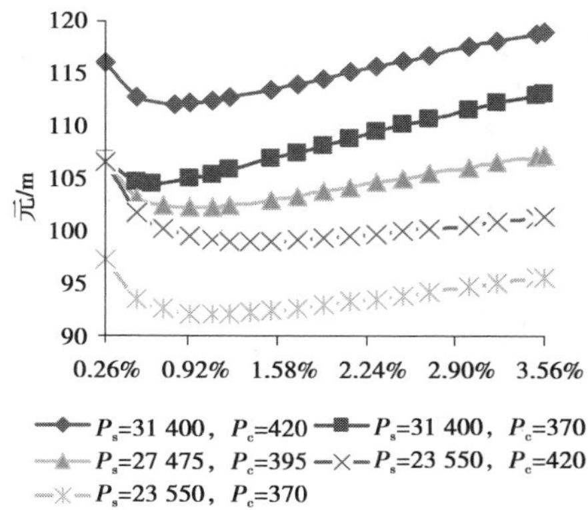

图 8.5　HPB300 和 C35 组配

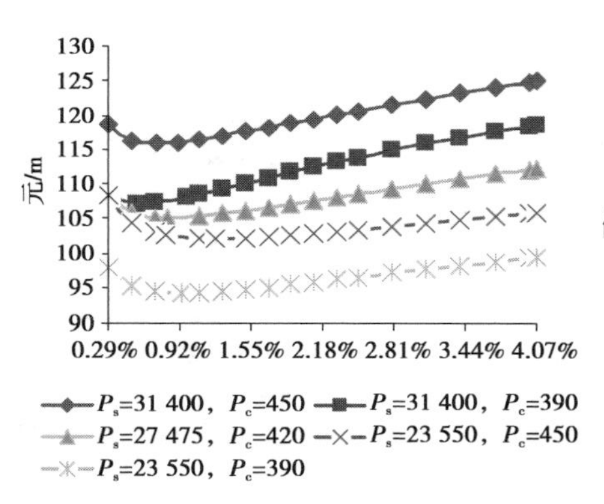

图 8.6　HPB300 和 C40 组配

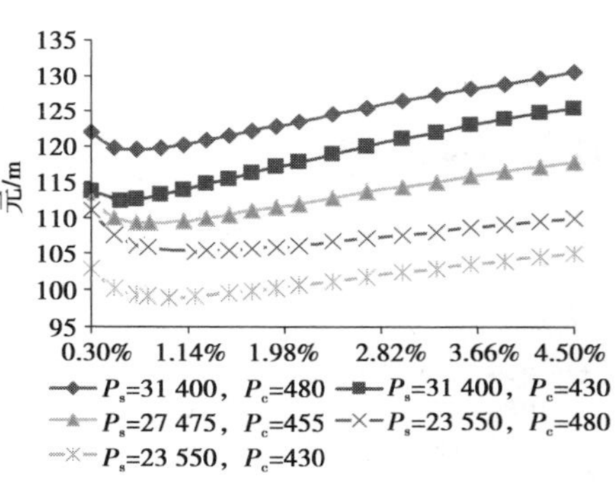

图 8.7　HPB300 和 C45 组配

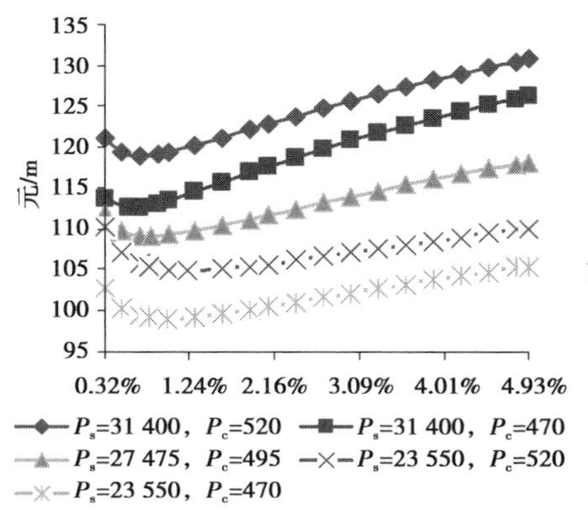

图 8.8　HPB300 和 C50 组配

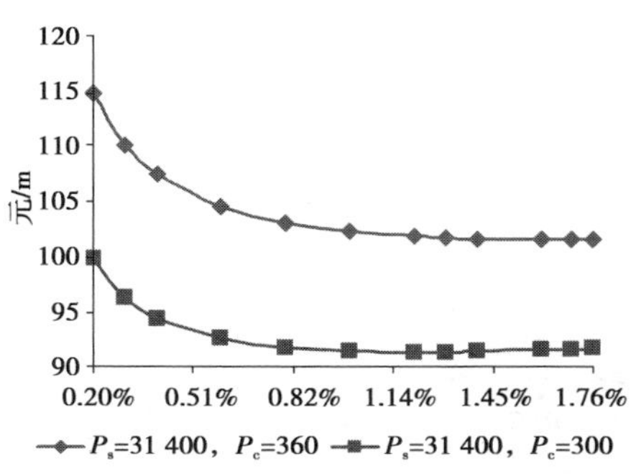

图 8.9　HRB335 和 C20 组配

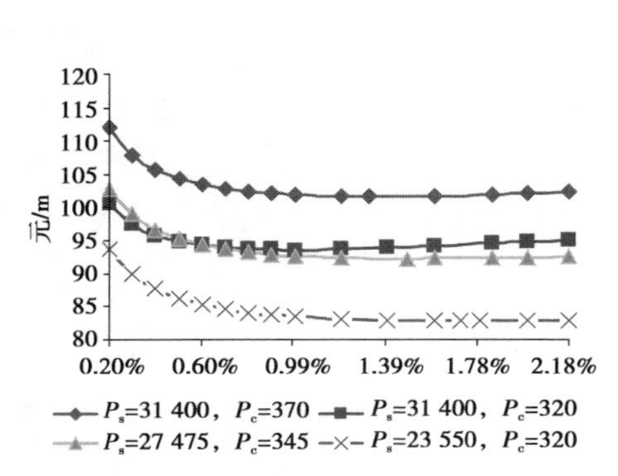

图 8.10　HRB335 和 C25 组配

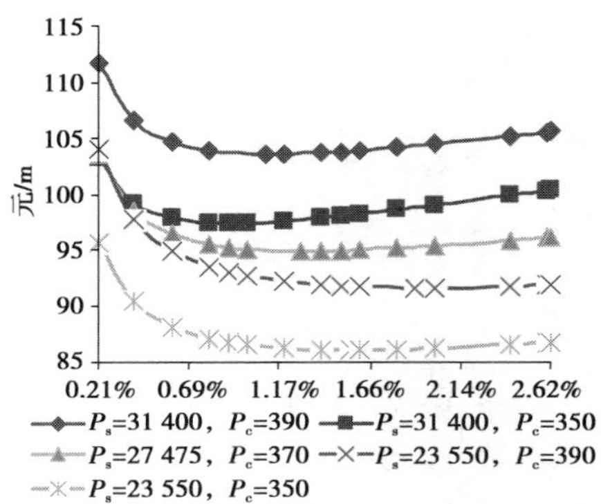

图 8.11　HRB335 和 C30 组配

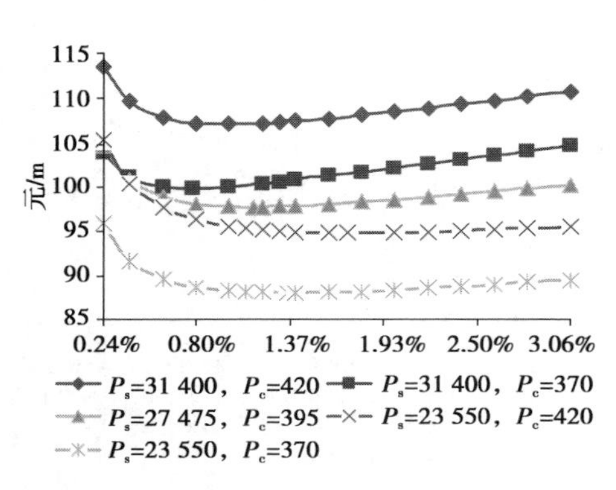

图 8.12　HRB335 和 C35 组配

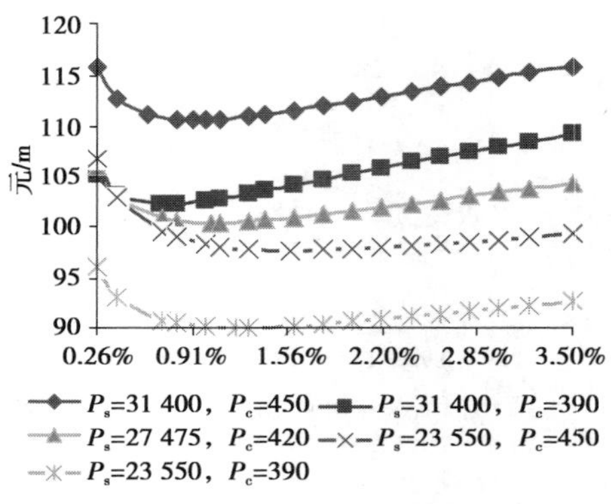

图 8.13　HRB335 和 C40 组配

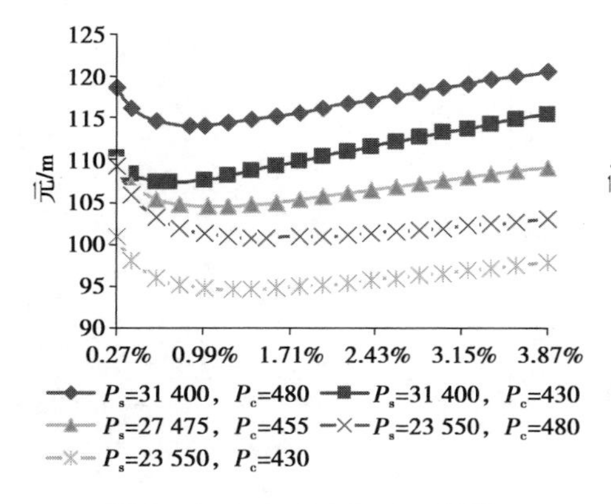

图 8.14　HRB335 和 C45 组配

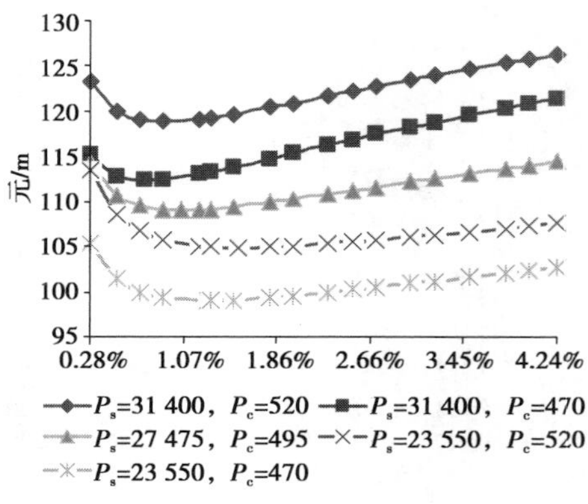

图 8.15　HRB335 和 C50 组配

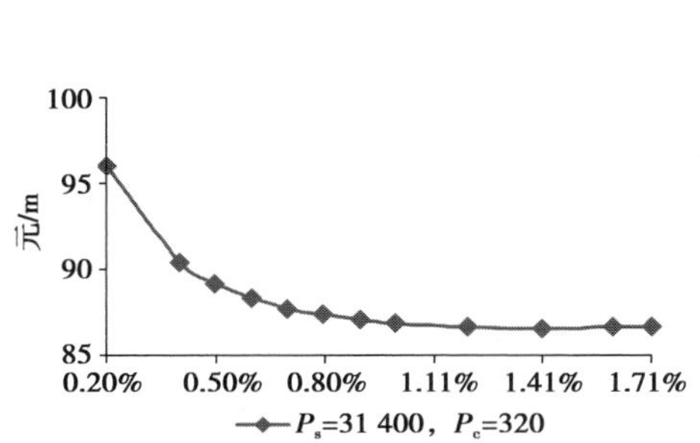

图 8.16　HRB400 和 C25 组配

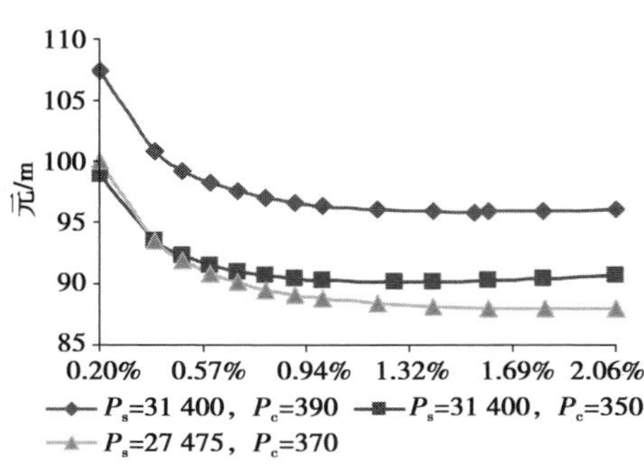

图 8.17　HRB400 和 C30 组配

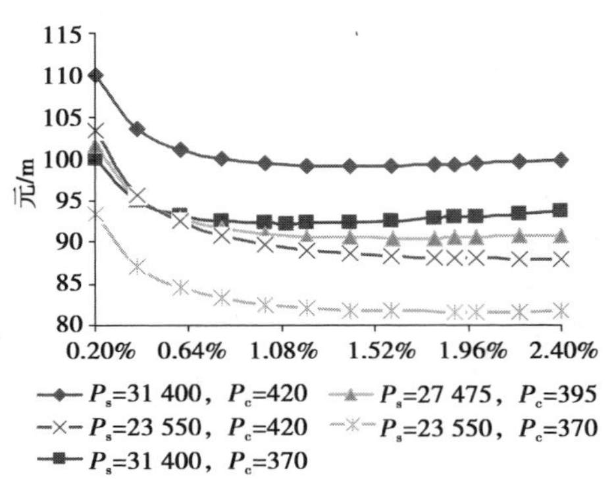

图 8.18　HRB400 和 C35 组配

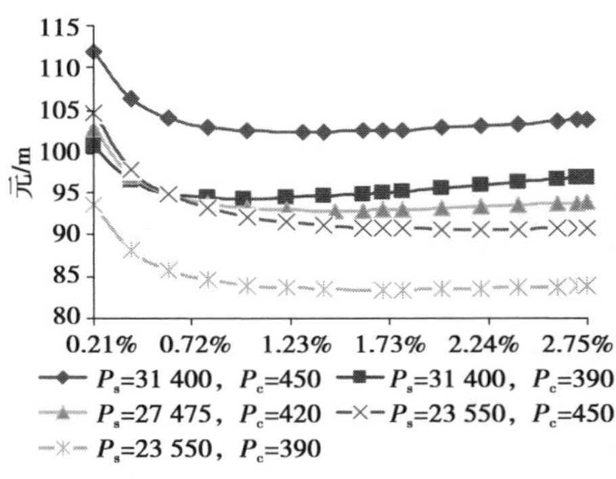

图 8.19　HRB400 和 C40 组配

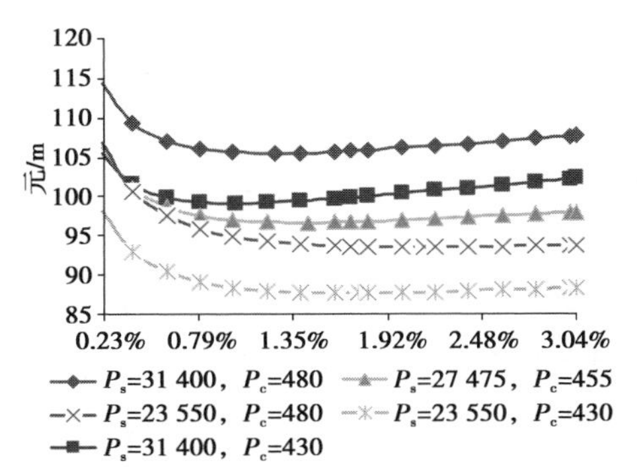

图 8.20　HRB400 和 C45 组配

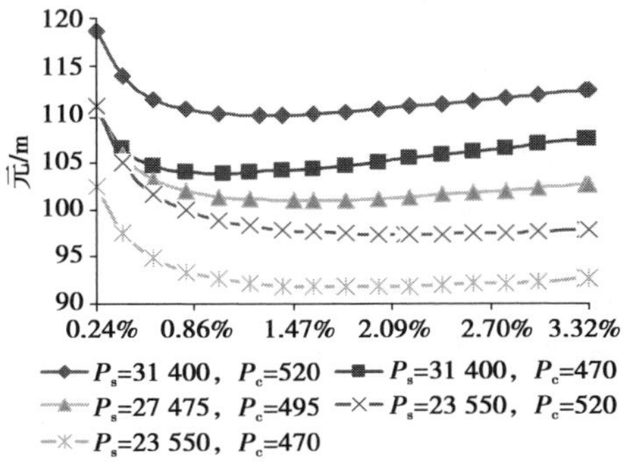

图 8.21　HRB400 和 C50 组配

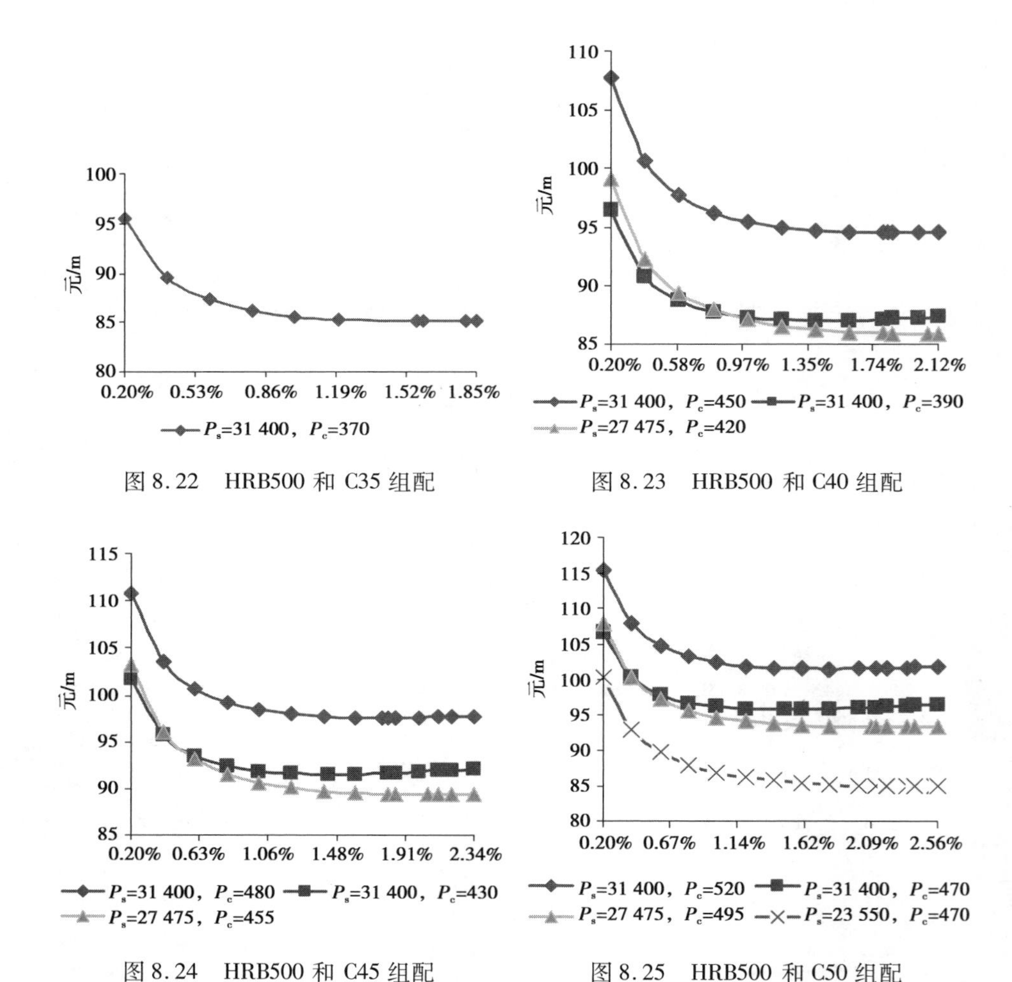

图 8.22 HRB500 和 C35 组配

图 8.23 HRB500 和 C40 组配

图 8.24 HRB500 和 C45 组配

图 8.25 HRB500 和 C50 组配

从本算例可以看出,钢筋级别越高,混凝土强度等级越低, P_s/P_c 越小时,当 ρ 从 ρ_e 向 ρ_{max} 波动时,造价变化相对不敏感,当 ρ 从 ρ_e 向 ρ_{min} 波动时,造价变化越敏感;钢筋级别越低,混凝土强度等级越高, P_s/P_c 越大时,当 ρ 从 ρ_e 向 ρ_{max} 波动时,造价变化越敏感,当 ρ 从 ρ_e 向 ρ_{min} 波动时,造价相对不敏感。这一规律与本章推导出的目标造价函数的分析规律相符合,说明推导公式的敏感性分析是合理的。

8.3　结论

①通过推导出的经济配筋率 ρ_e 的公式可以看出,经济配筋率与钢筋弹性模量、混凝土弹性模量、钢筋价格、混凝土价格、钢筋抗拉强度设计值、混凝土轴心抗压强度设计值等因素有关。在相同级别钢筋和混凝土强度等级的条件下,ρ_e 值随着钢筋价格与混凝土价格比值的增大而逐渐减小;在 P_s/P_c 一定时,ρ_e 值与 f_c/f_y 成反比关系,并通过算例验证了 $\rho=\rho_e$ 时,目标函数造价 P_E 最小。

②在最大配筋率和最小配筋率的约束条件下推导出的 P_s/P_c 范围可以看出,当钢筋级别相同时,随着混凝土强度等级的增加,P_s/P_c 最大值与最小值都逐渐减小,即范围在缩小;钢筋级别越高,混凝土强度等级越低,P_s/P_c 值越大。

③从目标函数表达式和算例图中可以看出,配筋率在经济配筋率 ρ_e 附近时,造价随配筋率的变动相对不是很敏感。钢筋级别越高,混凝土强度等级越低, P_s/P_c 越小时,当 ρ 从 ρ_e 向 ρ_{max} 波动时,造价变化相对不敏感;当 ρ 从 ρ_e 向 ρ_{min} 波动时,造价变化越敏感;钢筋级别越低,混凝土强度等级越高, P_s/P_c 越大时,当 ρ 从 ρ_e 向 ρ_{max} 波动时,造价变化越敏感;当 ρ 从 ρ_e 向 ρ_{min} 波动时,造价相对不敏感。所以从造价角度分析,建议在存在 ρ_e 的情况下,钢筋级别越高,混凝土强度等级越低,P_s/P_c 越小时,$\rho_e \leqslant \rho \leqslant \rho_{max}$;钢筋级别越低,混凝土强度等级越高, P_s/P_c 越大时,$\rho_{min} \leqslant \rho \leqslant \rho_e$。

④通过本章算例可以看出,有 HRB400 和 C20 组配,HRB500 分别和 C20、C25、C30 组配时,不存在经济配筋率,因为其 P_s/P_c 范围超出了表 8.1 所示的存在经济配筋率的范围。这也说明了在实际工程中,基本上不会采用特别高级别钢筋和特别低强度等级混凝土相组配,以免造成浪费。

第9章　CFRP加固素混凝土梁配布率优化与造价分析研究

混凝土材料在结构工程中的应用相当普遍,占工程结构的比重很大。近年来随着碳纤维布等复合增强材料价格的下降,其在实际加固工程中的应用得到了快速的发展,并被广泛应用于混凝土结构的加固工程。对CFRP加固混凝土梁的研究主要集中在其抗弯性能等方面的研究,而CFRP加固混凝土梁的配布率问题的研究相对较少。配布率的问题较复杂,与建筑结构形式、建材价格、施工环境等因素有关。根据经验,梁的经济配筋率为0.6%~1.5%,配筋率在经济配筋率附近变动时对造价影响不大。因而借此来研究CFRP加固素混凝土梁的配布率,期望找到合适的优化配布率,使ρ_f在优化配布率附近变动时对总造价不是很敏感,达到勤俭节约的目的。本章讨论CFRP加固素混凝土梁配布率优化与造价分析的情况,可以为工程加固及其造价问题提供一些借鉴。

9.1　优化配布率ρ_f的确定

9.1.1　基本假定

①素混凝土梁符合平截面假定。

②混凝土开裂后不考虑受拉区混凝土的作用,其全部拉力由碳纤维布全部

承担。

③在达到受弯承载能力极限状态前,碳纤维布与混凝土之间不致出现黏结剥离破坏。

④不考虑施工等客观因素及碳纤维布加固量影响。

9.1.2　基本公式

由CFRP加固素混凝土梁的应力应变简图(图9.1)可得相关计算公式:

$\frac{\varepsilon_c}{\varepsilon_f}=\frac{x}{h-x}, \alpha_1\beta f_c bx=f_f A_f,$

$M\leqslant\alpha_1\beta f_c bx\left(h-\frac{\beta x}{2}\right)$,令 $a_{Ef}=\frac{E_f}{E_c}$,

因为 $f_c=E_c\varepsilon_c, f_f=E_f\varepsilon_f, \rho_f=\frac{A_f}{bh}$

所以 $\alpha_1\beta bxE_c\varepsilon_c=E_f\varepsilon_f A_f$,即 $\alpha_1\beta bx\frac{x}{h-x}=a_{Ef}A_f$,

整理得,$\alpha_1\beta x^2+a_{Ef}\rho_f hx-a_{Ef}\rho_f h^2=0$

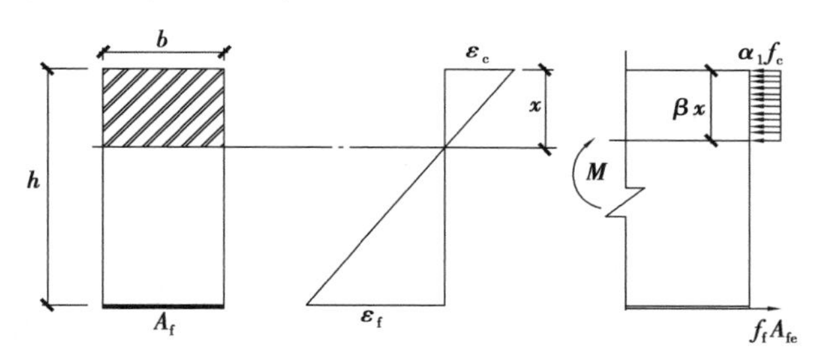

图9.1　CFRP加固素混凝土梁应力、应变图

解得 $x=\frac{\sqrt{(a_{Ef}\rho_f)^2+4\alpha_1\beta a_{Ef}\rho_f}-a_{Ef}\rho_f}{2\alpha_1\beta}h$

$A_f=\frac{\alpha_1\beta f_c b}{f_f}x=\frac{\alpha_1\beta f_c b}{f_f}\times\frac{\sqrt{(a_{Ef}\rho_f)^2+4\alpha_1\beta a_{Ef}\rho_f}-a_{Ef}\rho_f}{2\alpha_1\beta}h$

$$=\frac{\alpha_1\beta f_c bh}{f_f}\times\frac{\sqrt{(a_{Ef}\rho_f)^2+4\alpha_1\beta a_{Ef}\rho_f}-a_{Ef}\rho_f}{2\alpha_1\beta}$$

为了简化,可令

$$f_{(\rho_f)}=\frac{\sqrt{(a_{Ef}\rho_f)^2+4\alpha_1\beta a_{Ef}\rho_f}-a_{Ef}\rho_f}{2\alpha_1\beta},$$

则

$$M\leqslant\alpha_1\beta f_c bh^2\left(f_{(\rho_f)}-\frac{\beta f_{(\rho_f)}^2}{2}\right)$$

式中 M——弯矩设计值,kN · m;

f_c——混凝土轴心抗压强度设计值,N/mm^2;

f_f——CFRP 的抗拉强度设计值,N/mm^2;

A_f——实际应粘贴的 CFRP 截面面积,mm^2;

E_f——CFRP 的弹性模量,×10^5 N/mm^2;

E_c——混凝土的弹性模量,×10^4 N/mm^2。

9.1.3 设计变量

在工程设计中,CFRP 加固素混凝土梁的配布率没有引入建材价格这一重要因素,致使其设计结果并不能保证是最优方案。因此考虑这一因素把建材价格引入 CFRP 加固素混凝土梁的配布率中,即进行配布率优化。配布率优化作为衡量结构设计经济性的标准,受诸多因素的影响,如加固的结构类型、材料市场价格和施工条件等,其经济性在一定程度上是相对的。为简化 CFRP 加固素混凝土梁配布率的计算,本书做了些简化处理:

①加固素混凝土梁截面宽度 b,一般由构造要求来确定,不作为变量。

②为了使计算过程简化,不考虑正常使用极限状态的影响,即不将其作为约束条件来考虑,并且这样处理能对结果影响较小。

本章以 CFRP 价格和混凝土价格以及 CFRP 高强度等级和混凝土强度等级

来构造目标造价函数,忽略措施费、模板及涂抹胶体等费用,分别并入相应的综合费用中:

$$P_E = P_c A_c + P_f A_f = P_c bh + P_f A_f$$

$$P_E = P_c bh + P_f \frac{\alpha_1 \beta f_c bh}{f_f} \cdot \frac{\sqrt{(a_{Ef}\rho_f)^2 + 4\alpha_1 \beta a_{Ef}\rho_f} - a_{Ef}\rho_f}{2\alpha_1 \beta}$$

$$= P_c bh + P_f \frac{\alpha_1 \beta f_c bh}{f_f} f_{(\rho_f)}$$

式中　P_f——每平方米碳纤维布单价,$\times 10^3 / t_{cf}$元/m^2;

P_c——混凝土价格,元/m^3。

9.1.4　约束条件

(1)CFRP 加固素混凝土梁正截面受弯承载力的约束条件

$$Y_1 = M - \alpha_1 \beta f_c bx\left(h - \frac{\beta x}{2}\right) \leqslant 0,$$

即 $Y_1 = M - \alpha_1 \beta f_c bh^2\left(f_{(\rho_f)} - \frac{\beta f_{(\rho_f)}^{\ 2}}{2}\right) \leqslant 0$

(2)CFRP 加固素混凝土梁最大配布率的约束条件

$$Y_2 = \rho_f - \rho_{fmax} \leqslant 0$$

即 $Y_2 = \rho_f - \xi_{bf} \cdot \frac{\alpha_1 f_c}{f_f} \leqslant 0$

其中 $\xi_{bf} = \dfrac{\beta}{1 + \dfrac{f_f}{\varepsilon_{cu} E_{Ef}}}$

9.1.5　求解方法

将约束条件(1)联合目标造价函数表达成拉格朗日函数表达式为

$$F(h, \rho_f, \lambda) = P_E + \lambda\left[M - \alpha_1 \beta f_c bh^2\left(f_{(\rho_f)} - \frac{\beta f_{(\rho_f)}^2}{2}\right)\right]$$

$$F(h,\rho,\lambda)=P_c bh+P_f\frac{\alpha_1\beta f_c bh}{f_f}f_{(\rho_f)}+\lambda\left[M-\alpha_1\beta f_c bh^2\left(f_{(\rho_f)}-\frac{\beta f^2_{(\rho_f)}}{2}\right)\right]$$

上式拉格朗日函数求解极小值得：

$$\rho_{f(o)}=\frac{\alpha_1\beta}{a_{Ef}\left[\left(\frac{P_f}{P_c}\times\frac{\alpha_1\beta f_c}{f_f}+\beta-\frac{1}{2}\right)^2-\frac{1}{4}\right]}$$

$$h=\sqrt{\frac{M}{f_c b\left(\frac{\sqrt{(a_{Ef}\rho_{f(o)})^2+4\alpha_1\beta a_{Ef}\rho_{f(o)}}-a_{Ef}\rho_{f(o)}}{2}-\frac{\left(\sqrt{(a_{Ef}\rho_{f(o)})^2+4\alpha_1\beta a_{Ef}\rho_{f(o)}}-a_{Ef}\rho_{f(o)}\right)^2}{8\alpha_1}\right)}}$$

$$P_{E(\rho_f)}=\frac{P_c\sqrt{\frac{bM}{f_c}}+P_f\frac{f_c}{2f_f}\sqrt{\frac{bM}{f_c}}\left(\sqrt{(a_{Ef}\rho_f)^2+4\alpha_1\beta a_{Ef}\rho_f}-a_{Ef}\rho_f\right)}{\sqrt{\frac{\sqrt{(a_{Ef}\rho_f)^2+4\alpha_1\beta a_{Ef}\rho_f}-a_{Ef}\rho_f}{2}-\frac{\left(\sqrt{(a_{Ef}\rho_f)^2+4\alpha_1\beta a_{Ef}\rho_f}-a_{Ef}\rho_f\right)^2}{8\alpha_1}}}$$

$$P_{E(\rho)}=P_c\left\{\sqrt{\frac{bM}{f_c}}\left[\left(\sqrt{(a_{Ef}\rho_f)^2+4\alpha_1\beta a_{Ef}\rho_f}-a_{Ef}\rho_f\right)^{-1}\times\left(\frac{1}{2}\left(\sqrt{(a_{Ef}\rho_f)^2+4\alpha_1\beta a_{Ef}\rho_f}-a_{Ef}\rho_f\right)^{-1}-\frac{1}{8\alpha_1}\right)^{-\frac{1}{2}}+\frac{P_f}{P_c}\frac{f_c}{2f_f}\times\left(\frac{1}{2}\left(\sqrt{(a_{Ef}\rho_f)^2+4\alpha_1\beta a_{Ef}\rho_f}-a_{Ef}\rho_f\right)^{-1}-\frac{1}{8\alpha_1}\right)^{-\frac{1}{2}}\right]\right\}$$

当$\rho=\rho_{f(o)}$时，目标造价函数$P_{E(\rho)}$最小。对于目标函数$P_{E(\rho)}$而言，通过分析可知，在配布率范围内$\left(\sqrt{(a_{Ef}\rho_f)^2+4\alpha_1\beta a_{Ef}\rho_f}-a_{Ef}\rho_f\right)^{-1}\cdot\left(\frac{1}{2}\left(\sqrt{(a_{Ef}\rho_f)^2+4\alpha_1\beta a_{Ef}\rho_f}-a_{Ef}\rho_f\right)^{-1}-\frac{1}{8\alpha_1}\right)^{-\frac{1}{2}}$和$\left(\frac{1}{2}\left(\sqrt{(a_{Ef}\rho_f)^2+4\alpha_1\beta a_{Ef}\rho_f}-a_{Ef}\rho_f\right)^{-1}-\frac{1}{8\alpha_1}\right)^{-\frac{1}{2}}$分别呈递减和递增规律。即第一项随$\rho_f$的减小而逐渐增大；而第二项随$\rho_f$的增大而逐渐增大。所以确定存在一个$\rho_{f(o)}$使目标函数$P_{E(\rho)}$最小。

由约束条件(2)得，

$$\frac{P_f}{P_c}\geqslant\left(\frac{1-2\beta+\sqrt{1+\frac{4\beta}{a_{Ef}\xi_{bf}}\frac{f_f}{f_c}}}{2\alpha_1\beta}\right)\frac{f_f}{f_c}$$

根据上述公式所计算出的不同高强度等级 CFRP 与相应不同强度等级混凝土相组配的加固素混凝土梁所对应的P_f/P_c取值范围见表 9.1。

表 9.1　P_f/P_c 计算表

CFRP 强度等级	混凝土强度等级	a_{Ef}	ξ_{bf}	P_f/P_c
高强度Ⅰ级	C20	9.02	0.198	≥3 016.2
	C25	8.21	0.198	≥2 286.9
	C30	7.67	0.198	≥1 793.0
	C35	7.30	0.198	≥1 453.9
	C40	7.08	0.198	≥1 204.9
	C45	6.87	0.198	≥1 052.2
	C50	6.67	0.198	≥931.2
高强度Ⅱ级	C20	7.84	0.198	≥2 623.4
	C25	7.14	0.198	≥1 988.5
	C30	6.67	0.198	≥1 559.1
	C35	6.35	0.198	≥1 264.0
	C40	6.15	0.198	≥1 048.3
	C45	5.97	0.198	≥915.3
	C50	5.80	0.198	≥809.8

9.2　算例

设有加固素混凝土简支梁，$M=220$ kN·m，$b=250$ mm，根据某地市场价格调查，碳纤维布的市场价格(40～58)元/m²。CFRP 强度等级Ⅰ级厚度 0.167 mm，CFRP 强度等级Ⅱ级厚度 0.111 mm。不同强度等级混凝土的市场价格见表 9.2，$\alpha_1=1.0$，$\beta=0.8$，确定其优化配布率与造价分析。

根据本章推导出的优化配布率的公式计算出的结果见表 9.2 及目标函数 P_E 随 ρ 变化规律如图 9.2—图 9.5 所示。

表 9.2　CFRP 加固素混凝土梁配布率优化计算表

CFRP 强度等级	混凝土强度等级	混凝土单价/(元·m^{-3})	优化配布率/%
高强度Ⅰ级	C20	300~360	—
	C25	320~370	—
	C30	350~390	—
	C35	370~420	—
	C40	390~450	—
	C45	430~480	—
	C50	470~520	—
高强度Ⅱ级	C20	300~360	—
	C25	320~370	—
	C30	350~390	—
	C35	370~420	0.13~0.17
	C40	390~450	0.12~0.19
	C45	430~480	0.12~0.21
	C50	470~520	0.12~0.23

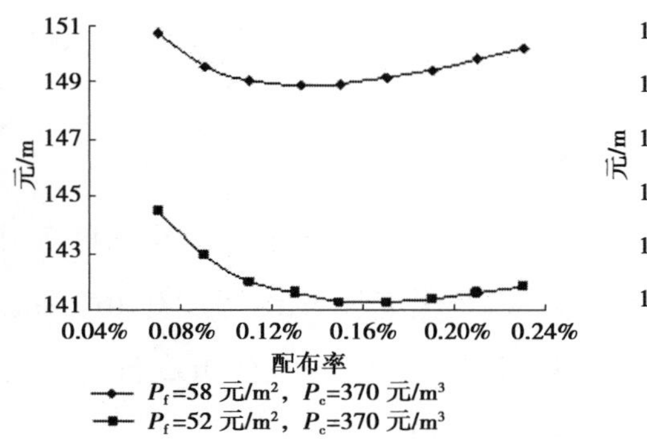

图 9.2　CFRP 和 C35 组配

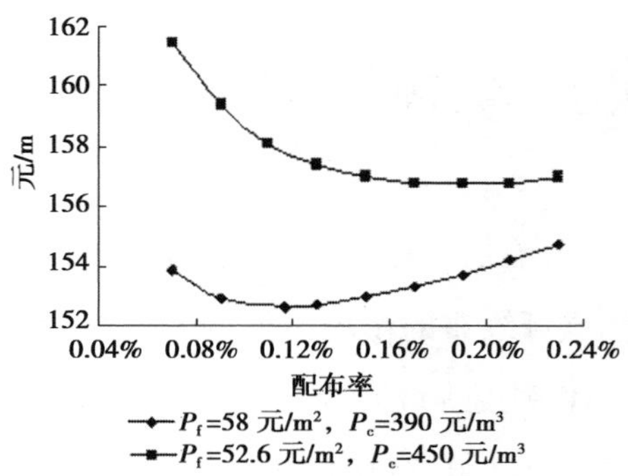

图 9.3　CFRP 和 C40 组配

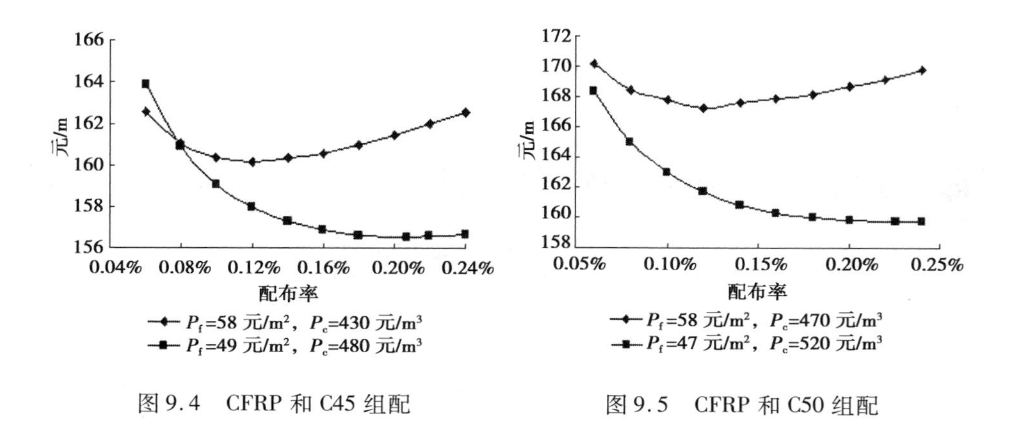

图9.4　CFRP和C45组配　　　图9.5　CFRP和C50组配

从本算例可以看出,存在一个$\rho_{f(o)}$使目标函数$P_{E(\rho)}$最小,当其ρ_f在优化配布率附近变动时对总造价不是很敏感,说明推导的公式是合理的。

9.3　结论

①通过推导出的优化配布率$\rho_{f(o)}$的公式可以看出,其值与CFRP与混凝土的弹性模量比值、CFRP与混凝土的价格比值、CFRP抗拉强度设计值与混凝土轴心抗压强度设计值比值有关。

②由在正截面受弯承载力和最大配布率的约束条件下得出的P_f/P_c范围可以看出,采用同级别CFRP加固时,随着混凝土强度等级的增加,P_f/P_c的范围逐渐减小。

③从造价目标函数表达式及算例图示可以看出,存在一个$\rho_{f(o)}$使总造价最小。配布率ρ_f在优化配布率$\rho_{f(o)}$附近时,造价随配布率的变动相对不是很敏感。

④通过本章算例可以看出,当CFRP价格下降时,为了避免浪费,采用高强度Ⅰ级CFRP加固混凝土梁,尤其是低强度混凝土梁时就显得不太经济;而采用高强度Ⅱ级CFRP加固混凝土梁时,相对混凝土强度越高越经济。

第10章　CFRP加固混凝土梁配布(筋)率优化与造价分析研究

碳纤维加固混凝土梁等受弯构件在结构工程中的应用相当普遍,并且占工程结构的比重也很大,其截面尺寸设计的合理与否对工程结构造价的影响起到至关重要的作用。在选择截面时,除应当满足刚度要求外,适布(筋)条件又显得非常重要。为了避免浪费,如何确定合理的截面尺寸即确定一个合适的配布(筋)率使总造价最经济就显得尤为重要。但配布(筋)率优化是一个比较复杂问题,涉及很多因素,比如结构形式、材料单价、施工条件等。一般梁的经济配筋率为0.6% ~1.5%,但对研究CFRP加固混凝土梁的经济配布(筋)率的问题相对较少,本章讨论了CFRP加固混凝土梁配布(筋)率优化与造价分析的情况,可以为实际工程造价与加固时提供参考。

10.1　经济配布率 $\rho_{E(f)}$ 与经济配筋率 $\rho_{E(s)}$ 的确定

10.1.1　基本假定

①CFRP加固钢筋混凝土梁符合平截面假定。

②不考虑混凝土的抗拉强度,全部拉力由纵向受拉钢筋与碳纤维布共同承担。

③混凝土应力-应变关系采用理想化的应力应变曲线,纵向钢筋的应力取钢筋应变与其弹性模量的乘积,纤维复合材的应力-应变关系取直线式,即其应力等于拉应变与弹性模量的乘积。

④在达到受弯承载能力极限状态前,加固材料与混凝土之间不致出现黏结剥离破坏。

⑤不考虑国民经济发展、施工条件等客观因素。

10.1.2　基本公式

由 CFRP 加固钢筋混凝土矩形截面梁的应力应变简图(图 10.1)关系可得相关计算公式:

$\dfrac{\varepsilon_c}{\varepsilon_s}=\dfrac{x}{h_0-x}$,$\dfrac{\varepsilon_c}{\varepsilon_f}=\dfrac{x}{h-x}$,$\alpha_1\beta f_c bx=f_yA_s+f_fA_{fe}$,其中 $A_{fe}=k_mA_f$

则 $\alpha_1\beta f_c bx=f_yA_s+f_fk_mA_f$,令 $a_E=\dfrac{E_s}{E_c}$,$a_{Ef}=\dfrac{E_f}{E_c}$,$\rho_s=\dfrac{A_s}{bh_0}$,$\rho_f=\dfrac{A_f}{bh_0}$

因为 $f_c=E_c\varepsilon_c$,$f_y=E_s\varepsilon_s$,$f_f=E_f\varepsilon_f$,所以 $\alpha_1\beta bxE_c\varepsilon_c=E_s\varepsilon_sA_s+E_f\varepsilon_fk_mA_f$,

即 $\alpha_1\beta x=a_E\dfrac{\varepsilon_s}{\varepsilon_c}\rho_sh_0+a_{Ef}\dfrac{\varepsilon_f}{\varepsilon_c}k_m\rho_fh_0$,所以 $\alpha_1\beta x=a_E\dfrac{h_0-x}{x}\rho_sh_0+a_{Ef}\dfrac{h-x}{x}k_m\rho_fh_0$

为了简化计算,设 $\dfrac{h-x}{x}k_m\approx\dfrac{h_0-x}{x}$,则整理得,$\alpha_1\beta x^2+(a_E\rho_s+a_{Ef}\rho_f)h_0x-(a_E\rho_s+a_{Ef}\rho_f)h_0^2=0$。

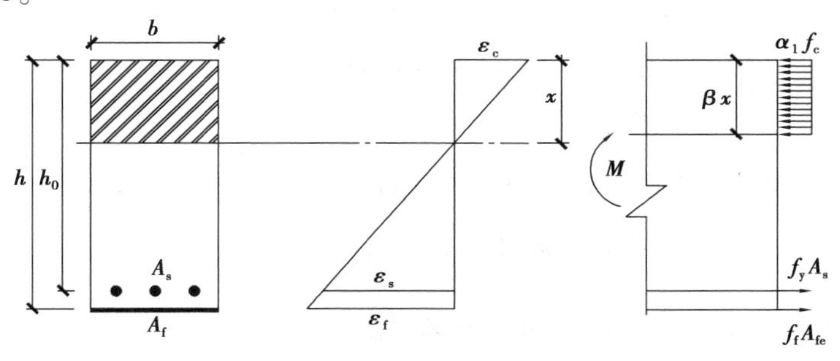

图 10.1　CFRP 加固矩形截面梁正截面计算简图

解得 $x=\dfrac{\sqrt{(a_E\rho_s+a_{Ef}\rho_f)^2+4\alpha_1\beta(a_E\rho_s+a_{Ef}\rho_f)}-(a_E\rho_s+a_{Ef}\rho_f)}{2\alpha_1\beta}h_0$，设 $\eta=\dfrac{a_{Ef}\rho_f}{a_E\rho_s}$，则

$a_{Ef}\rho_f=\eta a_E\rho_s$，此时

$x=\dfrac{\sqrt{[a_E\rho_s(1+\eta)]^2+4\alpha_1\beta\cdot a_E\rho_s(1+\eta)}-a_E\rho_s(1+\eta)}{2\alpha_1\beta}h_0$，令 $f(\rho_s,\eta)=$

$\dfrac{\sqrt{[a_E\rho_s(1+\eta)]^2+4\alpha_1\beta\cdot a_E\rho_s(1+\eta)}-a_E\rho_s(1+\eta)}{2\alpha_1\beta}$

则 $x=f(\rho_s,\eta)\cdot h_0$，因为 $\dfrac{A_f}{A_s}=\dfrac{\rho_f}{\rho_s}=\eta\dfrac{a_E}{a_{Ef}}$，所以可以写成

$$\alpha_1\beta f_c bx=\left(f_y+k_m\eta f_f\frac{a_E}{a_{Ef}}\right)A_s,\ \alpha_1\beta f_c bx=\left(f_y\frac{1}{\eta}\frac{a_{Ef}}{a_E}+k_m f_f\right)A_f$$，即

$$A_s=\frac{\alpha_1\beta f_c b}{f_y+k_m\eta f_f\dfrac{a_E}{a_{Ef}}}x=\frac{\alpha_1\beta f_c bh_0}{f_y+k_m\eta f_f\dfrac{a_E}{a_{Ef}}}f(\rho_s,\eta),\ A_f=\frac{\alpha_1\beta f_c b}{f_y\dfrac{1}{\eta}\dfrac{a_{Ef}}{a_E}+k_m f_f}x=\frac{\eta\dfrac{a_E}{a_{Ef}}\alpha_1\beta f_c bh_0}{f_y+k_m\eta f_f\dfrac{a_E}{a_{Ef}}}f(\rho_s,\eta)$$

$$M\leqslant\alpha_1\beta f_c bx\left(h-\frac{\beta x}{2}\right)-f_yA_s(h-h_0)=\alpha_1\beta f_c bh_0^2\left(\frac{f_y+nk_m\eta f_f\dfrac{a_E}{a_{Ef}}}{f_y+k_m\eta f_f\dfrac{a_E}{a_{Ef}}}f(\rho_s,\eta)-\frac{\beta f^2_{(\rho_s,\eta)}}{2}\right)$$（设

$h=nh_0$，令 n 为常数）

式中　M——弯矩设计值，kN · m；

f_c——混凝土轴心抗压强度设计值，N/mm^2；

f_y——普通钢筋抗拉强度设计值，N/mm^2；

f_f——CFRP 的抗拉强度设计值，N/mm^2；

A_s——受拉区纵向钢筋面积，mm^2；

A_f——实际应粘贴的 CFRP 截面面积，mm^2；

A_{fe}——CFRP 的有效截面面积，mm^2；

k_m——纤维复合材厚度折减系数，$k_m=1.16-\dfrac{n_tE_ft_f}{308\ 000}\leqslant 0.9$；

b——矩形截面的宽度；

h_0——截面有效高度,$h_0=h-a$;

α_1——矩形应力图的应力与轴心受压强度设计值 f_c 的比值,当混凝土强度等级不超过 C50 时,α_1 取为 1.0;

β——计算受压高度与实际受压高度的比值,当混凝土强度等级不超过 C50 时,β 取为 0.8;

E_s——钢筋的弹性模量,$\times 10^5$ N/mm^2;

E_f——CFRP 的弹性模量,$\times 10^5$ N/mm^2;

E_c——混凝土的弹性模量,$\times 10^4$ N/mm^2。

10.1.3　设计变量

在实际工程中,CFRP 加固钢筋混凝土梁的配布(筋)率没有考虑材料价格这一重要因素,其设计结果并不能保证设计费用最低,即不一定是相对最优方案。从工程实际应用出发,把材料价格引入 CFRP 加固钢筋混凝土梁的配布(筋)率中,即经济配布(筋)率。经济配布(筋)率作为衡量结构设计经济性的标准。其受诸多因素影响,比如结构形式、材料价格和施工条件等,其经济性在一定程度上只是相对的。本文为简化经济配布(筋)率的计算,作了一些简化处理:

①钢筋混凝土梁截面宽度 b,一般实际工程中通常由构造要求确定,不作为设计变量。

②不考虑设置受压钢筋、弯起钢筋和箍筋的作用,即不将受压钢筋、弯起钢筋和箍筋作为设计变量。

③不考虑正常使用极限状态的影响,即不将其作为约束条件考虑。对于一般 CFRP 加固钢筋混凝土梁均能满足上述要求,且这样处理对结果影响不大,能使计算过程相对简化。

④为了进一步简化计算过程,减少设计变量,本章对梁的斜截面受弯承载力不作为约束条件来考虑,因为这一条件通常由构造措施来保证。

本章只考虑碳纤维布、钢筋和混凝土价格以及碳纤维布高强度等级、钢筋和混凝土强度等级来构造目标函数,不考虑相应的措施费、模板、涂抹胶体等费用,如果考虑可分别合并为相应的综合费用:

$$P_E=P_cA_c+P_sA_s+P_fA_f=P_c(bh-A_s)+P_sA_s+P_fA_f=P_cbh+(P_s-P_c)A_s+P_fA_f$$

$$P_E=P_cnbh_0+\frac{(P_s-P_c)+\eta P_f\dfrac{a_E}{a_{Ef}}}{f_y+k_m\eta f_f\dfrac{a_E}{a_{Ef}}}a_1\beta f_cbh_0f(\rho_s,\eta)$$

式中　P_f——每 m^2 碳纤维布单价,$\times 10^3/t_{cf}$ 元/m^2;

P_s——每 t 钢筋单价,×7.85 元/t;

P_c——混凝土单价,元/m^3。

10.1.4　约束条件

(1)正截面受弯承载力的约束条件

$Y_1=M-\alpha_1\beta f_cbx\left(h-\dfrac{\beta x}{2}\right)+f_yA_s(h-h_0)\leqslant 0$,即 $Y_1=M-\alpha_1\beta f_cbh_0^2$

$$\left(\frac{f_y+nk_m\eta f_f\dfrac{a_E}{a_{Ef}}}{f_y+k_m\eta f_f\dfrac{a_E}{a_{Ef}}}f(\rho_s,\eta)-\frac{\beta f_{(\rho_s,\eta)}^2}{2}\right)\leqslant 0$$

(2)界限受压区高度,为避免发生 CFRP 断裂的约束条件

$Y_2=\xi-\xi_{bf}\geqslant 0$,其中,$\xi_{bf}=\dfrac{0.8\varepsilon_{cu}}{\varepsilon_{cu}+\psi_f\varepsilon_f+\varepsilon_{f0}}$,对于一般构件,为了简化近似取 $\psi_f\varepsilon_f+\varepsilon_{f0}\approx 0.01$。

(3)界限受压区高度,为避免发生超筋破坏的约束条件

$Y_3=\xi-\xi_b\leqslant 0$,其中,$\xi_b=\dfrac{\beta}{1+\dfrac{f_y}{\varepsilon_{cu}E_s}}$。

10.1.5　求解方法

将约束条件(1)和目标函数写成拉格朗日函数表达式为

$$F(h_0,\rho_s,\lambda,\eta)=P_E+\lambda\left[M-\alpha_1\beta f_c bh_0^2\left(\frac{f_y+nk_m\eta f_f\frac{a_E}{a_{Ef}}}{f_y+k_m\eta f_f\frac{a_E}{a_{Ef}}}f(\rho_s,\eta)-\frac{\beta f(\rho_s,\eta)^2}{2}\right)\right]$$

即

$$F(h_0,\rho_s,\lambda,\eta)=P_c bnh_0+\frac{(P_s-P_c)+\eta P_f\frac{a_E}{a_{Ef}}}{f_y+k_m\eta f_f\frac{a_E}{a_{Ef}}}\alpha_1\beta f_c bh_0 f(\rho_s,\eta)+$$

$$\lambda\left[M-\alpha_1\beta f_c bh_0^2\left(\frac{f_y+nk_m\eta f_f\frac{a_E}{a_{Ef}}}{f_y+k_m\eta f_f\frac{a_E}{a_{Ef}}}f(\rho_s,\eta)-\frac{\beta f(\rho_s,\eta)^2}{2}\right)\right]$$

对上述拉格朗日函数求极小值得:

$$F'_{h_0}=P_c bn+\frac{(P_s-P_c)+\eta P_f\frac{a_E}{a_{Ef}}}{f_y+k_m\eta f_f\frac{a_E}{a_{Ef}}}\alpha_1\beta f_c bf_{(\rho_s,\eta)}-2\lambda\alpha_1\beta f_c bh_0\left[\frac{f_y+nk_m\eta f_f\frac{a_E}{a_{Ef}}}{f_y+k_m\eta f_f\frac{a_E}{a_{Ef}}}f_{(\rho_s,\eta)}-\frac{\beta f_{(\rho_s,\eta)}^2}{2}\right] \tag{10.1}$$

$$F'_{\rho_s}=\frac{(P_s-P_c)+\eta P_f\frac{a_E}{a_{Ef}}}{f_y+k_m\eta f_f\frac{a_E}{a_{Ef}}}\alpha_1\beta f_c bh_0 f'_{\rho_s}(\rho_s,\eta)-\lambda\alpha_1\beta f_c bh_0^2\left[\frac{f_y+nk_m\eta f_f\frac{a_E}{a_{Ef}}}{f_y+k_m\eta f_f\frac{a_E}{a_{Ef}}}f'_{\rho_s}(\rho_s,\eta)-\beta f(\rho_s,\eta)f'_{\rho_s}(\rho_s,\eta)\right] \tag{10.2}$$

$$F'_{\eta}=\frac{P_f\frac{a_E}{a_{Ef}}f_y-(P_s-P_c)k_m f_f\frac{a_E}{a_{Ef}}}{\left(f_y+k_m\eta f_f\frac{a_E}{a_{Ef}}\right)^2}\alpha_1\beta f_c bh_0 f(\rho_s,\eta)+\frac{(P_s-P_c)+\eta P_f\frac{a_E}{a_{Ef}}}{f_y+k_m\eta f_f\frac{a_E}{a_{Ef}}}\alpha_1\beta f_c bh_0 f'_{\eta}(\rho_s,\eta)-$$

$$\lambda\alpha_1\beta f_c bh_0^2\left[\frac{(n-1)k_m f_f\frac{a_E}{a_{Ef}}f_y}{\left(f_y+k_m\eta f_f\frac{a_E}{a_{Ef}}\right)^2}f(\rho_s,\eta)+\frac{f_y+nk_m\eta f_f\frac{a_E}{a_{Ef}}}{f_y+k_m\eta f_f\frac{a_E}{a_{Ef}}}f'_\eta(\rho_s,\eta)-\beta f(\rho_s,\eta)f'_\eta(\rho_s,\eta)\right]$$

(10.3)

$$F'_\lambda=M-\alpha_1\beta f_c bh_0^2\left(\frac{f_y+nk_m\eta f_f\frac{a_E}{a_{Ef}}}{f_y+k_m\eta f_f\frac{a_E}{a_{Ef}}}f_{(\rho_s,\eta)}-\frac{\beta f^2_{(\rho_s,\eta)}}{2}\right) \tag{10.4}$$

由式(10.2)得,

$$\lambda=\frac{(P_s-P_c)+\eta P_f\frac{a_E}{a_{Ef}}}{h_0\left[f_y+nk_m\eta f_f\frac{a_E}{a_{Ef}}-\beta f(\rho_s,\eta)(f_y+k_m\eta f_f\frac{a_E}{a_{Ef}})\right]}$$

把 $\lambda=\dfrac{(P_s-P_c)+\eta P_f\frac{a_E}{a_{Ef}}}{h_0\left[f_y+nk_m\eta f_f\frac{a_E}{a_{Ef}}-\beta f(\rho_s,\eta)\left(f_y+k_m\eta f_f\frac{a_E}{a_{Ef}}\right)\right]}$ 代入式(10.3)得,

$$\frac{P_f\frac{a_E}{a_{Ef}}f_y-(P_s-P_c)k_m f_f\frac{a_E}{a_{Ef}}}{\left(f_y+k_m\eta f_f\frac{a_E}{a_{Ef}}\right)^2}-\frac{(n-1)k_m f_f\frac{a_E}{a_{Ef}}f_y}{\left(f_y+k_m\eta f_f\frac{a_E}{a_{Ef}}\right)^2}\times\frac{(P_s-P_c)+\eta P_f\frac{a_E}{a_{Ef}}}{f_y+nk_m\eta f_f\frac{a_E}{a_{Ef}}-\beta f(\rho_s,\eta)\left(f_y+k_m\eta f_f\frac{a_E}{a_{Ef}}\right)}=0$$

整理后得,

$$\beta f(\rho_s,\eta)=\frac{\frac{P_f}{P_s-P_c}\cdot\frac{f_y}{f_f}-nk_m}{\frac{P_f}{P_s-P_c}\cdot\frac{f_y}{f_f}-k_m} \tag{10.5}$$

此时由式(10.5)可得,

$$\frac{\sqrt{[a_E\rho_s(1+\eta)]^2+4\alpha_1\beta a_E\rho_s(1+\eta)}}{2\alpha_1}=\frac{\frac{P_f}{P_s-P_c}\cdot\frac{f_y}{f_f}-nk_m}{\frac{P_f}{P_s-P_c}\cdot\frac{f_y}{f_f}-k_m}$$

$$\rho_s=\frac{\alpha_1\beta}{\left[\left(\beta\dfrac{\dfrac{P_f}{P_s-P_c}\cdot\dfrac{f_y}{f_f}-k_m}{\dfrac{P_f}{P_s-P_c}\cdot\dfrac{f_y}{f_f}-nk_m}\right)^2-\beta\dfrac{\dfrac{P_f}{P_s-P_c}\cdot\dfrac{f_y}{f_f}-k_m}{\dfrac{P_f}{P_s-P_c}\cdot\dfrac{f_y}{f_f}-nk_m}\right]}\cdot\frac{1}{a_E(1+\eta)},$$

$$\rho_f=\frac{\alpha_1\beta}{\left[\left(\beta\dfrac{\dfrac{P_f}{P_s-P_c}\cdot\dfrac{f_y}{f_f}-k_m}{\dfrac{P_f}{P_s-P_c}\cdot\dfrac{f_y}{f_f}-nk_m}\right)^2-\beta\dfrac{\dfrac{P_f}{P_s-P_c}\cdot\dfrac{f_y}{f_f}-k_m}{\dfrac{P_f}{P_s-P_c}\cdot\dfrac{f_y}{f_f}-nk_m}\right]}\cdot\frac{\eta}{a_{Ef}(1+\eta)}$$

此时把 λ 和 $\beta f(\rho_s,\eta)$ 的表达式代入式(10.1),整理后得

$$\eta=\frac{n(n-1)k_m-\dfrac{\alpha_1 f_c}{P_c}\left[\dfrac{P_f}{f_f}-\dfrac{(P_s-P_c)nk_m}{f_y}\right]}{nk_m\times\dfrac{\alpha_1 f_c}{P_c}\left[\dfrac{P_f}{f_f}-\dfrac{(P_s-P_c)nk_m}{f_y}\right]-k_m^2\times n(n-1)}\times\frac{f_y}{f_f}\times\frac{a_{Ef}}{a_E}\approx\frac{f_y}{f_f}\times\frac{a_{Ef}}{a_E}$$(在满足 P_s/P_c,

P_f/k_mP_c 范围内分析)

又因为 $\alpha_1\beta f_c bx=f_yA_s+f_fk_mA_f$,所以 $A_f=\dfrac{\alpha_1\beta f_c bx-f_yA_s}{k_mf_f}$,即 $\rho_f=\dfrac{A_f}{bh_0}=\dfrac{\alpha_1\beta f_c bx-f_yA_s}{bh_0k_mf_f}$

$=\dfrac{\alpha_1\beta f_c\varepsilon-f_y\rho_s}{k_mf_f}$

$$\frac{\rho_f}{\rho_s}=\frac{\alpha_1\beta f_c\dfrac{\varepsilon}{\rho_s}-f_y}{k_mf_f}\quad\left(\rho_{\min}\frac{h}{h_0}\leqslant\rho_s\leqslant\alpha_1\varepsilon_b\frac{f_c}{f_f},\varepsilon_{bf}\leqslant\varepsilon\leqslant\varepsilon_b\right)\quad 0\leqslant\eta=\frac{a_{Ef}\rho_f}{a_E\rho_s}\leqslant$$

$$\left(\frac{\alpha_1\beta f_c\varepsilon_b-f_y}{\rho_{\min}nk_mf_f}-\frac{f_y}{k_mf_f}\right)\frac{a_{Ef}}{a_E}$$

$$\beta\varepsilon_{bf}\leqslant\beta f(\rho_s,\eta)=\frac{\dfrac{P_f}{P_s-P_c}\cdot\dfrac{f_y}{f_f}-nk_m}{\dfrac{P_f}{P_s-P_c}\cdot\dfrac{f_y}{f_f}-k_m}\leqslant\beta\varepsilon_b,\ \frac{nk_m-\beta\varepsilon_{bf}k_m}{1-\beta\varepsilon_{bf}}\frac{f_f}{f_y}\leqslant\frac{P_f}{P_s-P_c}\leqslant$$

$$\frac{nk_m-\beta\varepsilon_bk_m}{1-\beta\varepsilon_b}\frac{f_f}{f_y}$$

$$\left(\frac{\dfrac{\alpha_1\beta f_c\varepsilon_b}{\rho_{\min}f_y}}{1+\dfrac{\alpha_1\beta f_c\varepsilon_b}{\rho_{\min}f_y}-n}\right)\frac{1-\beta\varepsilon_b}{\beta\varepsilon_b}\,\frac{n-\beta\varepsilon_{bf}}{1-\beta\varepsilon_{bf}}\,\frac{f_f}{\alpha_1 f_c}\leqslant\frac{P_f}{k_m P_c}\leqslant n\,\frac{1-\beta\varepsilon_{bf}}{\beta\varepsilon_{bf}}\,\frac{n-\beta\varepsilon_b}{1-\beta\varepsilon_b}\,\frac{f_f}{\alpha_1 f_c},$$

$$\left(\frac{\dfrac{\alpha_1\beta f_c\varepsilon_b}{\rho_{\min}f_y}}{1+\dfrac{\alpha_1\beta f_c\varepsilon_b}{\rho_{\min}f_y}-n}\right)\frac{1-\beta\varepsilon_b}{\beta\varepsilon_b}\,\frac{f_y}{\alpha_1 f_c}+1\leqslant\frac{P_s}{P_c}\leqslant n\,\frac{1-\beta\varepsilon_{bf}}{\beta\varepsilon_{bf}}\,\frac{f_y}{\alpha_1 f_c}+1$$

由式(10.4)得，

$$h_0=\sqrt{\frac{M}{\alpha_1\beta f_c b\left(\dfrac{f_y+nk_m\eta f_f\dfrac{a_E}{a_{Ef}}}{f_y+k_m\eta f_f\dfrac{a_E}{a_{Ef}}}f_{(\rho_s,\eta)}-\dfrac{\beta f_{(\rho_s,\eta)}^{\ 2}}{2}\right)}}$$

$$=\sqrt{\frac{M}{\alpha_1 f_c b\left[\dfrac{f_y+nk_m\eta f_f\dfrac{a_E}{a_{Ef}}}{f_y+k_m\eta f_f\dfrac{a_E}{a_{Ef}}}\times\dfrac{\dfrac{P_f}{P_s-P_c}\cdot\dfrac{f_y}{f_f}-nk_m}{\dfrac{P_f}{P_s-P_c}\times\dfrac{f_y}{f_f}-k_m}-\left(\dfrac{\dfrac{P_f}{P_s-P_c}\times\dfrac{f_y}{f_f}-nk_m}{\dfrac{P_f}{P_s-P_c}\cdot\dfrac{f_y}{f_f}-k_m}\right)^2\Big/2\right]}}$$

此时，

$$P_{E(\min)}=P_c n\sqrt{\frac{bM}{\alpha_1 f_c\left[\dfrac{f_y+nk_m\eta f_f\dfrac{a_E}{a_{Ef}}}{f_y+k_m\eta f_f\dfrac{a_E}{a_{Ef}}}\times\dfrac{\dfrac{P_f}{P_s-P_c}\times\dfrac{f_y}{f_f}-nk_m}{\dfrac{P_f}{P_s-P_c}\times\dfrac{f_y}{f_f}-k_m}-\left(\dfrac{\dfrac{P_f}{P_s-P_c}\times\dfrac{f_y}{f_f}-nk_m}{\dfrac{P_f}{P_s-P_c}\times\dfrac{f_y}{f_f}-k_m}\right)^2\Big/2\right]}}+$$

$$\frac{(P_s-P_c)+\eta P_f\dfrac{a_E}{a_{Ef}}}{f_y+k_m\eta f_f\dfrac{a_E}{a_{Ef}}}\sqrt{\frac{a_1 f_c bM}{\left[\dfrac{f_y+nk_m\eta f_f\dfrac{a_E}{a_{Ef}}}{f_y+k_m\eta f_f\dfrac{a_E}{a_{Ef}}}\times\dfrac{\dfrac{P_f}{P_s-P_c}\times\dfrac{f_y}{f_f}-k_m}{\dfrac{P_f}{P_s-P_c}\times\dfrac{f_y}{f_f}-nk_m}-\dfrac{1}{2}\right]}}$$

当$f(\rho_s,\eta)=\dfrac{1}{\beta}\dfrac{\dfrac{P_f}{P_s-P_c}\times\dfrac{f_y}{f_f}-nk_m}{\dfrac{P_f}{P_s-P_c}\times\dfrac{f_y}{f_f}-k_m}$时,$P_E$ 最小。对于目标函数 P_E 而言,由于其表达式比较烦琐,通过分析可知在适筋率范围,$\alpha_1\beta\left(\dfrac{f_y+nk_m\eta f_f\dfrac{a_E}{a_{Ef}}}{f_y+k_m\eta f_f\dfrac{a_E}{a_{Ef}}}f_{(\rho_s,\eta)}-\dfrac{\beta f_{(\rho_s,\eta)}{}^2}{2}\right)^{-\frac{1}{2}}$ 和 $\alpha_1\beta\left(\dfrac{f_y+nk_m\eta f_f\dfrac{a_E}{a_{Ef}}}{f_y+k_m\eta f_f\dfrac{a_E}{a_{Ef}}}\dfrac{1}{f_{(\rho_s,\eta)}}-\dfrac{\beta}{2}\right)^{-\frac{1}{2}}$ 分别呈递减和递增规律。则目标函数 P_E 可以看成由 $P_c n\sqrt{\dfrac{bM}{f_c}}\cdot F_1(\rho_s,\eta)_{减}$ 与 $\left[(P_s-P_c)+\eta P_f\dfrac{a_E}{a_{Ef}}\right]\dfrac{\sqrt{f_c}}{f_y+k_m\eta f_f\dfrac{a_E}{a_{Ef}}}\sqrt{bM}\cdot F_2(\rho_s,\eta)_{增}$ 两项组成。$\sqrt{bM}$ 值在已知的情况下,即当 P_s/P_c、$P_f/(k_mP_c)$ 满足存在经济配筋(布)率范围时,若钢筋级别越高,混凝土强度等级越低,即 $\sqrt{f_c}/(f_y+k_m\eta f_f\dfrac{a_E}{a_{Ef}})$ 越小,此时 P_s/P_c、$P_f/(k_mP_c)$ 越小,第二项随 $f_{(\rho_s,\eta)}$ 增大不明显,此时目标函数 P_E 随 $f_{(\rho_s,\eta)}$ 增大变化不是很敏感;而此时 $1/\sqrt{f_c}$ 越大,第一项随 $f_{(\rho_s,\eta)}$ 减小增大明显,所以 P_E 随 $f_{(\rho_s,\eta)}$ 减小变化相对敏感。若钢筋级别越低,混凝土强度等级越高,$\sqrt{f_c}/\left(f_y+k_m\eta f_f\dfrac{a_E}{a_{Ef}}\right)$ 越大,此时 P_s/P_c、$P_f/(k_mP_c)$ 越大,第二项随 $f_{(\rho_s,\eta)}$ 增大明显;而此时 $1/\sqrt{f_c}$ 越小,第一项随 $f_{(\rho_s,\eta)}$ 减小不明显,所以 P_E 随 $f_{(\rho_s,\eta)}$ 增大变化相对敏感。

根据上述公式所计算出的不同级别钢筋与不同混凝土强度等级相组配的加固钢筋混凝土梁所对应的 P_s/P_c、$P_f/(k_mP_c)$ 取值范围见表 10.1。若实际工程中 P_s/P_c、$P_f/(k_mP_c)$ 取值范围超出表 10.1 所示的取值范围时,这时就不存在优化配筋(布)率。

表 10.1　P_s/P_c、$P_f/(k_mP_c)$、$P_f/(P_s-P_c)$计算表

碳纤维复合材料强度等级	钢筋牌号	混凝土强度等级	ξ_b	ξ_{bf}	P_s/P_c	$P_f/(k_mP_c)$	$P_f/(P_s-P_c)$
高强度Ⅰ级	HPB300	C20	0.576	0.198	34.32～165.38	317.53～1 659.92	8.58～9.09
		C25	0.576	0.198	27.83～133.61	255.70～1 339.09	8.58～9.09
		C30	0.576	0.198	23.31～111.35	212.64～1 114.35	8.58～9.09
		C35	0.576	0.198	20.09～95.49	181.98～954.20	8.58～9.09
		C40	0.576	0.198	17.69～83.62	159.04～834.30	8.58～9.09
		C45	0.576	0.198	16.10～75.79	143.91～755.22	8.58～9.09
		C50	0.576	0.198	14.79～69.31	131.40～689.84	8.58～9.09
	HRB335 HRBF335	C20	0.550	0.198	41.35～183.64	346.07～1 650.27	7.72～8.13
		C25	0.550	0.198	33.46～148.34	278.41～1 331.31	7.72～8.13
		C30	0.550	0.198	27.98～123.61	231.39～1 107.88	7.72～8.13
		C35	0.550	0.198	24.09～105.99	198.02～948.66	7.72～8.13
		C40	0.550	0.198	21.18～92.80	173.06～829.46	7.72～8.13
		C45	0.550	0.198	19.25～84.10	156.58～750.84	7.72～8.13
		C50	0.550	0.198	17.67～76.90	142.98～685.83	7.72～8.13
	HRB400 HRBF400 RRB400	C20	0.518	0.198	54.97～220.17	385.77～1 639.34	6.43～6.73
		C25	0.518	0.198	44.38～177.81	310.11～1 322.49	6.43～6.73
		C30	0.518	0.198	37.01～148.13	257.42～1 100.54	6.43～6.73
		C35	0.518	0.198	31.78～126.99	220.04～942.38	6.43～6.73
		C40	0.518	0.198	27.90～111.16	192.26～823.96	6.43～6.73
		C45	0.518	0.198	25.34～100.72	173.95～745.86	6.43～6.73
		C50	0.518	0.198	23.22～92.08	158.83～681.29	6.43～6.73
	HRB500 HRBF500	C20	0.482	0.198	74.94～265.83	437.38～1 628.13	5.32～5.53
		C25	0.482	0.198	60.37～214.64	351.21～1 313.45	5.32～5.53
		C30	0.482	0.198	50.25～178.79	291.32～1 093.01	5.32～5.53
		C35	0.482	0.198	43.07～153.24	248.88～935.93	5.32～5.53
		C40	0.482	0.198	37.72～134.11	217.24～818.33	5.32～5.53
		C45	0.482	0.198	34.20～121.49	196.42～740.76	5.32～5.53
		C50	0.482	0.198	31.30～111.06	179.25～676.63	5.32～5.53

10.2　算例

①设钢筋混凝土矩形截面简支梁，$M=250\ \text{kN}\cdot\text{m}$，$b=250\ \text{mm}$，由于结构改造需要加固。采用碳纤维布对该梁进行抗弯加固设计。根据某地市场价格调查，碳纤维布(高强度Ⅰ300 g)的市场价格 40 元/m^2；钢筋牌号 HRB335，其市场价格为 3 800 元/t；混凝土强度等级 C30，其单价的市场价格为 320 元/m^3。$\alpha_1=1.0$，$\beta=0.8$，$n=h/h_0\approx1.1$，$k_\text{m}\approx0.9$。确定其最优配布(筋)率与最低造价。

$$\frac{P_\text{s}}{P_\text{c}}=\frac{3\ 800\times7.85}{320}=93.2$$

$$\frac{P_\text{f}}{k_\text{m}P_\text{c}}=\frac{40\times10^3\div0.167}{0.9\times320}=831.7$$

$$\frac{P_\text{f}}{P_\text{s}-P_\text{c}}=\frac{40\times10^3\div0.167}{3\ 800\times7.85-320}=8.12$$

其中 P_s/P_c、$P_\text{f}/(k_\text{m}P_\text{c})$、$P_\text{f}/(P_\text{s}-P_\text{c})$ 范围没有超过表 10.1 所示的值，存在最优配布(筋)率。

依据推导出的最优配布(筋)率公式，得

$$\rho_\text{s}=\frac{\alpha_1\beta}{\left[\left(\beta\dfrac{\dfrac{P_\text{f}}{P_\text{s}-P_\text{c}}\times\dfrac{f_\text{y}}{f_\text{f}}-k_\text{m}}{\dfrac{P_\text{f}}{P_\text{s}-P_\text{c}}\times\dfrac{f_\text{y}}{f_\text{f}}-nk_\text{m}}\right)^2-\beta\dfrac{\dfrac{P_\text{f}}{P_\text{s}-P_\text{c}}\times\dfrac{f_\text{y}}{f_\text{f}}-k_\text{m}}{\dfrac{P_\text{f}}{P_\text{s}-P_\text{c}}\times\dfrac{f_\text{y}}{f_\text{f}}-nk_\text{m}}\right]}\times\frac{1}{\left(a_\text{E}+\dfrac{f_\text{y}}{f_\text{f}}a_\text{Ef}\right)}$$

$$=\frac{1.0\times0.8}{\left[\left(0.8\times\dfrac{\dfrac{40\times10^3\div0.167}{3\ 800\times7.85-320}\times\dfrac{300}{2\ 300}-0.9}{\dfrac{40\times10^3\div0.167}{3\ 800\times7.85-320}\times\dfrac{300}{2\ 300}-1.1\times0.9}\right)^2-0.8\times\dfrac{\dfrac{40\times10^3\div0.167}{3\ 800\times7.85-320}\times\dfrac{300}{2\ 300}-0.9}{\dfrac{40\times10^3\div0.167}{3\ 800\times7.85-320}\times\dfrac{300}{2\ 300}-1.1\times0.9}\right]}\times$$

$$\frac{1}{\dfrac{2.00\times10^5}{3.00\times10^4}+\dfrac{300}{2\ 300}\times\dfrac{2.3\times10^5}{3.00\times10^4}}$$

$$=0.066\ 56$$

$$\rho_{\mathrm{f}}=\frac{\alpha_1\beta}{\left[\left(\beta\dfrac{\dfrac{P_{\mathrm{f}}}{P_{\mathrm{s}}-P_{\mathrm{c}}}\times\dfrac{f_{\mathrm{y}}}{f_{\mathrm{f}}}-k_{\mathrm{m}}}{\dfrac{P_{\mathrm{f}}}{P_{\mathrm{s}}-P_{\mathrm{c}}}\times\dfrac{f_{\mathrm{y}}}{f_{\mathrm{f}}}-nk_{\mathrm{m}}}\right)^2-\beta\dfrac{\dfrac{P_{\mathrm{f}}}{P_{\mathrm{s}}-P_{\mathrm{c}}}\times\dfrac{f_{\mathrm{y}}}{f_{\mathrm{f}}}-k_{\mathrm{m}}}{\dfrac{P_{\mathrm{f}}}{P_{\mathrm{s}}-P_{\mathrm{c}}}\times\dfrac{f_{\mathrm{y}}}{f_{\mathrm{f}}}-nk_{\mathrm{m}}}\right]}\times\frac{1}{\left(a_{\mathrm{Ef}}+\dfrac{f_{\mathrm{f}}}{f_{\mathrm{y}}}a_{\mathrm{E}}\right)}$$

$$=\frac{1.0\times0.8}{\left[\left(0.8\times\dfrac{\dfrac{40\times10^3\div0.167}{3\ 800\times7.85-320}\times\dfrac{300}{2\ 300}-0.9}{\dfrac{40\times10^3\div0.167}{3\ 800\times7.85-320}\times\dfrac{300}{2\ 300}-1.1\times0.9}\right)^2-0.8\times\dfrac{\dfrac{40\times10^3\div0.167}{3\ 800\times7.85-320}\times\dfrac{300}{2\ 300}-0.9}{\dfrac{40\times10^3\div0.167}{3\ 800\times7.85-320}\times\dfrac{300}{2300}-1.1\times0.9}\right]}\times$$

$$\frac{1}{\dfrac{2.3\times10^5}{3.00\times10^4}+\dfrac{2\ 300}{300}\times\dfrac{2.00\times10^5}{3.00\times10^4}}$$

$$=8.682\times10^{-3}$$

$$P_{\mathrm{E(min)}}=P_{\mathrm{c}}n\sqrt{\frac{bM}{\alpha_1 f_{\mathrm{c}}\left[\dfrac{f_{\mathrm{y}}+nk_{\mathrm{m}}f_{\mathrm{y}}}{f_{\mathrm{y}}+k_{\mathrm{m}}f_{\mathrm{y}}}\times\dfrac{\dfrac{P_{\mathrm{f}}}{P_{\mathrm{s}}-P_{\mathrm{c}}}\times\dfrac{f_{\mathrm{y}}}{f_{\mathrm{f}}}-nk_{\mathrm{m}}}{\dfrac{P_{\mathrm{f}}}{P_{\mathrm{s}}-P_{\mathrm{c}}}\times\dfrac{f_{\mathrm{y}}}{f_{\mathrm{f}}}-k_{\mathrm{m}}}-\left(\dfrac{\dfrac{P_{\mathrm{f}}}{P_{\mathrm{s}}-P_{\mathrm{c}}}\times\dfrac{f_{\mathrm{y}}}{f_{\mathrm{f}}}-nk_{\mathrm{m}}}{\dfrac{P_{\mathrm{f}}}{P_{\mathrm{s}}-P_{\mathrm{c}}}\times\dfrac{f_{\mathrm{y}}}{f_{\mathrm{f}}}-k_{\mathrm{m}}}\right)^2/2\right]}}+\frac{(P_{\mathrm{s}}-P_{\mathrm{c}})+\dfrac{f_{\mathrm{y}}}{f_{\mathrm{f}}}P_{\mathrm{f}}}{f_{\mathrm{y}}+k_{\mathrm{m}}f_{\mathrm{y}}}\sqrt{\frac{a_1 f_{\mathrm{c}}bM}{\left[\dfrac{f_{\mathrm{y}}+nk_{\mathrm{m}}f_{\mathrm{y}}}{f_{\mathrm{y}}+k_{\mathrm{m}}f_{\mathrm{y}}}\times\dfrac{\dfrac{P_{\mathrm{f}}}{P_{\mathrm{s}}-P_{\mathrm{c}}}\cdot\dfrac{f_{\mathrm{y}}}{f_{\mathrm{f}}}-k_{\mathrm{m}}}{\dfrac{P_{\mathrm{f}}}{P_{\mathrm{s}}-P_{\mathrm{c}}}\times\dfrac{f_{\mathrm{y}}}{f_{\mathrm{f}}}-nk_{\mathrm{m}}}-\dfrac{1}{2}\right]}}$$

$$=320\times1.1\times\sqrt{\frac{250\times250\times10^6}{1.0\times14.3\times\left[\dfrac{300+1.1\times0.9\times300}{300+0.9\times300}\times\dfrac{\dfrac{40\times10^3\div0.167}{3\ 800\times7.85-320}\times\dfrac{300}{2\ 300}-1.1\times0.9}{\dfrac{40\times10^3\div0.167}{3\ 800\times7.85-320}\times\dfrac{300}{2\ 300}-0.9}-\left(\dfrac{\dfrac{40\times10^3\div0.167}{3\ 800\times7.85-320}\times\dfrac{300}{2300}-1.1\times0.9}{\dfrac{40\times10^3\div0.167}{3\ 800\times7.85-320}\times\dfrac{300}{2\ 300}-0.9}\right)^2/2\right]}}\div10^6+$$

$$\frac{(3\ 800\times7.85-320)+\dfrac{300}{2\ 300}\times40\times10^3\div0.167}{300+0.9\times300}\times\sqrt{\frac{1.0\times14.3\times250\times250\times10^6}{\dfrac{300+1.1\times0.9\times300}{300+0.9\times300}\times\dfrac{\dfrac{40\times10^3\div0.167}{3\ 800\times7.85-320}\times\dfrac{300}{2\ 300}-0.9}{\dfrac{40\times10^3\div0.167}{3\ 800\times7.85-320}\times\dfrac{300}{2\ 300}-1.1\times0.9}-\dfrac{1}{2}}}\div10^6$$

$=111.53$ 元/m

②设有钢筋混凝土矩形截面简支梁，$M=250\ \mathrm{kN\cdot m}$，$b=250\ \mathrm{mm}$，由于结构改造需要加固。采用碳纤维布对该梁进行抗弯加固设计。根据某地市场价格调查，碳纤维布（高强度Ⅰ300 g）的市场价格（30～58）元/m²；钢筋单价的市场价格在（2 000～4 000）元/t之间波动，其中钢筋牌号分别有HPB300、HRB335、HRB400、HRB500四种。不同强度等级混凝土单价的市场价格波动范围见表10.2。$\alpha_1=1.0$，$\beta=0.8$，$n=h/h_0\approx1.1$，$k_{\mathrm{m}}\approx0.9$，确定其配布（筋）量优化范围。

依据推导出的配布（筋）率优化公式，由配布（筋）率得出配布（筋）量，运用

Excel 软件计算出的结果,考虑人材机、管理费、措施费、利润及税金等运用广联达预算软件计算出的结果如图 10.2—图 10.22 所示。

从算例可以看出,在满足取值范围条件下,存在目标函数 P_E 最小;超出取值范围则目标函数 P_E 增大。通过目标函数 P_E 表达式和 Excel 软件分析可知,当用相同等级碳纤维布加固时,当钢筋级别越高,混凝土强度等级越低,P_s/P_c 越小时,当 $\rho_s(\rho_f)$ 从 ρ_o 向 ρ_{max} 波动时造价变化相对不敏感,而当 $\rho_s(\rho_f)$ 从 ρ_o 向 ρ_{min} 波动时造价变化越敏感;当钢筋级别越低,混凝土强度等级越高,P_s/P_c 越大时,当 $\rho_s(\rho_f)$ 从 ρ_o 向 ρ_{max} 波动时造价变化越敏感,而当 $\rho_s(\rho_f)$ 从 ρ_o 向 ρ_{min} 波动时造价相对不敏感。这一规律与本章推导出的目标造价函数的分析规律相符合,说明推导的公式是合理的。当考虑人材机及措施费等其他费用时,运用广联达软件分析,存在优化配布(筋)率与 Excel 软件分析结果基本相同,加固层数一般为 2 ~5 层,这与《混凝土结构加固设计规范》(GB 50367—2013)规定的加固层数不超过 4 层比较接近,说明具有一定实用性。CFRP 加固混凝土梁配筋(布)率优化计算表见表 10.2。综合分析结果见表 10.2。

表 10.2　CFRP 加固混凝土梁配筋(布)率优化计算表

碳纤维复合材料强度等级	钢筋牌号	混凝土强度等级	混凝土单价/(元·m^{-3})	η	ρ_s	ρ_f
高强度Ⅰ级	HPB300	C20	260 ~360	0.128 6	0.42% ~2.05%	0.049% ~0.24%
		C25	290 ~370	0.128 6	0.46% ~2.54%	0.054% ~0.30%
		C30	300 ~380	0.128 6	0.50% ~3.05%	0.058% ~0.36%
		C35	330 ~400	0.128 6	0.52% ~3.56%	0.061% ~0.42%
		C40	380 ~420	0.128 6	0.54% ~4.07%	0.063% ~0.48%
		C45	420 ~450	0.128 6	0.55% ~4.50%	0.065% ~0.53%
		C50	460 ~480	0.128 6	0.57% ~4.93%	0.067% ~0.58%

续表

碳纤维复合材料强度等级	钢筋牌号	混凝土强度等级	混凝土单价/(元·m^{-3})	η	ρ_s	ρ_f
高强度Ⅰ级	HRB335 HRBF335	C20	260~360	0.150 0	0.43%~1.76%	0.057%~0.23%
		C25	290~370	0.150 0	0.48%~2.18%	0.062%~0.28%
		C30	300~380	0.150 0	0.51%~2.62%	0.067%~0.34%
		C35	330~400	0.150 0	0.54%~3.06%	0.070%~0.40%
		C40	380~420	0.150 0	0.55%~3.50%	0.072%~0.46%
		C45	420~450	0.150 0	0.57%~3.87%	0.074%~0.50%
		C50	460~480	0.150 0	0.59%~4.24%	0.077%~0.55%
	HRB400 HRBF400 RRB400	C20	260~360	0.180 0	0.42%~1.38%	0.066%~0.22%
		C25	290~370	0.180 0	0.46%~1.71%	0.073%~0.27%
		C30	300~380	0.180 0	0.50%~2.06%	0.078%~0.32%
		C35	330~400	0.180 0	0.52%~2.40%	0.082%~0.38%
		C40	380~420	0.180 0	0.54%~2.75%	0.084%~0.43%
		C45	420~450	0.180 0	0.56%~3.04%	0.087%~0.48%
		C50	460~480	0.180 0	0.57%~3.32%	0.089%~0.52%
	HRB500 HRBF500	C20	260~360	0.217 5	—	—
		C25	290~370	0.217 5	—	—
		C30	300~380	0.217 5	—	—
		C35	330~400	0.217 5	—	—
		C40	380~420	0.217 5	—	—
		C45	420~450	0.217 5	—	—
		C50	460~480	0.217 5	—	—

注:因为超出了表10.1的计算范围,所以高强度Ⅰ级碳纤维布与HRB500、HRBF500组配不存在经济配筋(布)率。

表 10.3　CFRP 加固混凝土梁配筋(布)率优化综合分析表

钢筋牌号	混凝土强度等级	混凝土单价/(元·m^{-3})	h/b(2~3)	A_s/mm^2	A_f(层数)	加固(宜或不宜)
HPB300	C20	260~360	3.1~3.6	931.5~1 643.8	3~5	不宜
	C25	290~370	2.8~3.2	938.6~1 462.5	3~5	宜
	C30	300~380	2.5~2.9	949.8~1 465.1	3~5	宜
	C35	330~400	2.3~2.6	971.8~1 517	3~5	宜
	C40	380~420	2.2~2.5	891.5~1 599	3~4	宜
	C45	420~450	2.0~2.3	971.3~1 725	3~5	宜
	C50	460~480	1.9~2.2	1 041.3~1 814.4	3~5	宜
HRB335 HRBF335	C20	260~360	3.0~3.5	1 001.3~2 020	3~7	不宜
	C25	290~370	2.7~3.1	1 060.5~1 976	3~6	宜
	C30	300~380	2.5~3.0	873.6~1 707	3~5	宜
	C35	330~400	2.6~2.8	727.2~1 131.4	2~3	宜
	C40	380~420	2.3~2.6	827.9~1 216.7	3~4	宜
	C45	420~450	2.2~2.4	901.2~1 350.3	3~4	宜
	C50	460~480	2.0~2.2	977~1 377	3~4	宜
HRB400 HRBF400 RRB400	C20	260~360	3.3~3.5	976~1 242.5	4~5	不宜
	C25	290~370	3.0~3.1	1 039.9~1 261.9	4~5	不宜
	C30	300~380	2.7~2.8	1 038.4~1 267.8	4~5	宜
	C35	330~400	2.5~2.6	1 089.4~1 285.7	4~5	宜
	C40	380~420	2.3	1 174.8~1 295	4~5	宜
	C45	420~450	2.1~2.2	1 230~1 333.8	5	宜
	C50	460~480	2.0	1 374~1 386	5	宜

注:因为超出了 $P_f/(P_s-P_c)$ 的计算范围,所以高强度Ⅰ级碳纤维布与 HRB500、HRBF500 组配不存在配筋(布)率的优化。

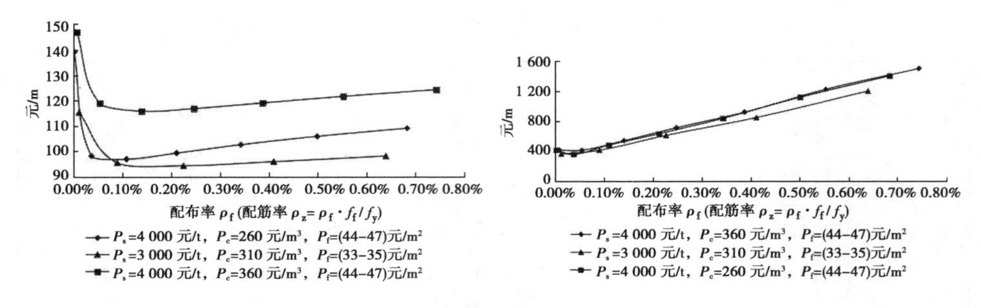

图 10.2　HPB300 和 C20 组配的配布(筋)率与造价关系

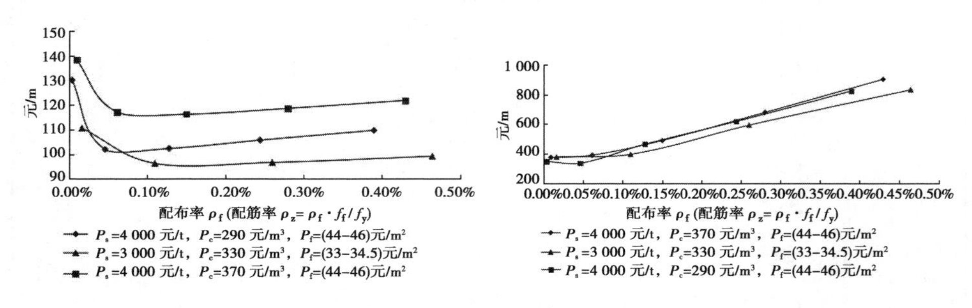

图 10.3　HPB300 和 C25 组配的配布(筋)率与造价关系

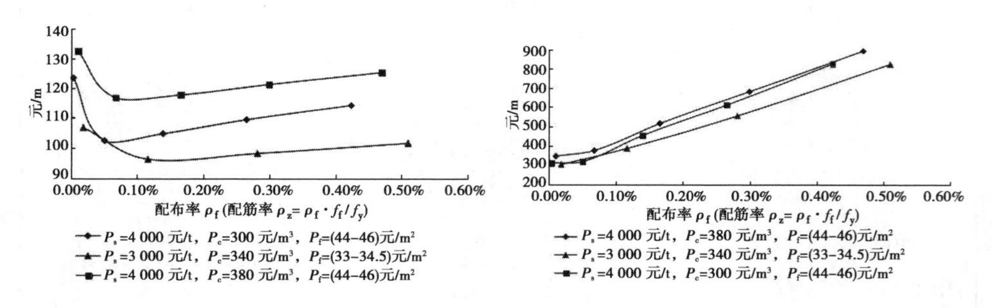

图 10.4　HPB300 和 C30 组配的配布(筋)率与造价关系

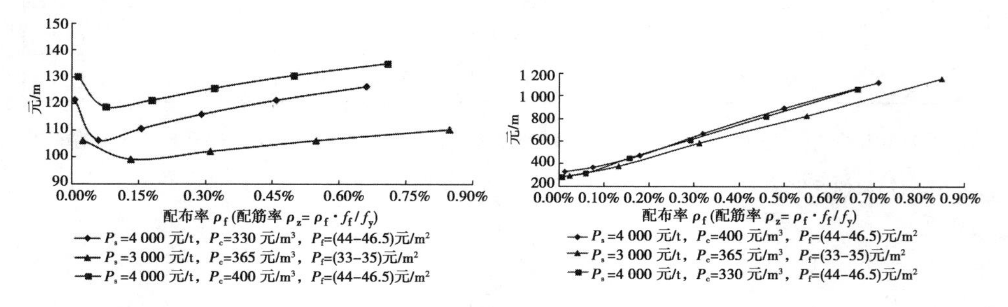

图 10.5　HPB300 和 C35 组配的配布(筋)率与造价关系

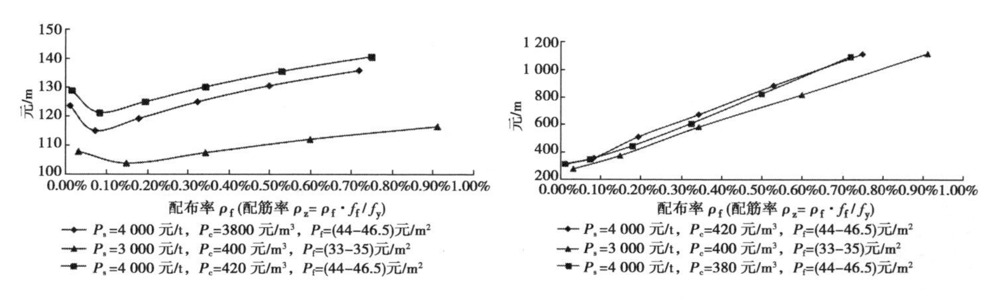

图 10.6　HPB300 和 C40 组配的配布(筋)率与造价关系

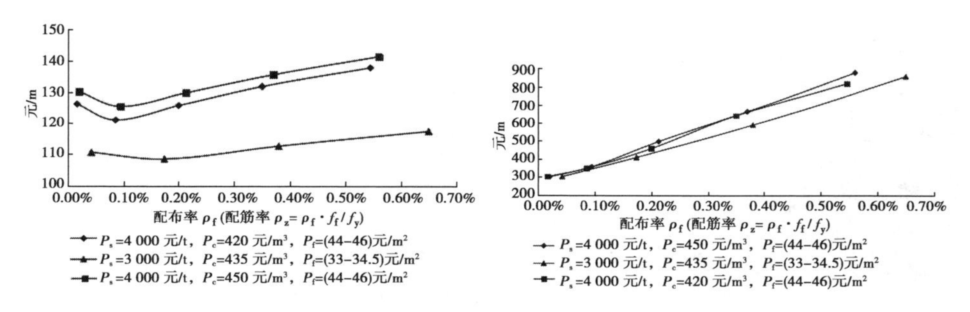

图 10.7　HPB300 和 C45 组配的配布(筋)率与造价关系

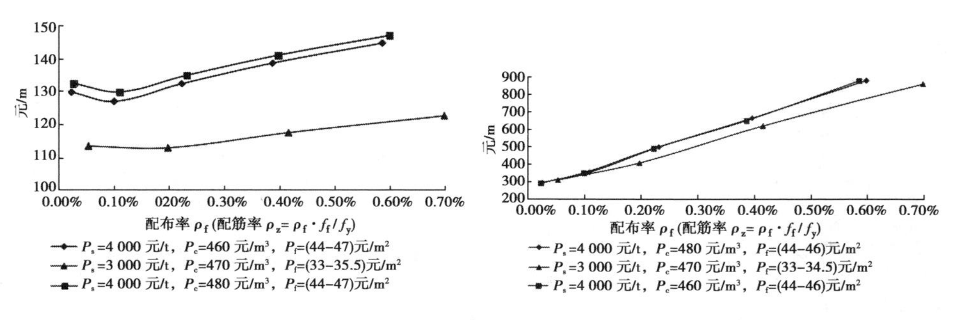

图 10.8　HPB300 和 C50 组配的配布(筋)率与造价关系

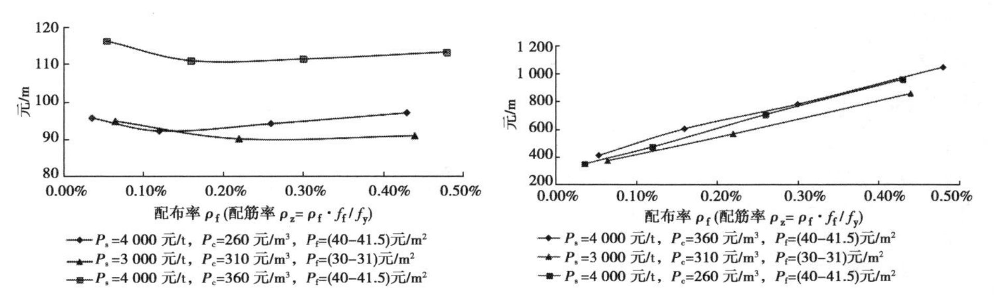

图 10.9　HRB335 和 C20 组配的配布(筋)率与造价关系

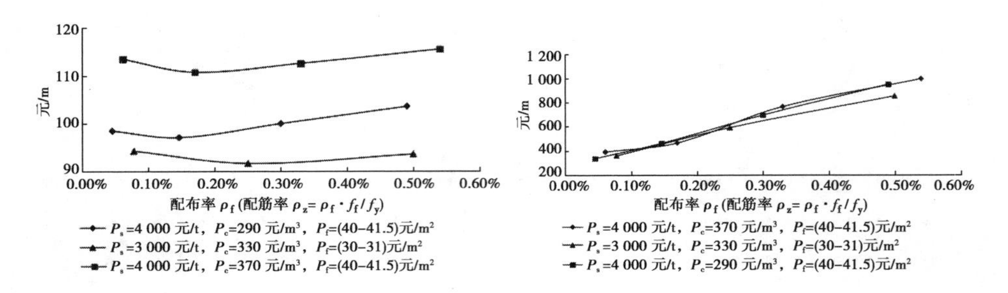

图 10.10　HRB335 和 C25 组配的配布(筋)率与造价关系

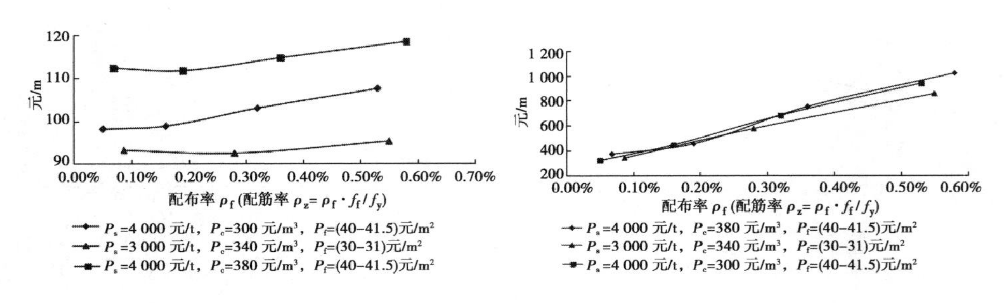

图 10.11　HRB335 和 C30 组配的配布(筋)率与造价关系

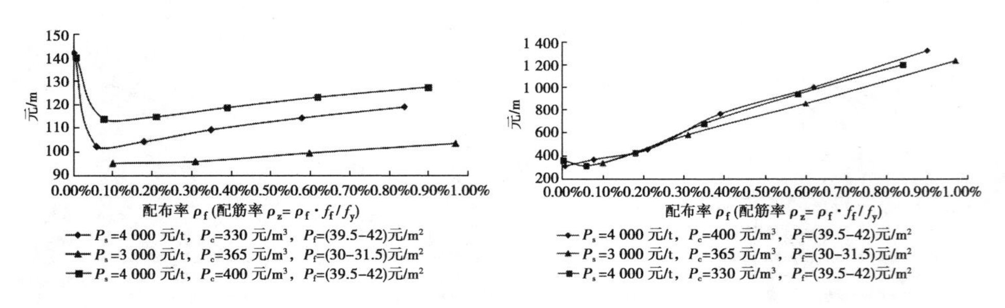

图 10.12　HRB335 和 C35 组配的配布(筋)率与造价关系

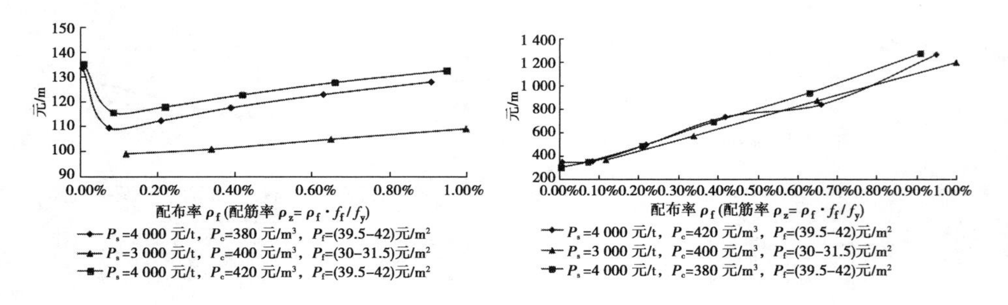

图 10.13　HRB335 和 C40 组配的配布(筋)率与造价关系

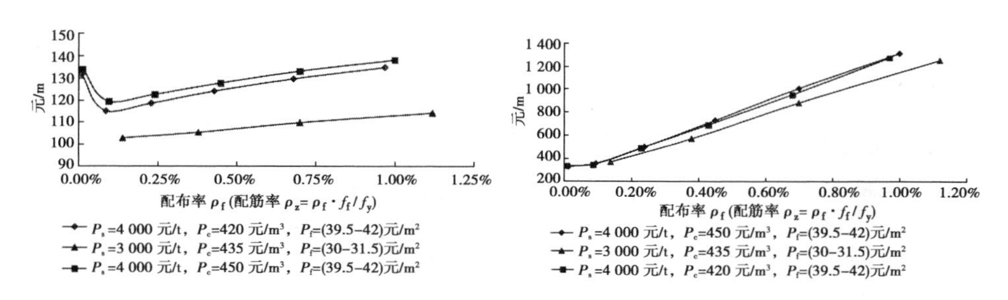

图 10.14　HRB335 和 C45 组配的配布(筋)率与造价关系

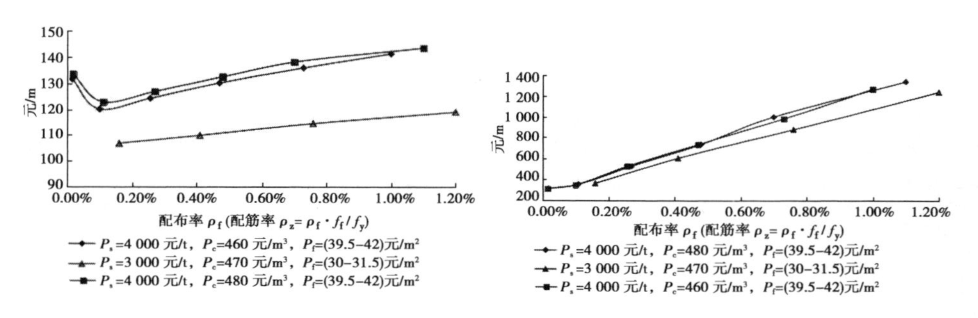

图 10.15　HRB335 和 C50 组配的配布(筋)率与造价关系

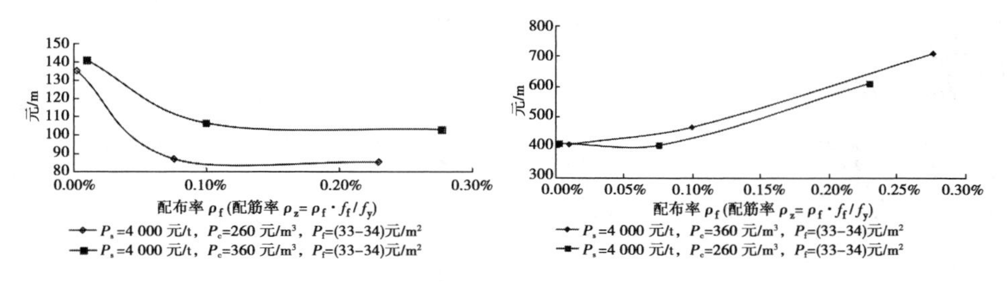

图 10.16　HRB400 和 C20 组配的配布(筋)率与造价关系

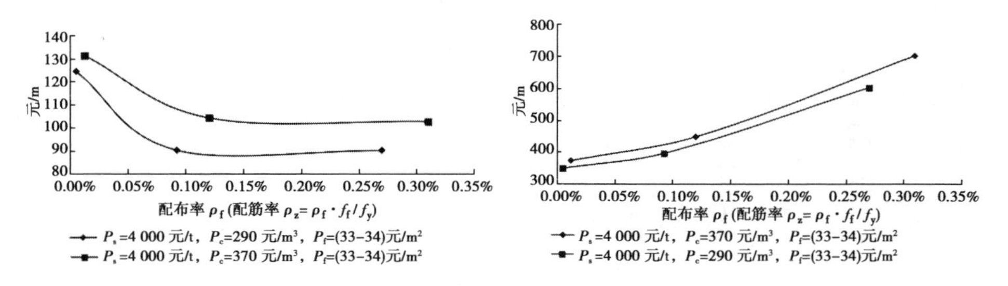

图 10.17　HRB400 和 C25 组配的配布(筋)率与造价关系

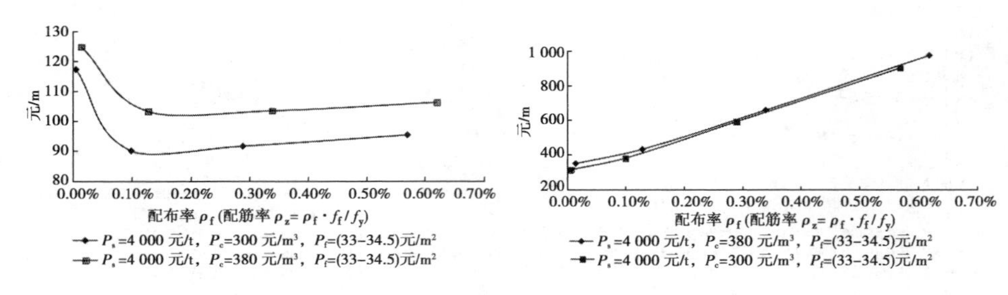

图 10.18　HRB400 和 C30 组配的配布(筋)率与造价关系

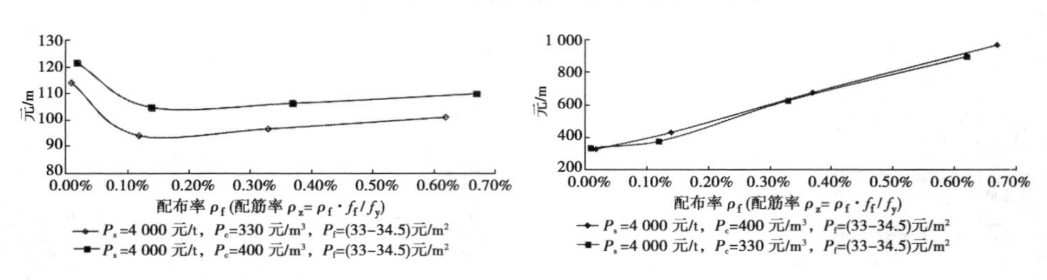

图 10.19　HRB400 和 C35 组配的配布(筋)率与造价关系

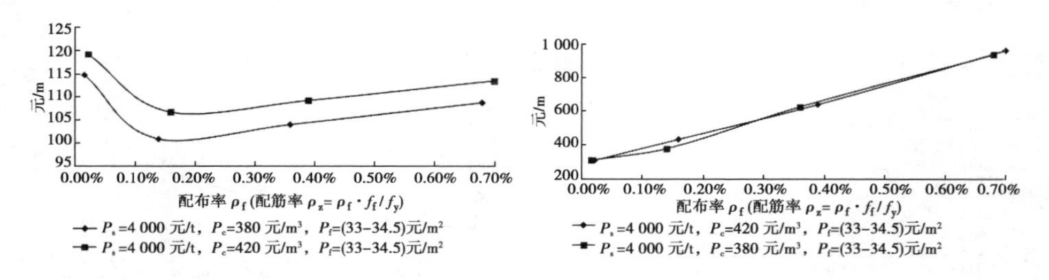

图 10.20　HRB400 和 C40 组配的配布(筋)率与造价关系

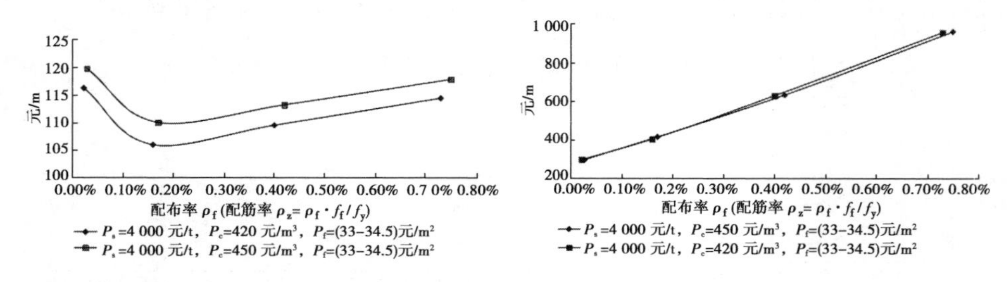

图 10.21　HRB400 和 C45 组配的配布(筋)率与造价关系

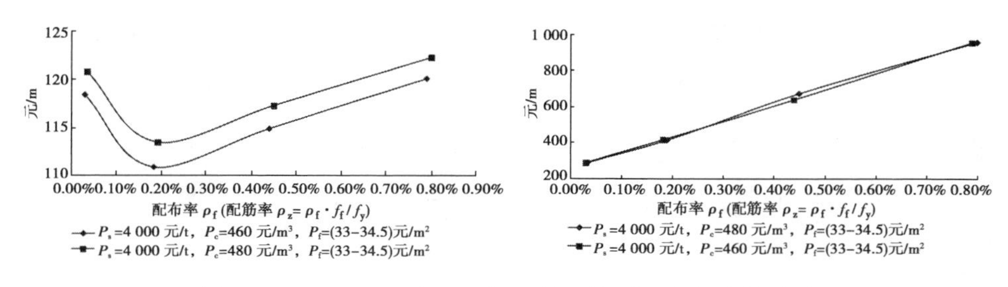

图 10.22　HRB400 和 C50 组配的配筋(布)率与造价关系

10.3　结论

①通过推导出的经济配布(筋)率 $\rho_f(\rho_s)$ 的公式可以看出,其与碳纤维布弹性模量、钢筋弹性模量、混凝土弹性模量、碳纤维布价格、钢筋价格、混凝土价格、碳纤维布抗拉强度设计值、钢筋抗拉强度设计值、混凝土轴心抗压强度设计值有关。

②通过在相应的约束条件下推导出的 P_s/P_c、$P_f/(k_m P_c)$ 范围可以看出,当碳纤维布、钢筋级别相同时,随着混凝土强度等级的增加,P_s/P_c、$P_f/(k_m P_c)$ 最大与最小值都逐渐减小。

③从目标函数表达式和算例图中可以看出,配布(筋)率在经济配布(筋)率范围内时,造价存在最小。当用相同等级碳纤维布加固时,当钢筋级别越高,混凝土强度等级越低, P_s/P_c 越小时,当 $\rho_s(\rho_f)$ 从 ρ_e 向 ρ_{max} 波动时,造价变化相对不敏感;当 $\rho_s(\rho_f)$ 从 ρ_e 向 ρ_{min} 波动时,造价变化越敏感;当钢筋级别越低,混凝土强度等级越高, P_s/P_c 越大时,当 $\rho_s(\rho_f)$ 从 ρ_e 向 ρ_{max} 波动时,造价变化越敏感;当 $\rho_s(\rho_f)$ 从 ρ_e 向 ρ_{min} 波动时,造价相对不敏感。所以从造价角度分析,建议在存经济配布(筋)率的情况下,当采用相同碳纤维布加固时,钢筋级别越高,混凝土强度等级越低,P_s/P_c 越小时,$\rho_e \leqslant \rho_s(\rho_f) \leqslant \rho_{max}$;钢筋级别越低,混凝土强度等级越高,$P_s/P_c$ 越大时,$\rho_{min} \leqslant \rho_s(\rho_f) \leqslant \rho_e$。

④从本章分析角度及综合分析表中看出,当采用相同等级碳纤维布加固

时，当钢筋级别越高，混凝土强度等级越低（C20），不宜用碳纤维布加固；这与《混凝土结构加固设计规范》（GB 50367—2013）规定加固用的混凝土其强度不得低于 C20 相符；加固层数一般为 2 ~ 5 层，这与《混凝土结构加固设计规范》（GB 50367—2013）规定的加固层数不超过 4 层比较接近，说明具有一定实用性。

⑤通过本章算例可以看出，高强度Ⅰ级碳纤维布与 HRB500、HRBF500 及相应强度混凝土相组配时不存在经济配布（筋）率，因为其超出了表 10.1 所示的计算范围。这也说明了在实际工程加固中，对于配用特别高级别钢筋的混凝土梁进行 CFRP 加固相对较少，以免造成浪费。

参考文献

[1] 中华人民共和国住房和城乡建设部,中华人民共和国国家质量监督检验检疫总局. 混凝土结构设计规范:GB 50010—2010 [S]. 北京:中国建筑工业出版社,2010.

[2] 中华人民共和国建设部,中华人民共和国国家质量监督检验检疫总局. 混凝土结构加固设计规范:GB50367—2006 [S]. 北京:中国建筑工业出版社,2006.

[3] 滕锦光,陈建飞,S. T. 史密斯,等. FRP 加固混凝土结构 [M]. 李荣,等译. 北京:中国建筑工业出版社,2005.

[4] 刘相. 碳纤维布加固受损钢筋混凝土梁锚固方式的试验研究[J]. 辽东学院学报(自然科学版), 2015, 22(3): 204-211.

[5] 王滋军, 刘伟庆, 姚秋来, 等. 碳纤维布加固钢筋混凝土梁锚固方式试验研究[J]. 工业建筑, 2003, 33(2): 16-18.

[6] 刘沐宇, 刘其卓, 骆志红, 等. CFRP 加固不同损伤度钢筋砼梁的抗弯试验[J]. 华中科技大学学报(自然科学版), 2005, 33(3): 13-16.

[7] 王苏岩, 杨玫. 碳纤维布加固已损伤高强钢筋混凝土梁抗弯性能试验研究[J]. 工程抗震与加固改造, 2006, 28(2): 93-96.

[8] 王文炜. FRP 加固混凝土结构技术及应用[M]. 北京:中国建筑工业出版社,2007.

[9] 杨勇新, 岳清瑞. 碳纤维布加固混凝土梁截面刚度计算[J]. 工业建筑, 2001, 31(9): 1-4.

[10] 刘相，崔熙光. CFRP 加固损伤混凝土梁截面短期刚度探讨分析[J]. 结构工程师，2018，34(5)：149-155.

[11] 张彦洪. 碳纤维布加固梁在“二次”受力条件下短期刚度的计算方法[J]. 中国农村水利水电，2007(8)：67-69.

[12] 王梓鉴. 考虑二次受力影响的 CFRP 加固钢筋混凝土梁抗弯性能试验研究与数值模拟[D]. 扬州：扬州大学，2019.

[13] 刘相. 碳纤维布加固损伤混凝土梁抗弯性能试验研究[J]. 工程抗震与加固改造，2016，38(4)：114-120.

[14] 王逢朝,李振宝，吕晓，等. 钢筋屈服后钢筋混凝土梁加固性能试验研究[J]. 土木工程学报，2010，43(5)：10-16.

[15] 卜良桃，宋力，施楚贤. 碳纤维板加固钢筋混凝土梁的抗弯试验和理论研究[J]. 建筑结构学报，2007，28(1)：72-79.

[16] 黄楠. 二次受力下 CFRP 布加固钢筋混凝土梁的抗弯性能研究[D]. 宁波：宁波大学，2015.

[17] 周坚. 钢筋混凝土与砌体结构[M]. 北京:清华大学出版社,2008.

[18] 张靖静. 钢筋混凝土受弯构件正截面设计优化分析[J]. 工业建筑，2005，35(2)：100-102.

[19] 俞铭华，李庆贞. 钢筋混凝土单筋梁优化设计[J]. 工业建筑，2000，30(8)：48-51.

[20] 赵国藩. 高等钢筋混凝土结构学[M]. 北京:机械工业出版社,2005.

[21] 刘相. 混凝土矩形截面梁经济配筋率与造价探讨分析[J]. 辽东学院学报(自然科学版)，2017，24(2)：129-140.

[22] 同济大学应用数学系. 高等数学:下册[M]. 5 版. 北京:高等教育出版社,2002.

[23] 刘相. CFRP 加固混凝土梁配布(筋)率优化与造价研究[J]. 吉林建筑大学学报，2018，35(3)：15-24.

[24] 刘相，姜鸿. CFRP 加固素混凝土梁配布率优化与造价分析[J]. 辽东学院学报(自然科学版)，2018，25(3)：219-223.

[25] 刘相，崔熙光. CFRP 加固混凝土梁配布(筋)率优化与造价模拟分析[J]. 沈阳工业大学学报，2018，40(6)：713-720.